砂泥岩区高面板堆石坝
设计创新与实践

湛正刚　慕洪友　郭勇　刘雯　等　著

中国水利水电出版社
www.waterpub.com.cn
·北京·

内 容 提 要

本书以"西电东送"工程第二批电源项目之一的贵州北盘江董箐水电站设计与工程实践为背景,围绕工程布置、砂泥岩筑坝及其变形控制、高面板堆石坝泄洪消能安全控制技术、高尾水变幅水电站厂房、高面板堆石坝施工期水流控制和工程其他设计特色技术等方面,系统介绍了该工程设计中的关键技术、应用实例以及经验教训。

本书资料翔实,内容丰富,所涉及的技术问题是当前水电水利工程设计建设中的热点和难点问题,可供相关领域工程技术人员和大专院校师生借鉴和参考。

图书在版编目(CIP)数据

砂泥岩区高面板堆石坝设计创新与实践 / 湛正刚等著. -- 北京 : 中国水利水电出版社, 2021.9
ISBN 978-7-5170-9920-8

Ⅰ. ①砂… Ⅱ. ①湛… Ⅲ. ①泥岩－面板坝－堆石坝－研究 Ⅳ. ①TV641.4

中国版本图书馆CIP数据核字(2021)第182199号

书　　名	砂泥岩区高面板堆石坝设计创新与实践 SHANIYAN QU GAOMIANBAN DUISHIBA SHEJI CHUANGXIN YU SHIJIAN
作　　者	湛正刚　慕洪友　郭　勇　刘　雯　等著
出版发行	中国水利水电出版社 (北京市海淀区玉渊潭南路1号D座　100038) 网址:www.waterpub.com.cn E-mail:sales@waterpub.com.cn 电话:(010)68367658(营销中心)
经　　售	北京科水图书销售中心(零售) 电话:(010)88383994、63202643、68545874 全国各地新华书店和相关出版物销售网点
排　　版	中国水利水电出版社微机排版中心
印　　刷	北京印匠彩色印刷有限公司
规　　格	184mm×260mm　16开本　13.75印张　334千字　4插页
版　　次	2021年9月第1版　2021年9月第1次印刷
印　　数	0001—1000册
定　　价	**110.00元**

董箐水电站全貌

董箐水电站下游

董箐水电站溢洪道

溢洪道进口

董箐水电站发电厂房

发电取水口和放空洞进水口

砂泥岩料填筑

砂泥岩料开挖

坝面碾压

施工中的大坝作业面

谭靖夷院士、赵增凯教授现场技术指导

曹克明大师、赵增凯教授现场技术指导

马洪琪院士、谭靖夷院士主持科技成果鉴定会

詹天佑奖证书

中国专利优秀奖证书

全国优秀水利水电工程勘测设计金奖证书

《砂泥岩区高面板堆石坝设计创新与实践》
编撰委员会

主　任　　湛正刚

副主任　　慕洪友　　郭　勇　　刘　雯

委　员　　蔡大咏　　李晓彬　　陈本龙　　杨　秋　　史鹏飞
　　　　　张合作　　程瑞林　　杨　鹏　　申显柱　　陈　娟
　　　　　张国富　　徐　敏　　赵明琴　　敖大华　　李水生
　　　　　田业军　　刘　涛　　王广宾　　叶文宇　　袁　端
　　　　　刘　凡

序 一

在砂泥岩地区设计建设大型水利水电工程在国内外都是比较罕见的，贵州北盘江董箐水电站坝址上游段为峡谷和陡滩，下游段为龙滩水库区，将坝址放在砂泥岩区河段不失为明智的选择。该工程装机容量880MW，坝高150m，与国内许多工程相比，其工程规模并不算特别突出，但针对砂泥岩地区的工程设计和技术创新却独具特色，对类似工程有重要的参考和借鉴价值。

董箐水电站大坝为150m级面板堆石坝，如果采用灰岩料筑坝，料场运距远，造价高；而利用工程区储量丰富的砂岩与泥岩开挖混合料，可就地取材降低造价，同时有利于保护环境。通过研究，在坝体分区上，除垫层料、过渡料、排水堆石料采用灰岩堆石料外，坝体2/3的堆石体全部采用砂泥岩混合料，并在砂泥岩混合料和排水堆石料之间设了反滤保护。采用了冲击碾、大型振动碾等施工技术，并比较了两种碾压方式的细料含量情况，论证了冲击碾也适用于软硬岩堆石料。冲击碾的应用，加速了坝体有害变形的消散，提高了堆石体的压缩模量。

坝体变形控制采用了压缩模量控制、平层填筑方法，分期面板施工前采用了预沉降措施，坝体月沉降变形速率小于5～10mm，蓄水前用了长达8个月的沉降期，使坝体88%的沉降变形在蓄水前完成。还采用了蓄水过程控制坝体变形控制措施，如蓄到死水位时停顿2个月，死水位以上按30cm/d控制，使蓄水期坝体有害变形又降低了57%左右，这些措施有效控制了坝体有害变形。另外，在混凝土面板材料中掺加了MgO和聚丙烯纤维，补偿混凝土早期收缩，增加混凝土抗拉强度。面板施工中，采用了保温、保湿和混凝土养护剂等限制混凝土温度裂缝的综合措施。在面板结构方面，采用了以压性缝宽度适应坝体纵向变形的方法设计压性缝结构，将面板压性缝设计为具有弹性的、可适应面板挤压变形的结构，对于预防面板挤压破坏起到了良好的效果。

除大坝外，该工程砂泥岩区大型水工隧洞及高边坡处理、宽大溢洪道泄槽结构、适应高尾水变幅的厂房结构等设计，都很好地适应了工程特点和时代要求。

　　该书作者长期从事水利水电工程设计，主持过多座大中型水电站的设计，参加了我国高面板堆石坝和高心墙坝前沿技术研究工作，在堆石坝设计科研方面造诣较深，工程实践经验丰富。该书内容翔实，系统性和创新性强，工程案例典型，可供类似土石坝工程借鉴参考，特推荐给从事水利水电工程设计、建设和科研的技术人员。

中国工程院院士

2021 年 1 月

序　二

　　在贵州省行政区域出露的地层岩性中，近 2/3 属灰岩地区。中国电建集团贵阳勘测设计院有限公司（以下简称"贵阳院"）扎根贵州，从事水电水利工程勘测设计 60 多年来，以"擅于在岩溶区建坝成库"而著称。在砂泥岩区设计建设大型水电站工程，是一项新的挑战。贵州北盘江董箐水电站坝址毗邻广西，下游为广西红水河龙滩水电站库区。坝址区地层岩性为砂泥岩互层，库区地层岩性为灰岩；和贵州境内的其他工程相比，除了有岩溶库区的防渗成库问题外，还要面临砂泥岩特殊的工程地质条件，技术问题较为复杂。

　　董箐电站是国家"西电东送"工程第二批开工建设的电源项目之一，电站坝址位于下游龙滩水电站库区。由于龙滩水电站已先于董箐水电站建设，龙滩水库蓄水后将淹没董箐水电站坝址，如此，董箐水电站建设将会失去良好的时机。因此，贵州省人民政府把董箐水电站列为"抢救性"开发工程，要求在龙滩水库蓄水之前建设完成董箐水电站。然而，董箐水电站坝址地质条件较为复杂，面临着"砂泥岩筑坝、高尾水变幅、大泄量泄洪消能"等重要技术问题需要研究解决。贵阳院作为该工程的勘测设计研究单位，在时间紧、任务重的情况下，通过科学研究和精心设计，提出了软硬岩混合石料填筑高面板堆石坝技术、大泄量溢洪道泄洪消能安全控制技术、高尾水变幅水电站设计控制技术、高面板坝施工水流控制技术等多项特色技术，并成功应用于该电站建设中，加快了工程建设速度，节约了工程投资，取得了显著的社会经济效益和丰硕的创新技术成果。获得了中国专利优秀奖、贵州省科技进步奖、中国大坝工程学会技术发明奖、全国优秀咨询成果一等奖、全国水利行业优秀设计金奖、中国水电优质工程奖、詹天佑大奖等 10 余项重要奖项，发表学术论文 100 余篇，获专利技术 20 余项。

　　近年来，随着国内水利项目大量开工建设和中国水电走出去，国内部分工程和国外东南亚地区部分工程面临着和董箐水电站软硬岩筑坝同样的问题，已有不少同行专家到贵阳院访问、到董箐水电站考察借鉴。这部专著的问世，可以更好地满足类似需求，促进相关设计技术经验推广，为水利科学技术的发展奉献绵薄之力，特推荐给相关读者。

中国电建集团贵阳院董事长

2021 年 1 月

前　言

　　北盘江董箐水电站是"西电东送"工程第二批电源项目之一，于 2009 年下闸蓄水，2010 年完工，至今已蓄水运行 10 余年，工程各项监测数据稳定、正常。特别是采用砂泥岩填筑的 150m 级高面板堆石坝，其变形已于蓄水运行后 5 年左右趋于稳定，防渗混凝土面板没有挤压破坏迹象，表明贵阳院在高面板堆石坝设计创新方面又取得了重要的实践成果。

　　董箐水电站坝址处于砂泥岩区，工程布置为面板堆石坝坝型的"经典"布置方式，即岸边式溢洪道泄洪，利用溢洪道开挖料填筑面板堆石坝。然而在设计中提出采用砂泥岩筑坝的构想之时，质疑的声音是颇多的。当时大约是 2004 年夏天，我国已建成运行的 150m 级高面板堆石坝仅有天生桥一级面板堆石板，即将完建的洪家渡面板堆石坝正在蓄水之中，同期在建高坝还有三板溪面板堆石坝和水布垭面板堆石坝等，总体来说我国当时在高面板堆石坝设计建设方面尚缺乏系统和相对成熟的技术，因此对于采用砂泥岩这种互层材料做高坝的主体填料持有担心是完全可以理解的。这种质疑和担心主要有三个方面：一是砂泥岩堆石料的压缩模量可能偏小，坝体总变形较大；二是泥岩在坝内干湿环境下条件的力学性能可能不稳定，影响坝体结构安全；三是砂泥岩料的透水性较弱，坝体自由排水困难。为此，联合国内有关科研院所，开展了大量的材料试验、坝体分区、变形控制等研究工作，其中泥岩浸泡试验长达 679 天。经过大胆假设、小心求证，在参建各方的共同努力下，成功建设了董箐面板堆石坝，有力促进了砂泥岩筑坝技术的发展，后来国内外的一些高坝借鉴董箐工程也采用了砂泥岩筑坝，表明该项技术有较好的应用前景。此外，该工程设计中采用的大泄量溢洪道泄洪消能安全控制技术、高尾水变幅水电站设计控制技术、高面板坝施工水流控制技术、砂泥岩边坡处理、前置挡墙发电取水口、垫层钢管代替波纹管伸缩节等多项特色技术的研发和应用，充分展现了贵阳院工程技术人员开拓进取、攻坚克难的创新精神。该工程的许多设计经验弥足珍贵，对类似工程有重要的借鉴意义，是贵阳院乃至水电水利行业宝贵的技术财富。

全书共 8 章。第 1 章介绍工程概况、设计关键技术与工程特色。第 2 章介绍特色的枢纽布置和因地制宜的施工总布置。第 3 章为本书的重点内容，介绍砂泥岩料的筑坝特性、软硬岩混合石料条件下的高面板堆石坝设计以及系统的变形控制策略和方法。第 4 章介绍高水头大流量条件下宽大泄槽的安全控制技术。第 5 章介绍在龙滩水库蓄水条件不确定的情况下，采用"充分利用水能资源、远近设计结合的设计理念"，提出了适应高尾水变幅厂房结构的相关新技术。第 6 章介绍高面板堆石坝水流控制和风险控制技术。第 7 章介绍砂泥岩边坡处理、前置挡墙发电取水口、垫层钢管代替波纹管伸缩节等特色技术。第 8 章介绍工程建设和试验运行中存在的问题和处理经验。

本书主要由直接参与工程设计的中青年工程技术人员撰写而成。本书前言、第 1 章由湛正刚执笔；第 2 章由慕洪友、郭勇、刘雯执笔；第 3 章由湛正刚、蔡大咏执笔；第 4 章李晓彬、湛正刚执笔；第 5 章由慕洪友、陈本龙执笔；第 6 章由郭勇、刘雯执笔；第 7 章由湛正刚、李晓彬执笔；第 8 章由湛正刚、刘雯、郭勇执笔；全书由杨秋、史鹏飞、张合作、程瑞林、杨鹏、申显柱等校核，由湛正刚统稿，由刘凡完成版式初排工作。

董箐水电站的技术成果，凝聚了贵阳院老一辈水电工作者、各级领导以及全体参与过工程设计建设技术人员的心血和智慧。前任设计项目负责人杨泽艳、范福平、吴基昌等人在前期设计工作中奠定了良好的基础。谭靖夷院士、曹克明设计大师、杨志雄大师、蒋国澄、赵增凯、文亚豪等知名专家多次到工程现场咨询指导。马洪琪院士作为专家组组长主持了工程大坝科技成果鉴定，对工程技术总结提出了建设性的指导意见，并亲自为本书作序。三峡大学、四川大学、西北农林科技大学等单位在科研工作中给予了通力协作。工程建设单位贵州北盘江电力股份有限公司，工程监理单位武汉长科监理工程建设监理有限责任公司，工程施工单位中国水利水电第十二工程局、江南水利水电工程公司、中国水利水电第九工程局、中国水利水电第十一工程局、中国水利水电第六工程局等在建设过程中给予了大力支持。本书在撰写过程中引用了部分参建单位的研究和应用成果，参阅了与董箐水电站有关的科技文献和资料，虽已列出，难免遗漏，谨此一并表示衷心的感谢！

由于水平有限，书中难免存在错误及疏漏之处，恳请读者批评指正。

作者
2021 年 4 月

目 录

第 1 章

工程设计概述

1.1 工程概况

董箐水电站是贵州省"西电东送"工程第二批电源项目之一，位于贵州省西南部的北盘江下游贞丰与镇宁的交界河段上，距贵阳市 221km，距贞丰县 38km，水电站所处地理位置交通较为方便。北盘江属珠江流域西江水系，是红水河的北源流，发源于云南省曲靖市马雄山的西北坡，是贵州省境内第二条大河，全长 441.90km，落差 1932m。董箐水电站为北盘江干流（茅口以下）规划梯级的第四级，上游为马马崖二级水电站，下游在望谟蔗香（双江口）与南盘江汇合后进入红水河，接龙滩水电站库区。董箐水电站坝址处流域面积为 19693km²，多年平均流量为 398m³/s，多年平均径流量为 125.55 亿 m³。

水电站的开发任务是"以发电为主，航运次之"，为 Ⅱ 等大（2）型工程。电站正常蓄水位为 490.00m，死水位为 483.00m，总库容为 9.55 亿 m³，调节库容为 1.44 亿 m³，属日调节水库。电站装机容量为 880MW（4×220MW），保证出力为 172MW，多年平均发电量为 30.26 亿 kW·h。

工程枢纽建筑物由钢筋混凝土面板堆石坝、左岸开敞式溢洪道、右岸放空洞、右岸引水系统和地面发电厂房等组成，钢筋混凝土面板堆石坝最大坝高 150m。工程按 500 年一遇洪水设计，设计洪水位为 490.70m，下泄流量为 11478m³/s；按 5000 年一遇洪水校核，校核洪水位为 493.08m，下泄流量为 13330m³/s。

工程概算总投资 64.49 亿元，总工期 56 个月。电站于 2005 年 3 月开始施工准备和筹建工作，2006 年 11 月 15 日实现大江截流，2009 年 8 月开始下闸蓄水，2009 年 12 月两台机组投产发电，2010 年 6 月全部四台机组投产发电。

1.2 工程区自然条件

1.2.1 流域及水文气象

北盘江流域北邻金沙江支流牛栏江、横江和乌江上游三岔河，南接南盘江，地势西北高东南低，高差悬殊，干流全流域面积为 26557km²。董箐坝址以上流域降水量丰沛，多年平均降水量为 1269.2mm，坝址附近的年降水量在 1200mm 左右。董箐坝址附近气候温和，多年平均气温为 16.6℃；坝址附近气候湿润，多年平均相对湿度为 80%，多年年平均水面蒸发量为 1444.3mm；坝址多年平均水温为 19.1℃，实测最高水温为 28.3℃，实测最低水温为 7.3℃。

北盘江径流主要由降水补给，径流年内变化大，洪枯分明，一般 5—10 月为汛期，实

测最大洪峰流量为 $8120\mathrm{m}^3/\mathrm{s}$，实测最小流量为 $31.8\mathrm{m}^3/\mathrm{s}$，坝址多年平均流量为 $398\mathrm{m}^3/\mathrm{s}$，泥沙以悬移质为主，多年平均输沙量为 2220 万 t。

1.2.2　地形地质条件

董箐电站工程区大地构造属扬子准地台、黔南台陷望谟北西向构造变形区北部，区域构造基本稳定，地震基本烈度为Ⅵ度。

枢纽区建筑物位于洗鸭沟至坝坪沟之间，该处河谷呈较开阔的"V"形，两岸坡度 $28°\sim35°$。坝址区出露地层为青岩组第二段（$\mathrm{T}_2\mathrm{q}^2$）、边阳组第一段（$\mathrm{T}_2\mathrm{b}^1$）和第二段（$\mathrm{T}_2\mathrm{b}^2$）及第四系（Q）地层。坝轴线上河床及两岸坡地层均为三叠系中统边阳组第一段及第二段（$\mathrm{T}_2\mathrm{b}^{1-2}$）灰色厚层、中厚层石英砂岩、钙质砂岩夹灰色、深灰色钙质泥岩，岩质软、硬相间，泥岩含量占 $25\%\sim35\%$。河床覆盖层由砂卵砾石及黏土、砂土构成，一般厚 $5\sim10\mathrm{m}$。

面板堆石坝布置于弱风化带至新鲜砂泥岩地层上，强度与完整性均较好。枢纽区趾板边坡、溢洪道边坡、厂房后坡等均有顺向坡分布，边坡的稳定性较差。

1.3　枢纽工程布置及主要建筑物

1.3.1　工程等别和主要安全标准

董箐水电站枢纽工程为Ⅱ等工程，工程规模为大（2）型，挡水、泄水建筑物，引水系统进水口及放空洞进水口建筑物均为 1 级，放空洞、引水系统、厂房等主要建筑物为 2 级，次要建筑物为 3 级。

水工建筑物洪水标准见表 1.3-1。

表 1.3-1　　　　　　　　　水工建筑物洪水标准表

工　程　项　目	建筑物等级	设　计　洪　水			校　核　洪　水		
		$P/\%$	入库流量 $/(\mathrm{m}^3/\mathrm{s})$	下泄流量 $/(\mathrm{m}^3/\mathrm{s})$	$P/\%$	入库流量 $/(\mathrm{m}^3/\mathrm{s})$	下泄流量 $/(\mathrm{m}^3/\mathrm{s})$
面板堆石坝及壅水泄水建筑物	Ⅱ等1级	0.2	12100	11478	0.02	14900	13330
厂房	Ⅱ等2级	0.5	11000	10958	0.2	12100	11478
消能防冲	Ⅱ等3级	1	10100	10100			

该工程建筑场地基本地震烈度为Ⅵ度，一般建筑物抗震设计标准采用基准期 50 年超越概率 10% 进行抗震设计，相应的水平向设计地震加速度代表值为 $0.060g$。大坝、溢洪道闸室、放空洞进水塔及引水系统进水塔等 1 级建筑物的抗震设计标准提高一级，即采用基准期 50 年超越概率 5%，相应的水平向设计地震加速度代表值为 $0.087g$；大坝校核地震标准采用基准期 100 年超越概率 2%，相应的水平向设计地震加速度代表值为 $0.158g$。

1.3.2　枢纽布置及主要建筑物

董箐水电站枢纽建筑物由钢筋混凝土面板堆石坝、左岸开敞式溢洪道、右岸放空洞、右岸引水系统和地面发电厂房等组成。枢纽布置充分考虑了利用地形条件进行布置，右岸洗鸭沟适宜布置引水系统及放空洞的进水口，左岸坝坪沟沟口适宜布置泄洪系统的消能防冲区。

坝轴线位于洗鸭沟下游 380m 处，轴线方位 N74°11′48″E，与河流大致正交。面板堆石坝坝顶高程 494.50m，坝顶长 678.63m，最大坝高 150m，上游坝坡 1：1.40，下游综合坝坡 1：1.50。

开敞式溢洪道布置在左岸，引渠底板高程 460.00m，堰顶高程 468.00m，堰顶为 4 孔出流，孔口尺寸为 13m×22m（宽×高），泄槽净宽 50m，长 680m，纵坡 7.5％；采用挑流消能，将天然的坝坪沟扩挖处理后作为消能防冲区。

放空洞布置在右岸，离坝肩约 115m，由进口段、无压洞身段以及出口消能工段组成。放空洞全长 951m，进口底板高程 430.00m，隧洞洞身段为城门洞型无压流，纵坡 3.58％，断面尺寸为 6m×9m（宽×高），采用挑流消能。

引水系统采用单管单机供水，共 4 条引水道，均长 618m，进水口布置在右坝肩前缘。进水口底板高程 455.00m，引水隧洞平均长 273m，直径 9.0m；压力钢管段平均长 326m，内径 7.0m。

岸边式地面发电厂房布置在钢筋混凝土面板堆石坝坝后，装机 4 台，总容量 880MW。主厂房长 137.0m、宽 25.5m、高 81.3m，机组安装高程 359.60m。

工程布置两条导流洞，采取左右岸对称布置方式，导流隧洞为城门洞型，断面尺寸为 15m×17m（宽×高），上、下游为土石围堰。

1.4 设计难点与关键技术

1.4.1 主要难点

1. 枢纽布置

坝址河段顺直，两岸冲沟发育，没有天然垭口，布置岸边式泄水建筑物的条件较差。坝址褶皱发育，地质条件较复杂，边坡及洞室稳定性差。枢纽布置时，尚需考虑如何利用溢洪道开挖的砂泥岩料筑坝，实现"挖填平衡"的设计。因此，该工程的枢纽布置具有挑战性。

2. 砂泥岩筑坝

董箐水电站大坝为钢筋混凝土面板堆石坝，最大坝高 150m，是目前国内率先采用砂岩和泥岩混合料用作坝体堆石料的高面板坝。大坝填筑总方量 1025 万 m³（含上游铺盖料），坝址区岩体为砂岩、粉砂岩夹泥岩，用作坝体堆石料的溢洪道开挖料为砂岩和泥岩互层，其中砂岩占 65％～85％，泥岩占 15％～35％。砂岩属中硬岩，其干抗压强度一般大于 70MPa，饱和抗压强度为 46～60MPa；而泥岩属软岩，其干抗压强度一般为 20～30MPa，饱和抗压强度为 10～20MPa。坝体 2/3 以上的堆石料采用砂泥岩料填筑，坝体变形控制难度是前所未有的。

3. 高水头大泄量泄洪消能

在水电水利工程中，泄水建筑物是保证工程安全的关键设施，但是，不少工程泄水建筑物由于结构体型、布置方式等原因，造成泄水建筑在高速水流条件下发生空蚀或冲刷破坏，严重危及工程安全，且一旦发生事故必定造成重大的经济损失。董箐水电站溢洪道泄量 $13330\text{m}^3/\text{s}$，最大单宽流量 $266.94\text{m}^3/(\text{s}\cdot\text{m})$，最大流速 37.64m/s，董箐水电站溢洪道在国内外同类工程中，泄洪规模、流速及单宽流量等水力学指标均居前列，具有中高水头泄水建筑物的共性。所以，高速水流安全控制技术技术难度高。

4. 高尾水变幅厂房

董箐水电站下一梯级为龙滩水电站，其设计正常蓄水位为 400.00m，建设实施正常蓄水位为 375.00m。因水库淹没影响较大，龙滩正常水位要达到高程 400.00m 运行尚有较大难度，同时需要较长的时间。因此，为了合理利用水能资源，获得更大的经济效益，并减少前期工程投资，董箐水电站采取分期建设的设计思路。工程受下游龙滩水库运行方式影响，发电厂房承受的最大水头高达 60.65m，厂房整体稳定、应力、变形等要求较高，在厂房布置、结构型式及防渗、防裂措施等方面存在较大技术难度。

5. 施工期水流控制风险较高

董箐水电站被贵州省人民政府列为"抢救性"开发项目，类比其他同类工程，其建设工期较短，兼具工程区地质条件较差，洞室稳定及边坡问题突出，施工过程中的不可预见性因素较多，同时，工程大坝为当地材料坝，坝面过水风险较高，合理地规划工程施工期水流控制程序，对工程实现安全度汛、按期建设至关重要。

1.4.2 关键技术

1. 独具特色的枢纽布置

按照水电开发与"生态保护、节能降耗、环境友好"等相适应的设计理念，针对工程砂泥岩筑坝、高尾水变幅、高水头大泄量泄洪消能等设计条件，枢纽布置巧妙利用坝坪沟、洗鸭沟间的有利地形建坝，过水建筑物裁弯取直，扬长避短，解决了泄洪消能、引水发电工程布置等关键技术问题，实现了紧凑、顺畅、经济的目标。枢纽布置于河道右岸的洗鸭沟和河道左岸的坝坪沟之间，坝轴线位于洗鸭沟下游380m处，坝轴线方位 $\text{N}74°11'48''\text{E}$，与河流大致正交。主要特点是在平面布置上巧妙利用了两个冲沟有利的地形条件，将大坝布置于上、下游冲沟之间，左岸溢洪道进口开挖料上坝，出口在坝坪沟泄洪消能，右岸引水系统及放空洞进口布置于洗鸭沟，开挖边坡低，发电厂房布置于坝后右岸易于适应高尾水变幅和后期加高。具有"泄洪建筑物进口开挖料上坝，冲沟内泄洪消能，岸边式地面厂房适应高尾水变幅"等鲜明特色。

2. 软硬岩混合石料填筑的超高面板堆石坝

董箐水电站面板堆石坝如果采用通常的硬岩堆石料填筑，符合其质量要求的料场距离坝址较远，大坝造价较高，而坝址区砂岩与泥岩混合料较为丰富，因工程基础开挖和溢洪道开挖可获得砂岩与泥岩混合石料达 1000 万 m^3，如能利用该开挖料筑坝，则填坝材料的运输距离显著减小，大坝造价降低，同时可大幅度减少工程弃渣量，减小土地占用和对环境的影响。为此，围绕董箐水电站工程开挖料的利用和软硬岩混合石料填筑面板堆石坝的关键技术开展了一系列的研究工作，并取得如下成果：

（1）提出了用于高面板堆石坝填筑的软硬岩混合材料。在传统使用硬岩料、局部软岩料、砂砾石料填筑高面板坝的基础上，创造性地提出了软硬岩混合料作为高面板堆石坝的筑坝材料，其中软岩含量达35%左右，该种筑坝材料大量用于150m级高面板堆石坝主堆石区尚属首次。

（2）研发了一种软硬岩混合料填筑的面板堆石坝结构。该种面板堆石坝是由中硬岩与软岩的混合堆石料填筑而成，其堆石料的料源选择空间更大，可以满足就地取材的原则，不需要选择运距较远的料场进行运输，运距短，投资省，经济可行，而且面板坝堆石料的结构较稳定，突破了面板坝在常规料源选择上的局限性。

（3）丰富和发展了高面板堆石坝的变形控制技术。在已有的变形控制经验基础上，根据软硬岩的堆石料的特性，系统提出了"控制坝体的总沉降变形值，转化有害变形为无害变形，面板结构适应纵向变形"的坝体变形控制策略，取得良好的变形控制效果。

（4）采用光纤陀螺仪监测面板挠度和可检修的岸坡分区监测渗漏量等监测新技术。解决了传统电平器监测面板挠度方法中电平器损坏后导致监测面板挠度失效的问题和岸坡截水沟损坏导致分区渗漏量不准确等问题，有效保障了相关监测数据的完整可靠性。

上述成果经贵州省科技厅组织权威专家鉴定为国际先进水平，部分成果达到了国际领先水平。

3. 高面板堆石坝大泄量溢洪道泄洪消能安全控制

董箐水电站泄水建筑物为左岸开敞式溢洪道，总长约1.3km，4孔闸门孔口尺寸为13m×22m（宽×高），设计最大泄流量为13330m³/s，相应单宽流量266.94m³/（s·m），最大流速37.64m/s，其泄洪流量和泄洪功率在国内外高堆石坝中位居前列。围绕泄洪消能安全，从枢纽总体协调、水力学条件、高边坡安全、混凝土材料分区、高速水流防蚀措施、挖填平衡、工程投资等方面进行了综合研究，提出了系列的安全控制措施。主要创新成果有：

（1）创新提出了高速水流结构变形缝处理技术，提出了新型消能防冲结构，通过对消力池的水力学条件、消能指标综合分析，消力池消能效果较好，满足溢洪道在各种工况下的泄洪要求，结构安全可靠。

（2）发展了HF抗冲耐磨混凝土的应用范围，研发了高掺粉煤灰高性能混凝土（HV-FAC）抗冲磨材料，并在溢洪道中应用和检验。

4. 适应高尾水变幅的发电厂房

受下游龙滩水库运行水位不确定性的影响，为充分利用水能资源，发电厂采取近期、远景结合的设计思路和设计理念，通过研究成功解决了制约工程的水轮机和厂房结构的技术难题，充分利用了水能资源，避免了重复性投资和资源浪费。主要成果有：

（1）创造性地提出"近、远结合利用水能资源"的设计思路和设计理念。

（2）研究提出了"近期、远景采用同一转轮同一转速的水轮机组型式"。

（3）研究提出了高尾水变幅作用下保证水轮机稳定运行和防止水轮机转轮产生裂纹的方法。

（4）研究提出了适应高尾水变幅的"两台机组段上分下连的机组分缝"等厂房结构型式和防裂抗渗混凝土材料。

（5）研发了在混凝土内掺入MgO和PSI-400的组合外掺材料，大幅提高了混凝土的防裂防渗性能。

5. 高面板堆石坝施工期水流控制

施工期水流控制作为影响工程施工期安全度汛和建设工期的重要因素，在高面板堆石坝工程中具有重要作用。董箐水电站为"抢救性"开发工程，建设工期极为紧张，施工也几乎没有筹建期，工程在建设过程中的不可预见性因素较多，对工程施工过程中的水流控制风险、施工进度措施、下闸蓄水方案等进行了系列的研究和实践。取得的主要成果有：

（1）系统分析了工程在汛期下闸蓄水的风险，采取了系列风险控制措施和应急预案，工程顺利在汛期实现了下闸蓄水，为工程提前发电创造了条件。

（2）对工程施工导流方案开展了系统研究，从导流建筑物布置、大坝施工方案和施工进度保障措施等方面保证了工程安全度汛。

（3）为加快工程施工进度，对导流工程规模及结构、大坝施工方案、溢洪道施工方案进行了优化和研究，工程提前半年蓄水发电，经济效益显著。

1.5　勘测设计历程

北盘江水利资源的开发研究工作始于1953年，先后曾有贵州省水利局、贵州省水电厅等单位开展过一定的研究工作，但工作深度普遍较浅。

20世纪80年代，贵阳院在贵州省相关部门和有关单位的支持下，于1988年12月编制完成了《北盘江干流（茅口以下）规划报告》，1989年4月通过审查。贵州省政府于1989年6月以〔89〕黔府通108号文批复同意了该规划报告。该报告推荐的梯级开发方案为光照（正常蓄水位745.00m）＋马马崖（正常蓄水位580.00m）＋董箐（正常蓄水位490.00m）。审定的董箐电站规划代表性方案为：正常蓄水位490.00m，其水库库容9.75亿m^3，调节库容4.81亿m^3，水库为年调节。装机3台，总装机容量480MW，保证出力155.9MW，多年平均发电量20.82亿kW·h。

贵阳院于2003—2005年编制完成了《北盘江董箐水电站预可行性研究报告（接龙滩400m方案）》，2005年2月通过审查。该阶段审定的开发任务是"以发电为主，航运次之，兼顾其他"。正常蓄水位490.00m，死水位485.00m，总库容9.58亿m^3，调节库容1.061亿m^3，属日调节水库。电站总装机容量720MW（4×180MW），保证出力142MW，多年平均发电量25.88亿kW·h。

从2005年起贵阳院开始开展董箐水电站可行性研究阶段工作，2007年9月完成了《北盘江董箐水电站可行性研究报告》并通过审查。工程最终设计建设规模为：正常蓄水位490.00m，死水位483.00m，总库容9.55亿m^3，调节库容1.44亿m^3。装机容量880MW（4×220MW），保证出力172MW，多年平均发电量30.26亿kW·h。其中通航设施按贵州省人民政府专题会议"研究部署加快西电东送工程项目前期工作有关问题（黔府专议〔2005〕17号）"纪要中，"……董箐水电站属抢救性工程，必须加快建设，……通航问题，可采取预留的办法解决"的要求，预留通航建筑物位置。

2009年2月国家发展和改革委员会印发了《国家发展改革委关于贵州北盘江董箐水电站项目核准的批复》，同意建设董箐水电站。

工程于 2006 年 11 月正式开工，2009 年 8 月蓄水，2009 年 12 月第一、第二台机组发电，2010 年 6 月第三、第四台机组发电，2012 年 7 月枢纽工程专项竣工验收，2012 年 11 月劳动安全与工业卫生专项竣工验收，标志着历经数代水电工程建设者心血的电站终于画上了圆满的句号。

1.6 工程主要特性

董箐水电工程主要特性见表 1.6－1。

表 1.6－1　　　　　　　　　　工 程 主 要 特 性 表

序号	名　　称	单位	数　　量	备　　注
1	水文			
1.1	流域面积			
(1)	北盘江流域	km²	26557	
(2)	坝址以上	km²	19693	
1.2	利用的水文系列	年	50	1952 年 6 月至 2004 年 5 月
1.3	多年平均年径流量	亿 m³	125.55	
1.4	代表性流量			
(1)	多年平均流量	m³/s	394	
(2)	实测最大流量	m³/s	8120	1985 年 7 月 2 日
(3)	实测最小流量	m³/s	31.8	1958 年 6 月 1 日
(4)	调查历史最大流量	m³/s	8190～10250	1872 年
(5)	设计洪水流量（$P=0.2\%$）	m³/s	12100	
(6)	校核洪水流量（$P=0.02\%$）	m³/s	14900	
(7)	施工导流流量（$P=10\%$）	m³/s	6950	导流时段为全年导流
1.5	洪水			
(1)	实测最大洪量（3d）	亿 m³	15.63	1991 年 9 月 9—12 日
(2)	设计最大洪量（3d）	亿 m³	21.22	$P=0.2\%$
(3)	校核最大洪量（3d）	亿 m³	25.94	$P=0.02\%$
1.6	泥沙			考虑光照影响（1963—2002 年）
(1)	多年平均悬移质年输沙量	万 t	577	
(2)	多年平均含沙量	kg/m³	0.456	
(3)	多年平均推移质年输沙量	万 t	28.9	
1.7	天然水位			
(1)	实测最低水位（相应流量 36.5m³/s）	m	354.79	这洞水文站 1960 年 5 月 11 日
(2)	实测最高水位（相应流量 7770m³/s）	m	371.1	这洞水文站 1991 年 7 月 9 日
2	水库			

序号	名　称	单位	数　量	备　注
2.1	水库水位			
(1)	校核洪水位	m	493.08	$P=0.02\%$
(2)	设计洪水位	m	490.70	$P=0.20\%$
(3)	正常蓄水位	m	490.00	
(4)	死水位	m	483.00	
2.2	正常蓄水位时水库面积	km²	22.491	
2.3	回水长度	km	36.43	接马马崖二级坝址
2.4	水库容积			
(1)	总库容（校核洪水位以下）	亿 m³	9.55	
(2)	正常蓄水位库容	亿 m³	8.824	
(3)	调节库容（正常蓄水位至死水位）	亿 m³	1.438	
(4)	死库容（死水位以下）	亿 m³	7.386	
2.5	库容系数	%	1.14	
2.6	调节特性			日调节
2.7	水量利用系数	%	96	
3	**下泄流量及相应下游水位**			
3.1	坝体设计洪水位时最大泄量	m³/s	11478	$P=0.2\%$
	相应下游水位	m	387.50~402.53	$P=0.2\%$
3.2	坝体校核洪水位时最大泄量	m³/s	13330	$P=0.02\%$
	相应下游水位	m	390.12~404.33	$P=0.02\%$
3.3	装机满发最大引用流量	m³/s	917.2	
	相应下游水位	m	369.26~400.00	
3.4	一台机满发最大引用流量	m³/s	229.3	
	相应下游水位	m	366.58~400.00	
4	**工程效益指标**			
4.1	发电效益			
(1)	装机容量	MW	880	
(2)	保证出力	MW	172	
(3)	多年平均年发电量	亿 kW·h	30.26	
(4)	装机年利用小时数	h	3439	
4.2	航运效益			
(1)	改善航道里程	km	36.43	
(2)	过船吨位	t	300	
(3)	设计年货运量	万 t/a	23.8/82.8	上水/下水

续表

序号	名　称	单位	数　量	备　注
5	**建设征地及移民安置**			
5.1	淹没耕地及园地	亩	14610	含施工期提前征用库区部分
5.2	淹没林地	亩	12739	含施工期提前征用库区部分
5.3	水库迁移人口	人	5066	
5.4	拆迁房屋	m²	170659	
5.5	搬迁城、集镇	座	1	
6	**主要建筑物及设备**			
6.1	大坝			
(1)	型式		钢筋混凝土面板堆石坝	
(2)	地基特性		砂岩夹泥岩	
(3)	地震基本烈度	度	Ⅵ	
(4)	坝顶高程	m	494.50	
(5)	最大坝高	m	150	
(6)	坝顶长度	m	678.63	
6.2	溢洪道			
(1)	型式		开敞式	
(2)	地基特性		砂岩夹泥岩	
(3)	堰顶高程	m	468.00	
(4)	泄槽总长	m	680	
(5)	泄槽净宽	m	67～50	
(6)	最大单宽流量	m³/(s·m)	266.94	
(7)	最大流速	m/s	37.64	
(8)	消能方式		挑流	
(9)	弧形工作闸门尺寸及数量	m－扇	13×23.94－4	
(10)	平板检修闸门尺寸及数量	m－扇	13×22.7－1	
(11)	启闭机型式、数量、容量	kN－台	2×4500－4	工作门
(12)	门机数量、容量	kN－台	2×2500－1	事故门
(13)	设计泄洪流量	m³/s	11478	
(14)	校核泄洪流量	m³/s	13330	
6.3	泄洪兼放空洞			
(1)	型式		无压洞式	
(2)	地基特性		砂岩夹泥岩	
(3)	条数	条	1	
(4)	进口底板高程	m	430	
(5)	长度	m	799	隧洞段

续表

序号	名　　称	单位	数　量	备　注
(6)	隧洞断面尺寸（宽×高）	m	6×9	
(7)	弧形工作闸门尺寸及数量	m-扇	5×5-1	
(8)	平板事故检修闸门尺寸及数量	m-扇	5×6-1	
(9)	最大设计放空流量	m³/s	645.92	最高放空水位470.00m
(10)	最大设计流速	m/s	23.92	
6.4	引水建筑物			
(1)	额定流量	m³/s	917.2	
(2)	地基特性		砂岩夹泥岩	
(3)	底板高程	m	455.00	
(4)	隧洞直径/长度	m	9/273	4条隧洞平均长
(5)	压力管道直径/长度	m	7/326	4条压力管道平均长
(6)	闸门数量、尺寸、型式	m-扇	7×9.25-4	平板事故检修门
(7)	拦污栅数量、尺寸	m-扇	3.75×30.0-16	
(8)	清污机数量、容量	kN-台	2×400-1	清污门机
(9)	启闭机数量、容量	kN-台	3600/2000-4	固定卷扬机
6.5	厂房			
(1)	型式		地面式	
(2)	地基特性		砂岩夹泥岩	
(3)	主厂房尺寸（长×宽×高）	m	137×25.5×68.35	
(4)	水轮机安装高程	m	359.60	
(5)	尾水闸门尺寸、数量、型式	m-扇	6.25×6.612-4	平板检修门
(6)	门机数量、容量	kN-台	2×500-1	
6.6	升压开关站			
(1)	地基特性		砂岩夹泥岩	
(2)	开关站尺寸（长×宽×高）	m	92.5×19×28.5	
6.7	主要机电设备			
6.7.1	水轮机			
(1)	台数	台	4	
(2)	型号		HL178m-LJ-455	
(3)	额定出力	MW	224.5	
(4)	额定转速	r/min	166.7	
(5)	吸出高度	m	—7	
(6)	转轮直径	m	4.55	
(7)	最大水头	m	124.5	

序号	名 称	单位	数 量	备 注
(8)	最小水头	m	106	
(9)	额定水头	m	108	
(10)	额定流量	m³/s	229.3	
6.7.2	发电机			
(1)	台数	台	4	
(2)	型号		SF220－36/10450	
(3)	单机容量	MW	220	
(4)	发电机功率因数		0.9	
6.7.3	其他主要设备			
(1)	主变压器			
1)	台数	台	4	
2)	型号		SSP10－250000/500	
(2)	进水阀			
1)	台数	台	4	
2)	型式		筒形阀	
3)	外径	m	7	
(3)	厂房起重机			
1)	数量	台	2	
2)	型式	t	2×300/50/10t、100/20t	
3)	规格（Lk）	m	19.5、21.5	主厂房、装卸场
4)	额定起重量	t	600、100	
6.8	输电线			
(1)	输电电压	kV	500	
(2)	回路数	回路	1	
6.9	通航建筑物			
(1)	型式		斜面升船机	
(2)	主要尺寸（船长×船宽×吃水深）	m	55×8.6×1.3	
(3)	船只吨位	t	300	
7	施工			
7.1	主体及导流工程量			
(1)	明挖土方	万 m³	534.2	
(2)	明挖石方	万 m³	956.27	
(3)	洞挖石方	万 m³	86.73	
(4)	填筑石方（大坝填筑）	万 m³	1015.88	

续表

序号	名　称	单位	数　量	备　注
(5)	填筑土石方（围堰填筑）	万 m³	34.48	
(6)	混凝土（含喷混凝土）	万 m³	109.91	
(7)	钢筋	万 t	5.64	
(8)	钢材	万 t	0.08	
(9)	金属结构安装	t	6920	
(10)	帷幕灌浆	万 m	4.11	
(11)	固结灌浆	万 m	23.15	
7.2	办公及生活房屋	m²	43100	
7.3	施工动力及来源			
(1)	供电	kV·A	13000	良田/者相 35kV
7.4	对外交通			
(1)	对外公路里程（扩建/新建）	km	6.35/9.66	
(2)	运量	万 t	107.61	
7.5	施工导流			
(1)	围堰数量	座	2	
(2)	围堰型式		上、下游土石围堰	
(3)	导流方式		一次拦断河床围堰，隧道导流	
(4)	导流洞条数	条	2	
(5)	导流洞尺寸（宽×高）（1号/2号）	m	15×17/15×17	
(6)	导流洞长度（1号/2号）	m	933.4/938.4	
(7)	导流洞封堵闸门尺寸及数量	m-扇	15×17.172-1	
(8)	启闭机型式、数量、容量	kN-台	2×4000-1	固定卷扬机
7.6	施工用地	亩	4875	不含施工期水库淹没征地
7.7	施工工期			
(1)	准备工期	月	18	
(2)	主体工程施工期	月	29	
(3)	总工期	月	56	
8	**经济指标**			可行性研究报告审定
8.1	静态投资	万元	561987.21	
(1)	其中：枢纽建筑物	万元	361397.25	
(2)	建设征地和移民安置	万元	68864.18	
(3)	独立费用	万元	97316.53	
(4)	基本预备费	万元	34409.25	
8.2	价差预备费	万元		
8.3	建设期贷款利息	万元	82937.83	

续表

序号	名　　称	单位	数　量	备　注
8.4	总投资	万元	644925.04	
8.5	经济指标			
(1)	单位千瓦投资（静态）	元/kW	6386	
(2)	单位电能投资（静态）	元/(kW·h)	1.86	
(3)	经济内部收益率	%	10.85	
(4)	资本金财务内部收益率	%	10	
(5)	全投资财务内部收益率	%	8.55	
(6)	经营期上网电价	元/(kW·h)	0.334	含增值税
(7)	贷款偿还年限	年	20	

第 2 章

工程布置

2.1 工程地质条件

2.1.1 坝址河段工程地质条件

董箐电站坝址河段位于北盘江干流与其一级支流打帮河交汇口下游，河段长约5.8km，区内有断层 F_1、F_2、F_3、F_4、F_{23}，从上游至下游分为可溶岩 T_2p 河段和非可溶岩 T_2q 河段，两者交界相变线处的相变带内岩相及岩性变化较大，右岸集中发育有董岗及阴河暗河，东侧发育有多德复式向斜，如图 2.1-1 所示。

控制工程建坝成库的重大地质条件是右岸岩溶系统特别发育。相变带西北区主要以三叠系碳酸盐岩可溶岩地层为主，地质构造复杂，褶皱频繁，断裂纵横交错，河谷深切，为岩溶发育提供了良好的条件，从而形成了打帮河口以上的董岗暗河和董箐村以西的阴河暗河，其中阴河暗河是该区最大的暗河系统，通过对阴河出口处流量观测，实测暗河最大流量可达 $6.2\text{m}^3/\text{s}$。

在工程前期大量勘测设计研究工作的基础上，综合建坝成库的地形地质条件和水文地质条件，在该河段拟定了打帮河口起至纳邑沟口河段的上坝址和洗鸭沟至坝坪沟的下坝址来进行坝址比选，两个坝址距离约 4.5km。

上坝址工程区上起董岗，下至纳邑沟，位于可溶岩河段，河谷相对狭窄，为不对称"V"形谷，正常蓄水位 490.00m 时河谷宽 486m。河流流向为 S30°E，枯期河水位高程368.00m，河水面宽 60m 左右，水深 3～7m。坝址以 T_2q^1 层中等至弱可溶性厚层白云岩、薄层泥质条带灰岩夹炭质泥页岩为主，河床和右岸在表层 20～25m 厚的白云岩以下分布有厚为 20～55m 的软弱炭质泥页岩层，力学性能差，遇水易软化崩解，该层的岩体质量较差。坝址两岸岩溶发育，岩溶形态以大中型溶洞、洼地、溶蚀裂隙为主，岩溶泉、管道水、落水洞、溶沟、溶槽次之。地下岩溶管道水较发育，主要有坝址右岸阴河暗河北支流、董岗上游河湾岩溶暗河。

下坝址上起洗鸭沟，下至坝坪沟，坝址位于非可溶岩河段，河谷呈开阔的"V"形，正常蓄水位 490.00m 时河谷宽约580m。河流流向近 SN 向，枯期河水位高程 365.00m，河水面宽 80～100m，水深 2～5m。下坝址岩性以 T_2b^{1-2} 厚层、中厚层状砂岩、粉砂岩夹泥岩为主，砂岩占 65%～85%，岩体多为中厚至厚层状，较为坚硬，而泥岩占 15%～35%，属较软岩类，具有软、硬相间不均一性力学特征。坝址区地表泉水出露较少，且流量小，但有沟水出露，坝址区水文地质结构主要为裂隙含水层的顺层状水文地质结构。

上坝址的优点在于附近有充足的灰岩料，其距董岗料场仅 1.0km 左右，质量和储量均能满足要求；缺点是两岸岩溶发育，存在坝基和绕坝渗漏及库首岩溶管道型渗漏，无隔水层可依托，防渗处理技术难度和工程量大。下坝址的优点在于无岩溶渗漏问题，有隔水层可依托；缺点是距离董箐灰岩骨料场距离 7km 左右，运距相对较远。因此，董箐下坝址地质条件相对明朗，避开了相变带、岩溶系统等不利工程地质条件，下坝址地质条件优于上坝址。

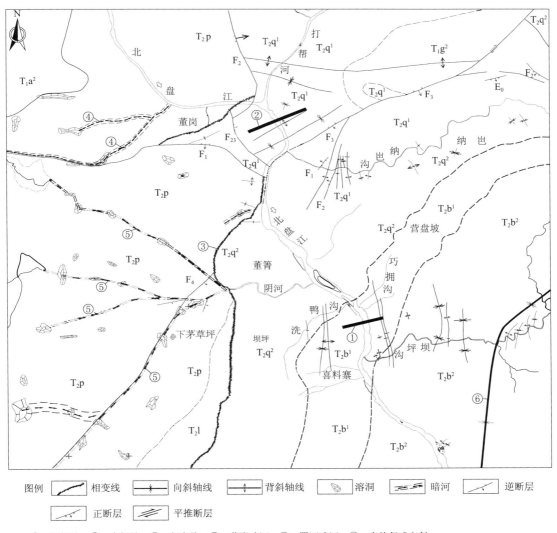

图例 <u>／</u> 相变线 <u>──</u> 向斜轴线 <u>──</u> 背斜轴线 <u>◇</u> 溶洞 <u>▱</u> 暗河 <u>／</u> 逆断层

<u>▱</u> 正断层 <u>▱</u> 平推断层

①—下坝址；②—上坝址；③—相变线；④—董岗暗河；⑤—阴河暗河；⑥—多德复式向斜

图 2.1-1 坝址河段工程地质简图

另外，还从水工布置、施工条件、工程投资等多方面深入比较，结果表明，下坝址优于上坝址，故选定了该工程坝址为下坝址。

2.1.2 坝址区工程地质条件

坝址位于坝坪沟（桥）与洗鸭沟之间较为宽阔的河段上，坝址河流流向近 SN 向，河谷较宽阔，坝址河谷呈开阔的"V"形，两岸低山侵蚀地貌特征明显，两岸坝肩外侧山脊多以 NNE 向或 NNW 向延伸，从而在左、右两坝肩地带均被顺河向条形山脊所包围，构成一较理想的建坝成库地形，如图 2.1-2 所示。

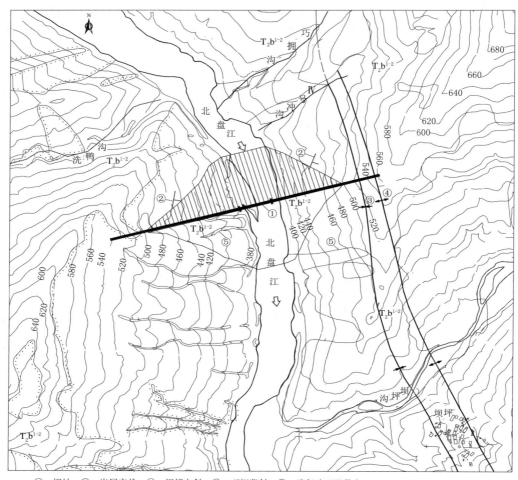

①—坝址；②—岩层产状；③—坝坪向斜；④—巧拥背斜；⑤—残积碎石及黏土

图 2.1-2 董箐枢纽区地形地质概略图（单位：m）

河床中心高程 360.00～364.60m，枯期河水位高程 365.00m，河水面宽 80～100m，水深 2～5m，正常蓄水位 490.00m 时河谷宽约 580m。左岸坝肩处山脊高程 540.00～570.00m，岸边地形坡度 25°～35°，平均坡度 31°，坝址主要发育有上游巧拥沟和下游的坝坪沟。右岸坝肩处山脊高程 570.00～600.00m，坡面发育冲沟 7 条，其中坝址上游的洗鸭沟切割深、规模大且长年有流水，其余 6 条冲沟规模较小。

1. 地层岩性

坝址坝基及枢纽部位主要地层为三叠系中统边阳组第一段第二层（T_2b^{1-2}）和第二段（T_2b^2）及第四系（Q）地层，在坝址上游洗鸭沟以上河段有青岩组第二段（T_2q^2）地层出露。区内第四系广泛分布，最大厚度达 24m。T_2b^{1-2} 地层主要为灰色中厚层及厚层钙质、石英砂岩、粉砂岩夹灰色、深灰色钙质泥岩，泥岩约占 30% ；T_2b^2 地层主要为灰色、深灰色钙质泥岩夹灰色薄层、中厚层钙质、石英砂岩、粉砂岩，中部见灰色薄层砂质灰岩或钙质砂岩。

2．地质构造

坝址岩层总体产状为 N0°～30°E/SE∠14°～40°，左岸逆向坡，右岸顺向坡，右岸及河床部位基本为单斜构造，左岸次级褶皱发育，其中多德复式向斜距坝约 2.3km，轴向 N15°～40°E，核部地层为 T_2b^2 泥岩夹砂岩及粉砂岩，其他次级小褶曲主要见于坝址左岸坝轴线上游巧拥沟至下游坝坪沟以及左岸溢洪道一带，各褶曲轴向变化大，核部地层仍为 T_2b^1 厚层砂岩、粉砂岩夹泥岩。

3．水文地质

坝址区的地下水主要是赋存于碎屑岩风化带及裂隙带中的裂隙水以及零散分布在第四系地层中的孔隙水，水量均较小。坝址区以砂岩、泥岩地层为主，地下水受岩性控制，一般在上部 20～40m 厚的风化带范围内，岩体中等透水，局部孔段为强透水，其下的微风化、新鲜岩体，一般透水性微弱。左岸坝轴线上游 450m 处发育较陡的巧拥沟，冲沟在高程 645.00m 处有巧拥寨泉水；左岸坝轴线下游 750m 处有坝坪沟，坝坪沟向左岸延伸较长，底坡较缓，出口沟宽 50m，沟内常年有水，季节性变化较大。右岸坝轴线上游 520m 处发育稍陡的洗鸭沟，季节性有水。

4．地质风化

坝址区主要分布砂岩、泥岩，两岸地势平缓，风化深度较深。坝址右岸强风化铅直深度在 17～25m 以内，弱风化铅直深度 33～45m，微风化铅直深度 47～75m。坝址左岸强风化铅直深度 5～14m，弱风化铅直深度 36～40m，微风化铅直深度 55～60m。河床部位一般无强风化带分布，河床部位弱风化垂直深度在 10.1～35.6m。

5．岩体物理力学参数

岩体物理力学性质以现场大型试验值为基础，结合室内试验和工程类比进行修正，董箐坝址岩体物理力学参数见表 2.1-1。

表 2.1-1　　　　　　　　　董箐坝址岩体物理力学参数

地层及位置	岩石名称	密度/(g/cm³)	软化系数	饱和抗压强度/MPa	弹性模量/GPa	变形模量/GPa	抗剪断强度混凝土-岩		抗剪断强度岩-岩		允许承载力/MPa
							f'	c'/MPa	f'	c'/MPa	
T_2b^{1-2}	钙质石英砂岩、石英砂岩	2.68	0.65	61.0			1.0	1.0	1.0	0.9	5.3
	钙质泥岩、泥质泥晶灰岩、灰质泥岩	2.67	0.56	19.1			0.7	0.4	0.6	0.35	2.4
	粉砂质泥岩、泥质粉砂岩	2.66	0.56	22.2			0.8	0.4	0.65	0.35	2.6
T_2b^{1-2} 坝基综合	砂岩夹泥岩	2.67		48.9	12.52	10	0.92	0.72	0.90	0.70	4.5

2.2 枢纽布置

2.2.1 枢纽布置概况

董箐坝址地形开阔，不宜建拱坝，地基承载力偏低，同时距灰岩料场较远，建设混凝土重力坝的经济性较差，因此，结合地形地质条件选择了可利用建筑物开挖料作为筑坝材料且投资较省的混凝土面板堆石坝为选定坝型。

枢纽布置充分利用了地形地质的特点，对于需要大开挖的建筑物溢洪道选择布置在左岸逆向坡区域，有利于高边坡的稳定，同时左岸下游正好利用天然的坝坪沟处理为消能防冲区，溢洪道线路短，消能防冲区开挖少，且泄洪基本不影响主河道及其他建筑物；对于洞式建筑物主要选择布置在右岸，上游洗鸭沟可布置引水进水口和放空洞进水口，开挖量少，边坡也是侧向坡，稳定性较好；对于厂房型式的选择因砂泥岩地区不适宜布置大型地下洞室，因而选择了岸边地面厂房型式。经综合比较确定枢纽建筑物由钢筋混凝土面板堆石坝、左岸溢洪道、右岸泄洪兼放空洞、右岸地面式厂房引水系统、右岸斜面升船机（预留）等组成，如图2.2-1所示。

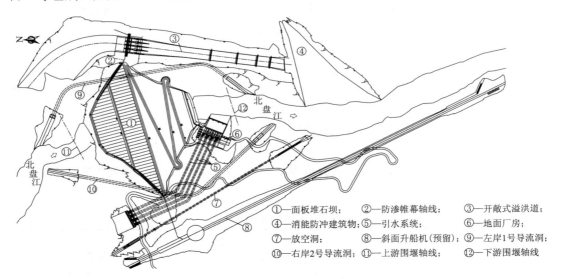

①—面板堆石坝；　②—防渗帷幕轴线；　③—开敞式溢洪道；
④—消能防冲建筑物；⑤—引水系统；　⑥—地面厂房；
⑦—放空洞；　⑧—斜面升船机（预留）；⑨—左岸1号导流洞；
⑩—右岸2号导流洞；⑪—上游围堰轴线；⑫—下游围堰轴线

图2.2-1 董箐水电站枢纽布置图

2.2.2 主要建筑物

1. 面板堆石坝

坝轴线位于洗鸭沟下游约380m处，轴线方位 N74°11′48″E，与河流大致正交。面板堆石坝坝基高程344.50m，坝顶高程494.50m，坝顶长678.63m，坝顶宽度9.9m，坝体最大底宽约476m，最大坝高150m。上游坝坡1∶1.40，下游综合坝坡1∶1.50。坝体填筑方量为891万 m^3（不含上游黏土料及石渣料133.9万 m^3），其中砂泥岩堆石料约为595.6万 m^3。大坝横剖面见图2.2-2。大坝帷幕左岸由左坝肩过溢洪道底板后再向山内偏上游延伸 173m，右岸由右坝肩向山内延伸 120m，两岸防渗帷幕伸入透水率为 3～5Lu 的相对隔水层，并按低于地下水位 30～40m 设置防渗底线；河床部位防渗帷幕伸入透水率为 3Lu 的相对隔水层，并按 0.2～0.7 倍坝高考虑，河床部位帷幕底线高程为 295.00m；帷幕线全长 1256m，防渗面积 7.8 万 m²。

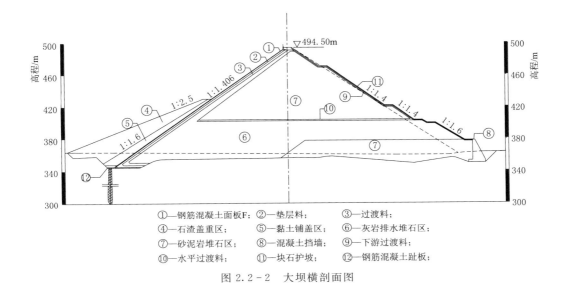

①—钢筋混凝土面板F；②—垫层料；　　　③—过渡料；
④—石渣盖重区；　　　⑤—黏土铺盖区；　　　⑥—灰岩排水堆石区；
⑦—砂泥岩堆石区；　　⑧—混凝土挡墙；　　　⑨—下游过渡料；
⑩—水平过渡料；　　　⑪—块石护坡；　　　⑫—钢筋混凝土趾板；

图 2.2-2　大坝横剖面图

2. 溢洪道

开敞式溢洪道布置在左岸，分别由引水明渠段、控制段、泄槽段及消能工组成。引渠底板高程 460.00m，堰顶高程 468.00m，堰顶为 4 孔出流，孔口尺寸 13m×22m（宽×高），泄槽净宽 50m，长 680m，纵坡 7.5%，采用挑流消能，将天然的坝坪沟扩挖处理后作为消能防冲区，消能防冲区自坝坪沟向主河道发散状延伸，平面布置近似三角形状，起始段宽 27m，与主河道相接段底宽约 150m，总长近 500m。溢洪道在设计洪水位 490.70m 时（$P=0.2\%$）最大泄流量为 11478m³/s；在校核洪水位 493.08m 时（$P=0.02\%$）最大泄流量为 13330m³/s，相应单宽流量 266.94m³/（s·m），最大流速 37.64m/s，相应的挑距约 135.19m。

3. 放空洞

放空洞布置在右岸，离坝肩约 115m，由进口段、无压洞身段以及出口消能工段组成。放空洞全长 951m，进口底板高程 430.00m，闸门孔口尺寸 5m×5m（宽×高）；隧洞洞身段为城门洞型无压流，纵坡 3.58%，断面尺寸为 6m×9m（宽×高）。明渠段长 98m，消能工长 24m，采用挑流消能，消能工挑坎高程 377.50m。最高放空水位 470.00m 时，最大设计放空流量 645.92m³/s，最大设计流速 23.92m/s。放空洞为具有施工后期度汛、泄放生态流量和通航流量、必要时放空水库等功能的多用途隧洞，其主要运行方式如下：

（1）在工程蓄水期，待水库水位蓄水至 435.00m 以上时，局部开启放空洞闸门，向下游泄放生态流量及通航流量。

（2）当大坝检修放空时，高水位时由溢洪道泄水。当水位降至溢洪道堰顶高程468.00m附近时，开启放空洞泄水。

（3）4台机组均检修时，放空洞放水，以满足下游通航、生态及水库本身安全的需要。

4. 引水系统

引水系统采用单管单机供水，共4条引水道，平均长618m，进水口布置在右坝肩前缘。进水口底板高程455.00m，引水隧洞平均长273m，直径9.0m；压力钢管段平均长326m，内径7.0m。单机额定引用流量 $Q=229.3\text{m}^3/\text{s}$，引水隧洞水流流速3.78m/s，压力钢管水流速度6.25m/s。为达到引用水库表层高温水，减轻发电下泄低温水对下游水生生物的影响，进水口采取设置前置挡墙的分层取水方式：在进水口前13m处设置扶臂式钢筋混凝土挡墙，挡墙两侧与进水口边墩相接；墙高15m，墙厚3m，挡墙顶部高程为470.00m，发电最低极限水位为475.00m。

5. 地面厂房

董箐水电站厂房采取分期建设的设计思路，按尾水400.00m高程设计，375.00m高程建设，共分两期进行。一期建设按龙滩正常蓄水位375.00m进行厂区枢纽布置、厂房布置、进厂交通、通风及采光等方面设计，厂房防洪高程按近期校核洪水标准确定为391.00m，但枢纽布置和厂房布置应预留出二期建设的空间，且厂房的整体抗滑、抗浮、基底应力及下部挡水结构能满足龙滩正常蓄水位达到400.00m时的要求；二期建设按龙滩正常蓄水位400.00m进行厂区内外交通、大件吊运、防渗排水、通风及采光等方面设计，厂房二期防洪是在一期建设的基础上增设或加高防洪墙至高程403.50m进行防洪，地面厂房剖面图见图2.2-3。

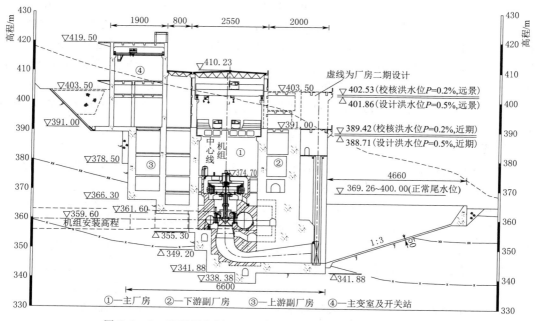

图2.2-3 地面厂房剖面图（高程单位：m；尺寸单位：cm）

地面厂房布置在钢筋混凝土面板堆石坝右岸坝后，装机 4 台，总容量 880MW。厂区枢纽主要由主机间、右端安装间、上游副厂房、上游升压开关站、右端上游中控楼、下游副厂房、下游尾水平台、尾水渠及进厂交通等建筑物组成。受下游龙滩水库运行方式的影响，尾水变幅很大，正常尾水位由 369.26m 变化至 400.00m，尾水变幅 35.95m，发电厂房承受的最大水头高达 60.65m。主厂房长 137.0m、宽 25.5m、高 68.35m，机组安装高程 359.60m。

6. 预留升船机

右岸斜面升船机（预留）布置于面板坝右侧，河道右岸，由上下游停泊区、上下游坡道、过坝转盘、上下游拴船柱及相关建筑物组成。设计吨位为 300t 级，航道等级为 Ⅴ 级。

7. 施工导流

施工导流度汛标准为 10 年一遇洪水标准，采用"枯期导流、汛期坝体临时断面挡水"的导流度汛方案，两条导流洞分别布置于左右岸，左岸导流洞长 933.42m，底坡 1.67‰，进口高程 366.00m，出口高程 364.50m，洞身断面 15.0m×17.0m（宽×高）；右岸导流洞长 938.5m，底坡 1.62‰，进口高程 368.00m，出口高程 366.50m，洞身断面 15.0m×17.0m（宽×高）。左右岸联合导流最大流量 10100m³/s（$P = 1\%$）。

2.3　施工布置

2.3.1　施工布置条件

（1）地形条件。董箐电站枢纽区河谷呈"V"形，两岸坡度在 28°～35°，因覆盖层普遍，两岸阶地面分布不明显。坝址上下游的左右两岸地势较平缓，工程区冲沟发育，施工场地布置条件较好。

（2）对外交通条件。坝址区有镇宁县至坝草乡的四级公路经过坝址左岸，右岸有贞丰县者相镇经董箐村至坝址上游洗鸭冲沟出口的乡村公路，对外交通条件好。

（3）物资供应条件。坝址距左岸镇宁县城 101km、距右岸贞丰县城 38km、距贵阳 223km、距南昆线上的顶效站 135km、距贵昆线上的安顺站 133km。工程距主要物资供应中心距离较近，对外物资供应方便。工程区域内出露砂泥岩和灰岩地层，土料及石料储量丰富，运输距离也较短。

（4）气候条件。坝址区附近气候温和，多年平均气温 16.6℃，多年极端最高气温 34.5℃，多年极端最低气温为 −4.7℃，气候条件总体较好，基本无极端恶劣天气。

（5）枢纽布置影响。电站枢纽布置方案为河床钢筋混凝土面板堆石坝，左岸开敞式溢洪道，右岸放空洞和引水发电系统，枢纽布置分散，有利于场内交通及其他施工辅助设施的布置。

总体上，工程施工条件优越，施工布置条件较好。

2.3.2　施工总布置特点

1. 以减少施工占地、建设节能环保型工程为目标的施工总布置格局

工程区两岸地势较平缓，施工场地布置条件较好，主要地类为林地和耕地，在进行施工总布置规划时，以减少施工占地为目标，充分利用两岸发育的冲沟进行前期堆渣形成场地，后期利用前期堆渣形成的场地布置施工工厂设施和施工营地，大大减小了工程用地规模，此举不仅降低了征地移民费用，也减少了工程建设对当地的不利影响。

（1）坝址左岸下游约 0.7km 的坝坪沟冲沟，作为溢洪道和大坝开挖料的弃渣场，渣场规划容量约 980 万 m³，弃渣顶高程 390.00～465.00m，弃渣场按 50 年一遇洪水标准（$Q=171m^3/s$）设计，对应水位为 455.00m，渣场排水采用底部现浇钢筋混凝土箱涵排水方案。渣场形成后布置溢洪道施工标的混凝土系统、施工工厂以及施工营地。

（2）坝址右岸上游约 2km 的阴河冲沟，作为料场剥离料和引水系统开挖料的弃渣场，渣场规划容量约 450 万 m³，弃渣顶高程 500.00m，施工期利用预埋在渣体内的塑料盲管排水；后期水库蓄水后，利用高程 480.00m 的钢筋混凝土连通管来平衡水库水位和渣场上游水位。该渣场形成后主要作为引水系统标的施工场地和大坝填筑灰岩料的备料场地。

（3）坝址右岸上游约 0.5km 的洗鸭冲沟，作为厂房和放空洞开挖料的弃渣场，渣场规划容量约 200 万 m³，弃渣顶高程 495.00m，渣场排水主要利用周边截水沟解决。该渣场形成后主要作为厂房标和放空系统标的施工场地和施工营地。

董箐水电站施工总布置见图 2.3－1。

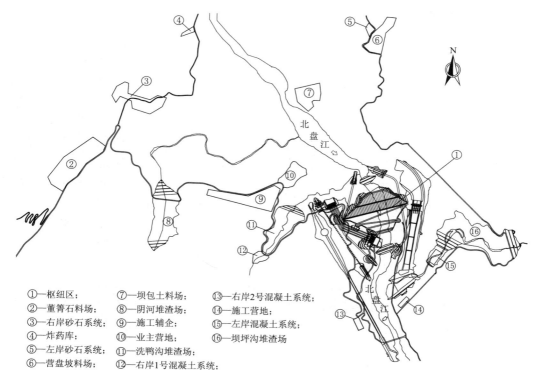

①—枢纽区；　　⑦—坝包土料场；　　⑬—右岸2号混凝土系统；
②—董箐石料场；　⑧—阴河堆渣场；　　⑭—施工营地；
③—右岸砂石系统；⑨—施工辅企；　　⑮—左岸混凝土系统；
④—炸药库；　　　⑩—业主营地；　　⑯—坝坪沟堆渣场
⑤—左岸砂石系统；⑪—洗鸭沟堆渣场；
⑥—营盘坡料场；　⑫—右岸1号混凝土系统；

图 2.3－1　董箐水电站施工总布置图

2. 以加快工程施工进度、缩短工程建设工期为目标的施工总布置规划

董箐水电站坝址位于下游龙滩水电站库区，由于龙滩水电站已先于董箐水电站建设，龙滩水库蓄水后将淹没董箐水电站坝址，因此，贵州省委省政府把董箐水电站列为"抢救性"开发工程，要求在龙滩水库蓄水前完成其水位影响范围以下的建设，建设工期极为紧张。施工总布置规划时重点考虑了有利于加快工程施工进度，方便工程施工，为工程高强度施工创造有利条件。

以方便工程施工、减少施工干扰、利于工程管理为目标，采取尽量分大标、将施工工序相互衔接和有施工干扰的施工项目统筹在一个标段内的总体思路进行工程分标规划，为吸引有实力的工程承包商和推进工程建设进度创造了有利条件。

在工程前期设计阶段，对场内交通系统布置及道路等级、各重要施工辅助设施如砂石混凝土系统规模等留有一定余地，为工程施工阶段高强度施工创造条件。

结合枢纽布置情况，采取左右岸独立布置的施工总布置思路，基本规避各标段之间的施工干扰，有效减轻了对外交通及场内交通物料运输压力。

3. 以大坝工程为核心的物料平衡及场内交通布置规划

董箐水电站大坝最大坝高 150.0m，坝体总填筑方量 890.9 万 m³（不含上游黏土料及石渣料 133.9 万 m³），大坝填筑料料源主要有灰岩料和砂泥岩料。灰岩料由坝址右岸上游进场公路边的董箐灰岩料场供给，运距约 7.5km，岩性为 T_2p 浅灰色厚层块状灰岩、白云质灰岩，主要用于大坝排水堆石料、垫层料、过渡料。砂泥岩料由坝址左岸的溢洪道开挖料供给。在工程设计过程中，围绕"降低工程造价、保证大坝施工工期"的目标，开展了以大坝工程为核心的物料平衡及场内交通布置规划等方面的研究工作。

（1）通过加大溢洪道进口引渠段开采范围，降低开采高程，大坝所需砂泥岩堆石料全部由溢洪道开挖料供应，避免了新开料场。

（2）溢洪道紧靠大坝布置，具有开挖强度大、工作面长、边坡高、地质条件差的特点，溢洪道开挖施工方案、施工工期安排直接影响大坝填筑。一是将溢洪道无用料剥离时间提前，安排在准备期进行，为大坝高强度填筑创造供料条件。二是为保证大坝在截流后"一枯"填筑实现安全度汛面貌，对灰岩料场和溢洪道开挖料采取了提前备料的措施，其中右岸董箐灰岩石料场备料 90 万 m³，堆存于右岸阴河渣场；溢洪道砂泥岩料场备料 80 万 m³，堆存于左岸坝坪沟渣场。三是协调溢洪道开挖和大坝填筑工期，大坝后期填筑不仅完全实现开挖料直接上坝，更是实现蓄水前一年到顶。

（3）董箐大坝具有坝体填筑强度高、施工作业面狭窄、车流量大的特点，为实现大坝高强度填筑，保证工程安全度汛，对大坝填筑交通开展了研究工作。交通规划总体思路为：大坝填筑不同高程基本保证左右岸不同料源均有 2 条或 2 条以上的运输循环回路。大坝右岸灰岩料上坝交通上游侧布置 2 层主干线，低线连接上游围堰，中线通过跨趾板临时交通桥连接大坝高程 450.00m 填筑面；右岸下游布置 3 层主干线，低线连接下游围堰，中线通过厂房后边坡连接大坝高程 452.00m 填筑面，高线连接大坝高程 480.00m 填筑面；左岸在溢洪道泄槽段布置 3 层上坝交通，在上游高程 435.00m、470.00m 布置 2 条跨趾板交通进入坝体面，解决溢洪道引渠段开挖料直接上坝问题，左右岸分层交通进入坝面后通过坝前临时交通和坝后永久公路连接。董箐水电站场内交通规划见图 2.3-2。

通过对大坝填筑料源及上坝运输道路的合理规划和布置，董箐大坝在施工期间很好地实现了开挖料的充分合理利用，溢洪道开挖料利用率 53%，直接上坝率达 85%，大坝填筑工期 30 个月，高峰填筑强度达到 100 万 m³/月，大坝实现蓄水前一年到顶，保证了大坝有足够的沉降期，将大坝主要变形控制在蓄水前，不仅降低了工程造价，也有效保证了大坝运行安全。

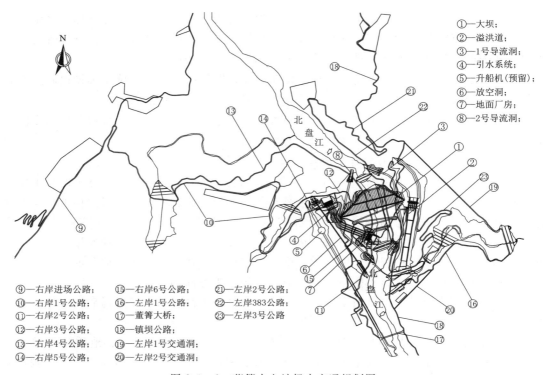

①—大坝；
②—溢洪道；
③—1号导流洞；
④—引水系统；
⑤—升船机（预留）；
⑥—放空洞；
⑦—地面厂房；
⑧—2号导流洞；

⑨—右岸进场公路；　⑮—右岸6号公路；　㉑—左岸2号公路；
⑩—右岸1号公路；　⑯—左岸1号公路；　㉒—左岸383公路；
⑪—右岸2号公路；　⑰—董箐大桥；　㉓—左岸3号公路；
⑫—右岸3号公路；　⑱—镇坝公路；
⑬—右岸4号公路；　⑲—左岸1号交通洞；
⑭—右岸5号公路；　⑳—左岸2号交通洞；

图 2.3 - 2　董箐水电站场内交通规划图

2.4　小结

（1）为了避开复杂的岩溶管道系统，该工程坝址选在下坝址砂泥岩河段是较好的选择。坝址地形河谷呈开阔的"V"形，地层岩性主要为灰色中厚层及厚层钙质、石英砂岩、粉砂岩夹灰色、深灰色钙质泥岩，坝址防渗条件较好。坝趾区砂岩占 65%～85%，岩体多为中厚至厚层状，较为坚硬，泥岩约占 30%，属较软岩类，具有软、硬相间不均一性力学特征，对工程用大坝作筑坝边坡稳定、洞室稳定都有重要的影响。

（2）坝型的选择上充分考虑了当地材料的利用而选择面板堆石坝，并研究采用了砂泥岩混合料筑坝技术，推动了高面板堆石坝技术的进步发展，枢纽布置主要考虑避开顺向高边坡，并充分利用上下游的冲沟地形，左右岸分散布置，裁弯取直，缩短线路，节省工程投资。

（3）工程施工条件优越，施工总布置条件较好，围绕工程工期紧、大坝浇筑强度高的特点，从施工布置方案、物料平衡、场内交通规划等方向开展了研究工作，实现了减少施工占地、缩短工程建设工期的目标。

第 3 章

砂泥岩筑坝及其变形控制

3.1 技术背景

早期的堆石坝一般都选用质地坚硬、新鲜的岩石为坝料。但随着筑坝技术的发展和重型设备的使用，改变了抛填时期对岩块强度和尺寸的严格限制，筑坝材料的传统要求有了一定的突破和放宽。已有的工程实践表明（表3.1-1），在坝体下游次堆石区采用少量软岩料或软硬岩混合料是基本可行的，但没有在坝体结构中的主、次堆石区全部采用软硬混合料来筑坝的实例。

表 3.1-1　　　国内外面板堆石坝应用软岩料或软硬岩混合料的实例

坝　名	国家	坝高/m	使用石料	使用部位
天生桥一级	中国	178	含泥岩料	下游干燥区
萨尔瓦兴娜坝	哥伦比亚	148	半风化砂岩、粉砂岩	下游坝体
贝雷	美国	95	薄层砂岩、页岩	坝体中间部分
温尼克	澳大利亚	85	砂岩、泥岩	下游坝体
红树溪	澳大利亚	80	半风化砂岩、粉砂岩	下游坝体

董箐水电站面板堆石坝如采用传统成熟技术的灰岩料，料场距坝区7~10km，超过了堆石坝筑坝材料的经济运距，工程造价较高。而坝址区两岸砂岩与泥岩混合石料储量丰富，工程开挖的砂岩与泥岩混合石料约1000万m³，如果能用做面板堆石坝的筑坝材料，开挖后或经中转或直接上坝，运距缩短，工程造价降低，同时，减少大量弃渣，变废为宝，则可达节能、环保、经济的建设目标。

坝址区岩性为砂岩（硬岩）与泥岩（软岩）互层，砂岩主要成分为含钙质石英砂岩、粉砂岩，抗压强度60~90MPa，属于硬岩范畴；泥岩为钙质泥岩、泥质泥晶灰岩及泥质砂屑泥晶灰岩组成，抗压强度10~30MPa，属于软岩范畴，其软化系数约在0.56，干湿循环作用对其强度的影响较明显。根据泥石钻孔岩芯显示，泥岩暴露于空气中7d左右即产生龟裂或崩解成碎块的情况，泥岩失水后，其块径和岩石强度会发生不同程度的变化。而面板堆石坝中堆石体受到的外部作用非常复杂，主要有外力作用、物理作用和化学作用等，该种软硬岩混合石料填筑的堆石体在这些外部因素作用下，对面板堆石坝特别是高面板堆石坝的坝体稳定、渗流稳定以及变形控制等产生难以估量的影响。

为了突破面板堆石坝在料源选择上的局限，以获得更加广泛的料源，开展了包括软硬岩混合石料的室内试验、室外爆破和碾压试验、坝体分区方案、理论分析计算、稳定与渗流控制、变形控制等研究工作，主要有：

（1）软岩岩块和硬岩岩块的基本物理力学特性。通过钻孔或平硐取样，对该工程料源

25

区的软岩和硬岩岩块分别进行物理力学试验、化学鉴定等，研究岩块的物理力学性能和化学性能；通过调查分析统计，研究软岩和硬岩的岩性组合关系，为软硬岩混合石料的室内试验提供基本依据。

（2）软硬岩混合料筑坝材料特性。全面开展该工程中砂岩（硬岩）和泥岩（软岩）混合料室内外试验研究，包括室内物理力学性能试验、室外爆破及碾压试验等，充分认识软硬岩混合料的各种筑坝特性，收集国内外已建相关大坝资料，探讨该种筑坝材料的可行性。

（3）软硬岩混合料坝体结构适应性。在满足结构稳定的前提下，通过坝体结构分区多方案比较，选择技术可靠、投资较省的分区方案。在此基础上，进行理论分析计算与应力变形预测，研究适应该种坝料的稳定与渗流控制方法。同时研究面板接缝止水系统的适应性，为软硬岩混合料填筑面板堆石坝提供理论支撑。

（4）软硬岩混合料面板坝变形控制技术。在已有工程变形控制经验的基础上，结合软岩料坝变形大的特点，利用同期先进的施工技术，开展总体变形控制、变形演变与转化、面板结构适应变形能力等方面的研究，以丰富和发展高面板变形控制理论体系。

（5）软硬岩混合料面板坝安全监测技术。在采用常规面板堆石坝监测手段的同时，结合该工程实际，进行软硬岩混合料面板堆石坝安全监测新技术研究，主要包括光纤陀螺仪测面板挠度技术、分区渗漏监测技术等。

3.2　筑坝材料特性

3.2.1　砂泥岩岩块物理力学特性

工程拟研究利用的筑坝材料主要为工程开挖料，岩性为 T_2b^{1-2} 中厚至厚层砂岩夹泥岩层。图 3.2-1 为溢洪道开挖后砂泥岩分层情况，显示砂岩与泥岩呈互层状态，经岩性组合分析统计（表 3.2-1），泥岩含量一般为 11%～32%。图 3.2-2 为溢洪道开挖后砂泥岩料的照片，显示泥岩易于崩解破碎，混合后砂岩起骨架支撑作用，泥岩起填充作用。

表 3.2-1　　　　　　　　溢洪道区钻孔、平硐岩性统计表

孔（硐）号	位　置	高程/m	孔（硐）深/m	砂岩比例/%	泥岩比例/%
zk-13	溢洪道中游段	547.23	200.07	73.5	26.5
zk-67	左岸引水发电洞轴线	535.98	120.15	85.0	15.0
zk-68	溢洪道进口段	529.21	80.08	76.6	23.4
zk-69	溢洪道泄流段	507.19	110.12	69.0	31.0
zk-70	溢洪道出口段	480.12	80.12	75.0	25.0
zk-74	溢洪道泄槽	440.91	65.30	79.0	21.0
zk-75	溢洪道消力池右边墙	507.50	50.13	83.2	16.8
zk-81	溢洪道进口边坡区	567.53	120.07	88.8	11.2
zk-82	溢洪道上游段	572.75	130.14	77.8	22.7

续表

孔（硐）号	位　　置	高程/m	孔（硐）深/m	砂岩比例/%	泥岩比例/%
zk-88	左岸防渗线	574.15	220.85	83.0	17.0
zk-89	溢洪道左岸防渗线	623.71	240.16	68.0	32.0
PD-17	溢洪道中部	460.00	70.50	67.8	32.2
PD-24	溢洪道进口	472.00	73.00	76.5	23.5
PD-23	溢洪道进口上游左侧	456.50	199.00	88.5	11.5

图 3.2-1　砂泥岩岩性分层图

图 3.2-2　溢洪道开挖后砂泥岩料

在勘探平硐内，根据岩石的风化程度，按强风化、弱风化、微风化岩石分别取样，总计进行了 31 组岩块的室内物理力学试验，物理性质结果见表 3.2-2，抗压强度结果见表 3.2-3。

表 3.2-2　　　　　　　　　　　岩 块 物 理 性 质 表

野外定名	密度平均值/（g/cm³）	平均含水率/%	软化系数
强风化砂岩	2.63	2.32	0.8
弱风化砂岩	2.65	1.65	0.83
微风化砂岩	2.67	0.89	0.89
弱风化泥岩	2.65	2.15	0.55
微风化泥岩	2.67	1.98	0.65

表 3.2-3　　　　　　　　　　　岩 块 抗 压 强 度 表　　　　　　　　　单位：MPa

野外定名	干燥状态下抗压强度		饱和状态下抗压强度	
	范围值	平均值	范围值	平均值
强风化砂岩	48~67	56.3	38~52	45
弱风化砂岩	78~95	87.3	68~75	72.3
微风化砂岩	109~120	114	94~108	101.7
弱风化泥岩	34~50	43.3	18~25	23.7
微风化泥岩	43~59	52.3	30.1~37.7	33.8

工程中评价堆石料的质量，常用到岩石抗压强度和软化系数。根据《水力发电工程地质勘察规范》（GB 50287—2016），按照岩石的单轴饱和抗压强度，可将岩石分类为硬岩（抗压强度＞80MPa）、中硬岩（抗压强度 30～80MPa）、软岩（抗压强度＜30MPa）。对比表 3.2-2 和表 3.2-3 中砂岩和泥岩的抗压强度及软化系数，弱至微风化砂岩软化系数为 0.83～0.89，其饱和抗压强度平均值为 72.3～101.7MPa，属于硬岩；弱至微风化泥岩软化系数为 0.55～0.65，其饱和抗压强度平均值为 23.7～33.8MPa，属于软岩，泥岩抗压强度较低、抗风化能力较弱。

3.2.2　砂泥岩筑坝材料特性

从堆石材料的室内试验研究现状看，在常规的大型三轴试验基础上，堆石材料工程特性研究的重点主要集中于材料本构模型研究和材料参数研究两大方面。董箐工程筑坝材料主要开展了比重试验、相对密度及击实试验、剪切试验、渗透试验和压缩试验；由于董箐大坝填筑料主要由砂泥岩组成，砂岩具有强度高、硬度大、抗风化能力强的特点，而泥岩强度低、在干湿交替条件下易崩解，因此，针对坝料含有泥岩的特殊性，堆石料试验增加了泥岩崩解泥化试验研究。以上这些较全面的筑坝材料试验研究，为砂泥岩混合料填筑高面板堆石坝提供了基础依据。

1. 比重试验

经单一岩性测试，微风化砂岩比重为 2.74，弱风化砂岩比重为 2.71，强风化砂岩比重为 2.64，泥岩比重为 2.72。

考虑工程中强风化料一般作为弃料，微风化料和弱风化料按爆破梯段开挖后都是混合上坝，因此，试验的混合料中，砂岩取微风化和弱风化各占 50％，泥岩含量分别为 15％、25％、35％（以下试验相同）。砂泥岩料中泥岩含量分别为 15％～35％的试样，其比重变化不大，为 2.72 左右。

2. 相对密度及击实试验

（1）相对密度试验。砂泥岩料中泥岩含量为 15％时，其最小干密度为 1.47g/cm³，最大干密度为 2.03g/cm³；砂泥岩料中泥岩含量为 25％时，其最小干密度为 1.47g/cm³，最大干密度为 2.04g/cm³；砂泥岩料中泥岩含量为 35％时，其最小干密度为 1.46g/cm³，最大干密度为 2.04g/cm³。

（2）击实试验。砂泥岩料中泥岩含量为 15％～35％时，最大干密度为 2.07～2.09g/cm³。最优含水量为 5.6％～6.5％。

上述两种方法所测得的最大干密度差值不大，为 0.03～0.07g/cm³。

3. 剪切试验

砂泥岩料剪切试验时的混合方案及其编号见表 3.2-4。堆石料强度参数见表 3.2-5、表 3.2-6。低围压条件下，非饱和状态堆石料非线性强度参数 φ_0 值较饱和状态高 3.45°～7.19°；泥岩含量增大，堆石料非线性强度值呈减小趋势；在高围压条件下，摩擦角有降低趋势。

表 3.2-4 堆石料混合方案及其编号表

编号	混合方案
1-1-1	砂岩（弱风化、微风化各占 42.5%）＋泥岩（强风化 15%）（非饱和）
1-1-2	砂岩（弱风化、微风化各占 42.5%）＋泥岩（强风化 15%）（饱和）
1-2-1	砂岩（弱风化、微风化各占 37.5%）＋泥岩（强风化 25%）（非饱和）
1-2-2	砂岩（弱风化、微风化各占 37.5%）＋泥岩（强风化 25%）（饱和）
1-3-1	砂岩（弱风化、微风化各占 32.5%）＋泥岩（强风化 35%）（非饱和）
1-3-2	砂岩（弱风化、微风化各占 32.5%）＋泥岩（强风化 35%）（饱和）
2-1	砂岩（弱风化、微风化各占 42.5%）＋泥岩（强风化 15%）（饱和）
2-2	砂岩（弱风化、微风化各占 37.5%）＋泥岩（强风化 25%）（饱和）

表 3.2-5 低围压（400kPa）强度参数表

混合方案	线性强度		非线性强度	
	$\varphi/(°)$	C/kPa	$\varphi_0/(°)$	$\Delta\varphi/(°)$
1-1-1	40.9	117.5	54.80	14.4
1-1-2	39.2	88.6	51.14	13.56
1-2-1	38.9	167.3	56.99	19.13
1-2-2	40.3	76.3	49.80	9.88
1-3-1	37.2	149.5	55.40	18.78
1-3-2	40.4	62.0	49.30	9.39

表 3.2-6 高围压（1600kPa）强度参数表

混合方案	线性强度		非线性强度	
	$\varphi/(°)$	C/kPa	$\varphi_0/(°)$	$\Delta\varphi/(°)$
2-1	39.5	30.0	45.6	6.6
2-2	38.2	35.0	44.3	6.3

和国内已建的天生桥一级、洪家渡、三板溪、水布垭等面板堆石坝工程堆石料抗剪强度值（表 3.2-7）相比较，高围压下非线性强度 φ_0 值为 45°左右，较 4 座坝强度指标低 7°以上，说明董箐工程砂泥岩堆石料相对较软，抗剪强度相对较低，这对坝体变形抗滑稳定安全裕度有一定影响。

表 3.2-7 4 座坝非线性强度参数表

工程名称	最大坝高/m	$\varphi_0/(°)$	$\Delta\varphi/(°)$
天生桥一级	178	57	13
洪家渡	179.5	52.3	7.3
三板溪	185.5	56.2	12.5
水布垭	233	52	8.5

4. 渗透试验

砂泥岩料中泥岩含量分别为 15%～35% 时，其渗透系数为 $2.73×10^{-2}$～$5.10×10^{-2}$ cm/s，与一般工程堆石料渗透系数 $i×10^{-1}$～$i×10^{0}$ cm/s（$1≤i<10$）相比，该工程堆石料渗透系数偏小，可能影响坝体渗透稳定，坝体分区设计时需要特别关注该问题。

5. 压缩试验

堆石料的压缩模量受母岩的性质、岩块强度及形状、级配、密度以及应力条件等因素的影响。一般而言，堆石的压缩模量随其起始密度的增高而增大，随应力水平的增高而增大。堆石料压缩模量试验编号对应组合状态见表 3.2 - 8，压缩模量试验成果见表 3.2 - 9。

表 3.2 - 8　　　　　　　　　　　堆石料压缩模量试验混合方案

混合方案编号	混　合　方　案
3 - 1	砂岩（弱风化、微风化各占 42.5%）＋泥岩（强风化 15%）堆石料（饱和状态）
3 - 2	砂岩（弱风化、微风化各占 37.5%）＋泥岩（强风化 25%）堆石料（饱和状态）

表 3.2 - 9　　　　　　　　　　　压缩模量试验成果表　　　　　　　　　单位：MPa

编号	垂直应力						
	0～0.05	0.05～0.1	0.1～0.2	0.2～0.4	0.4～0.8	0.8～1.6	1.6～3.2
3 - 1	36.7	73.7	111.8	119.2	122.0	46.3	43.7
3 - 2	17.4	48.9	57.0	70.2	72.7	52.1	49.3

成果表明，高垂直应力（3.2MPa）条件下，堆石料（含泥岩 15%～25%）饱和状态压缩模量仅为 43.7～49.3MPa，而国内外工程堆石料饱和状态压缩模量一般达 80MPa 以上，该工程堆石料压缩模量较通常工程堆石料偏低较多。

砂泥岩料的上述压缩特性，是变形控制设计需考虑的重要因素。

6. 三轴试验

通过试验获取的堆石料邓肯-张 E-B 模型参数见表 3.2 - 10。董箐工程砂泥岩堆石料切线弹性模量参数 K 为 631～646，切线体积模量系数 K_b 为 123～182，与国内天生桥一级、洪家渡、水布垭、三板溪等工程堆石料对比（表 3.2 - 11），K 值低了近 30%～50%，K_b 值低了 60% 以上，表明砂泥岩堆石料强度偏低，体积变形较大。

表 3.2 - 10　　　　　邓肯-张 E-B 模型参数一览表　（试验围压 1.6MPa）

试验编号	K	n	K_b	m	R_f
2 - 1	646	0.15	182	0.11	0.80
2 - 2	631	0.17	123	0.25	0.82

注　1. 表中 K、n 分别为切线弹性模量参数和指数，K_b、m 分别为切线体积模量参数和指数，R_f 为破坏比。
　　2. 试验编号对应试验方案见表 3.2 - 4。

表 3.2-11　　　　　　　　国内 4 座典型面板坝邓肯-张 E-B 模型参数表

工程名称	K	n	K_b	m
天生桥一级	940	0.35	340	0.18
洪家渡	1000	0.47	600	0.40
水布垭	1100	0.35	600	0.10
三板溪	1200	0.35	500	0.10

7. 泥岩崩解及泥化试验

为了研究泥岩的崩解及泥化性能，共布置了 3 种环境状态进行试验：①自然条件下干湿循环（放置于露天阳光和雨水反复交替作用）；②长期处于饱和状态（完全浸泡于水中）；③长期处于湿润状态（湿砂包裹）。

经过长达 679d 的研究成果统计分析，长期处于饱和和湿润环境状态下的 12 组研究样品基本完好，其质量和颗粒组成变化甚小。自然条件下干湿循环 4 组样品已崩解，解体成碎块的颗粒集料中 10～20mm 颗粒居多（占样品总量的 24.9%～27.4%），4 组样品解体后 5～0.075mm 的细颗粒增加量为 4.6%～5.7%，没有小于 0.075mm 的颗粒，说明未泥化。

针对泥岩料干湿循环样品易出现呈崩解状态现象，在坝体设计过程中应尽可能避免堆石料置于干湿循环的环境之中，保障堆石体内部环境的相对稳定，减缓其崩解。

3.2.3　砂泥岩混合料碾压试验

堆石体是典型的岩土结构，具有复杂性、不确定性和多相耦合性。为准确把握坝料特性，明确坝料碾压工艺，需结合室内试验研究开展现场碾压试验。该工程通过碾压试验，测得堆石料渗透系数、孔隙率、抗剪强度等参数，并得出合理的碾压层厚、碾压遍数、加水量等施工技术指标。

开展了振动碾压试验和冲击碾压试验两大类进行对比分析研究，分别对不同碾压遍数、不同层厚、不同加水量、不同风化程度的堆石料进行干密度、颗粒组成、沉降率、渗透性、抗剪强度等指标测定。碾压试验场地范围为 40m×100m，共进行了 28 场试验。

1. 振动碾碾压试验

振动碾压试验采用 26t 振动碾，激振力大于 400kN。按 60cm、80cm、120cm、140cm 的不同层厚铺料，每场均按 6 遍、8 遍、10 遍进行振动碾压，分表面湿润和加水 15%（体积比），按弱风化和微风化至新鲜的砂泥岩堆石料，进行相关指标测定。振动碾碾压试验成果见表 3.2-12。

由表 3.2-12 可以看出，振动碾压后渗透系数为 $5.68×10^{-2}$～$9.68×10^{-2}$cm/s；抗剪强度指标为 11.0～25.4kPa，φ 为 43.0°～40.8°；层厚 80cm，碾压 10 遍，加水 15% 时，试验干密度为 2.201～2.209g/cm³，孔隙率 19.08%～18.79%。主要成果分析如下：

（1）加水与不加水情况比较。弱风化砂泥岩堆石料层厚 80cm，振动碾压 10 遍，表面湿润和加水 15% 时，试验干密度分别为 2.183g/cm³、2.201g/cm³，孔隙率分别为 19.74%、19.08%，在相同条件下加水 15% 后其孔隙率相应减小 0.66%，故说明加水有利于减小堆石体施工期沉降。

表 3.2 - 12　　振动碾碾压试验成果

填料	碾压方式	洒水量	填料风化状态	层厚/cm	碾压遍数	干密度/(g/cm³)	孔隙率/%	沉降率/%	渗透系数/(cm/s)	剪切强度 C/kPa	剪切强度 φ/(°)
主堆石料(砂泥岩)	振动碾	表面湿润	弱风化	60	6/8/10	2.163/2.181/2.196	20.48/19.82/19.26	9.0/11.3/13.0	7.52×10⁻²	22.8	41.9
				80	6/8/10	2.141/2.174/2.183	21.27/20.09/19.74	6.2/8.5/9.3	7.88×10⁻²		
				120	6/8/10	2.135/2.151/2.163	21.51/20.92/20.48	6.5/7.7/8.6	7.96×10⁻²		
				140	6/8/10	2.064/2.108/2.135	24.12/22.50/21.51	5.1/6.2/6.7	9.31×10⁻²		
			微风化至新鲜	60	6/8/10	2.166/2.184/2.198	20.37/19.71/19.19	9.6/11.6/13.2	8.23×10⁻²		
				80	6/8/10	2.153/2.179/2.195	20.85/19.89/19.30	8.7/10.7/11.8	8.92×10⁻²		
				120	6/8/10	2.140/2.157/2.169	21.32/20.70/20.26	6.3/7.3/8.2	9.61×10⁻²		
				140	6/8/10	2.079/2.122/2.158	23.57/21.99/20.66	6.5/7.4/7.9	9.51×10⁻²		
		15%	弱风化	60	6/8/10	2.171/2.190/2.201	20.18/19.49/19.08	8.9/11.2/12.3	6.58×10⁻²		
				80	6/8/10	2.163/2.186/2.201	20.49/19.63/19.08	6.3/9.1/10.1	5.68×10⁻²		
				120	6/8/10	2.137/2.154/2.168	21.43/20.81/20.29	6.6/7.9/8.8	8.80×10⁻²		
				140	6/8/10	2.071/2.115/2.140	23.86/22.24/21.32	6.2/7.2/7.8	9.23×10⁻²	25.4	40.8
			微风化至新鲜	60	6/8/10	2.176/2.195/2.208	20.00/19.30/18.82	10.6/12.5/13.8	8.56×10⁻²		
				80	6/8/10	2.168/2.193/2.209	20.29/19.38/18.79	8.8/11.0/12.0	8.65×10⁻²		
				120	6/8/10	2.143/2.161/2.170	21.21/20.55/20.22	6.4/7.5/8.4	9.11×10⁻²	14.3	43.9
				140	6/8/10	2.081/2.126/2.160	23.49/21.84/20.59	6.1/7.2/7.7	9.68×10⁻²	11.0	43.0

（2）岩体风化程度对比。层厚80cm，振动碾压10遍，加水15%时，弱风化砂泥岩堆石料和微风化至新鲜砂泥岩堆石料，试验干密度分别为2.201g/cm³、2.209g/cm³，孔隙率分别为19.08%、18.79%；对比弱风化砂泥岩堆石料，相同条件下微风化至新鲜砂泥岩堆石料孔隙率减小0.29%，岩体风化程度越低，堆石料越利于压实。

（3）碾压遍数差别。弱风化砂泥岩堆石料层厚80cm，加水15%时，当振动碾压遍数为6遍、8遍、10遍时，其压实干密度分别为2.163g/cm³、2.186g/cm³、2.201g/cm³，孔隙率分别为20.49%、19.63%、19.08%，在振动碾压6遍的基础上，碾压遍数每增加2遍，孔隙率减小0.55%~0.86%，可见在经济合理的情况下尽可能多增加碾压遍数。

（4）铺料层厚影响。弱风化砂泥岩堆石料，振动碾压10遍，加水15%，层厚80cm和120cm，其压实干密度分别为2.201g/cm³、2.168g/cm³，孔隙率分别为19.08%、20.29%，碾压层厚增大50%，说明孔隙率增大达1.21%，碾压层厚的选择对堆石体压实效果有明显影响。

2. 冲击碾碾压试验

冲击碾碾压试验采用25t牵引式三边冲击碾，功率大于250kW。按120cm、140cm、160cm的不同层厚铺料，每场均按17遍、22遍、27遍进行冲击碾压，分表面湿润和加水15%，按弱风化和弱风化至新鲜的砂泥岩堆石料，进行相关指标测定。冲击碾碾压试验成果见表3.2-13。

冲击碾压后堆石料渗透系数为$1.99 \times 10^{-2} \sim 7.98 \times 10^{-2}$cm/s，抗剪强度指标$C$为13.6~25.7kPa，$\varphi$为41.9°~43.7°；上述数据与室内剪切试验、渗透试验测得指标基本相当。冲击碾碾压试验针对不同碾压遍数、不同层厚、不同加水量、不同风化程度所得试验成果的基本规律与振动碾压试验也一致的。

（1）加水与不加水情况比较。弱风化砂泥岩堆石料层厚120cm，冲击碾压22遍，表面湿润和加水15%时，试验干密度分别为2.185g/cm³、2.192g/cm³，孔隙率分别为19.67%、19.41%，相同条件下加水15%后其孔隙率相应减小0.26%。

（2）岩体风化程度对比。层厚120cm，冲击碾压22遍，加水15%时，弱风化砂泥岩堆石料和微风化至新鲜砂泥岩堆石料，试验干密度分别为2.192g/cm³、2.198g/cm³，孔隙率分别为19.41%、19.19%，对比弱风化砂泥岩堆石料，相同条件下微风化至新鲜砂泥岩堆石料孔隙率减小0.22%。

（3）碾压遍数差别。弱风化砂泥岩堆石料层厚120cm，加水15%时，当冲击碾压遍数为17遍、22遍、27遍时，其压实干密度分别为2.173g/cm³、2.192g/cm³、2.206g/cm³，孔隙率分别为20.11%、19.41%、18.90%，在冲击碾压17遍的基础上，碾压遍数每增加5遍，孔隙率减小0.51%~0.7%。

（4）铺料层厚影响。弱风化砂泥岩堆石料，冲击碾压22遍，加水15%，层厚120cm和160cm，其压实干密度分别为2.192g/cm³、2.160g/cm³，孔隙率分别为19.41%、20.59%，碾压层厚增大33%，孔隙率增大达1.18%。

3. 碾压后坝料颗粒破碎分析

碾压前后填料破碎成果统计见表3.2-14。采用振动碾碾压6~10遍后<5mm颗粒百分含量平均增加1.3%；采用冲击碾碾压17~27遍后<5mm颗粒百分含量平均增加3.6%。

表 3.2-13

冲击碾碾压试验成果

填料	碾压方式	洒水量	填料风化状态	层厚/cm	碾压遍数	干密度/(g/cm³)	孔隙率/%	沉降率/%	渗透系数/(cm/s)	剪切强度 C/kPa	剪切强度 φ/(°)
主堆石料（砂泥岩）	三边冲击碾	表面湿润	弱风化	120	17/22/27	2.165/2.185/2.201	20.40/19.67/19.08	6.7/7.7/8.2	2.03×10^{-2}		
			弱风化	140	17/22/27	2.161/2.178/2.190	20.55/19.93/19.49	5.8/7.1/7.9	4.12×10^{-2}		
			弱风化	160	17/22/27	2.141/2.158/2.165	21.29/20.66/20.40	8.0/11.9/13.5	7.35×10^{-2}	13.6	41.9
			微风化至新鲜	120	17/22/27	2.174/2.193/2.209	20.07/19.38/18.79	5.0/6.5/7.2	3.52×10^{-2}		
			微风化至新鲜	140	17/22/27	2.164/2.180/2.194	20.44/19.85/19.34	6.9/8.3/9.4	5.31×10^{-2}		
			微风化至新鲜	160	17/22/27	2.145/2.164/2.173	21.14/20.44/20.11	6.2/9.0/11.4	7.98×10^{-2}		
		15%	弱风化	120	17/22/27	2.173/2.192/2.206	20.11/19.41/18.90	7.7/8.7/9.4	1.99×10^{-2}		
			弱风化	140	17/22/27	2.163/2.179/2.192	20.84/19.89/19.41	7.0/8.6/9.8	4.05×10^{-2}		
			弱风化	160	17/22/27	2.143/2.160/2.168	21.21/20.59/20.29	8.7/12.8/14.3	7.56×10^{-2}		
			微风化至新鲜	120	17/22/27	2.177/2.198/2.211	19.96/19.19/18.71	8.6/10.4/11.1	3.63×10^{-2}	25.7	43.7
			微风化至新鲜	140	17/22/27	2.167/2.183/2.196	20.33/19.74/19.26	6.9/8.5/9.7	5.01×10^{-2}		
			微风化至新鲜	160	17/22/27	2.150/2.171/2.178	20.96/20.18/19.93	7.8/10.7/12.9	7.05×10^{-2}		

表 3.2 - 14 碾压前后填料破碎成果统计表

填料状态	某粒组段颗粒组成百分率/%				破碎率/%
	5～2mm	2～0.075mm	<0.075mm	<5mm	
微风化至新鲜、表面湿润、碾压前	4.3	3.6	5.0	12.9	4.7
微风化至新鲜、表面湿润、振动碾 6 遍	5.8	5.3	6.5	17.6	
微风化至新鲜、加水 15%、碾压前	3.2	2.7	2.2	8.1	2.5
微风化至新鲜、加水 15%、振动碾 10 遍	3.5	3.6	3.5	10.6	
微风化至新鲜、表面湿润、碾压前	3.1	2.1	7.1	12.3	2.6
微风化至新鲜、表面湿润、振动碾 10 遍	4.2	3.4	7.3	14.9	
微风化至新鲜、加水 15%、碾压前	4.1	2.5	2.2	8.8	4.6
微风化至新鲜、加水 15%、冲击碾 22 遍	4.8	3.5	5.1	13.4	
微风化至新鲜、加水 15%、碾压前	2.1	1.8	3.1	7.0	2.6
微风化至新鲜、加水 15%、冲击碾 27 遍	3.7	2.2	3.7	9.6	

从数据统计成果分析，采用振动碾或冲击碾填料都有不同程度的破碎，且冲击碾破碎程度略大于振动碾，但无论采用振动碾或冲击碾压实后，其填料的颗粒级配状态变化均较小，不会对坝体碾压质量及透水性产生不良影响。

4. 碾压试验结论

（1）堆石料渗透系数均为 10^{-2} cm/s 级，说明坝体砂泥岩堆石料渗透性不能完全满足要求，同时鉴于董箐工程坝体高度较高，尚需设置专门的灰岩堆石料排水体。

（2）堆石料的加水在碾压前和碾压过程中进行，使粗堆石料充分浸润，降低岩体棱角强度和摩擦，利于堆石料压实，有助于减小坝体沉降量。

（3）为做好坝体变形控制，董箐面板堆石坝砂泥岩堆石区孔隙率宜小于 20%；若采用 26t 振动碾，则砂泥岩堆石料加水量选择 15%，铺层厚度控制在 80cm 以内，碾压遍数至少 10 遍以上；若采用 25t 冲击碾，则砂泥岩堆石料加水量选择 15%，铺层厚度控制在 120cm 以内，碾压遍数至少 22 遍以上。

3.3 坝体结构与分区

3.3.1 大坝分区方案研究

1. 分区方案

根据砂泥岩混合料强度偏低、压缩模量不高、渗透系数较小、干湿循环条件下易劣化等特性，在坝体结构和分区设计时，考虑了将坝坡适当放缓、堆石采用较高的填筑标准、设置专门的排水堆石区等措施，并结合坝体渗流量监测的需要，在坝体下游设置混凝土挡墙，使大坝底部堆石处于相对稳定的环境中。混凝土挡墙的顶高程为 378.00m，略高于发电最高运行水位。在混凝土挡墙顶部以上设水平排水堆石区，水平排水堆石区的厚度大于 10m。在上述原则的基础上，提出了 6 个基于砂泥岩材料筑坝的大坝分区方案（方案一～方案六）并和全灰岩分区方案（方案七）进行对比研究。

方案一（图 3.3－1）：高程 378.00～390.00m 之间为水平排水堆石区，高程 390.00m 以上为砂泥岩堆石区，高程 378.00m 以下上游为灰岩、下游为砂泥岩堆石区。该方案的特点是上游与下游采用不同的料源，即高程 378.00m 以下上游侧采用灰岩料、下游侧采用砂泥岩料填筑。

方案二（图 3.3－2）：高程 378.00～390.00m 之间为水平排水堆石区，高程 390.00m 以上为砂泥岩堆石区，高程 378.00m 以下砂泥岩与灰岩互层。该方案的特点是采用砂泥岩料与灰岩料的互层筑坝方案，即高程 378.00m 以下采用一层 4.8m 的砂泥岩料、接着一层 4.8m 的灰岩料填筑。

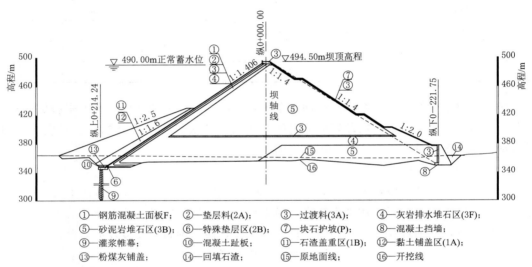

①钢筋混凝土面板F； ②垫层料（2A）； ③过渡料（3A）； ④灰岩排水堆石区（3F）；
⑤砂泥岩堆石区（3B）； ⑥特殊垫层区（2B）； ⑦块石护坡（P）； ⑧混凝土挡墙；
⑨灌浆帷幕； ⑩混凝土趾板； ⑪石渣盖重区（1B）； ⑫黏土铺盖区（1A）；
⑬粉煤灰铺盖； ⑭回填石渣； ⑮原地面线； ⑯开挖线

图 3.3－1 方案一：高程 378.00m 以下上游为灰岩、下游为砂泥岩方案坝体最大横剖面图

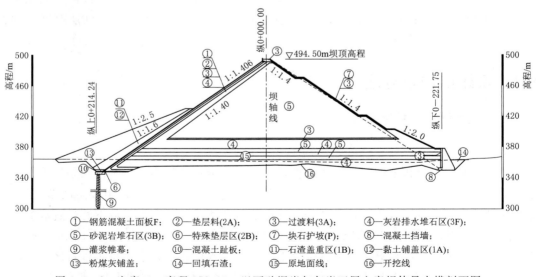

①钢筋混凝土面板F； ②垫层料（2A）； ③过渡料（3A）； ④灰岩排水堆石区（3F）；
⑤砂泥岩堆石区（3B）； ⑥特殊垫层区（2B）； ⑦块石护坡（P）； ⑧混凝土挡墙；
⑨灌浆帷幕； ⑩混凝土趾板； ⑪石渣盖重区（1B）； ⑫黏土铺盖区（1A）；
⑬粉煤灰铺盖； ⑭回填石渣； ⑮原地面线； ⑯开挖线

图 3.3－2 方案二：高程 378.00m 以下砂泥岩与灰岩互层方案坝体最大横剖面图

方案三（图 3.3-3）：高程 378.00～390.00m 之间为水平排水堆石区，高程 390.00m 以上为砂泥岩堆石区，高程 378.00m 以下左岸为砂泥岩，右岸为灰岩。该方案的特点是分左、右岸不同料源进行填筑，即高程 378.00m 以下采用左岸砂泥岩料填筑、右岸灰岩料填筑。

方案四（图 3.3-4）：高程 378.00～390.00m 之间为水平排水堆石区，高程 390.00m 以上为砂泥岩堆石区，高程 378.00m 以下砂泥岩与灰岩混合填筑。该方案的特点是采用砂泥岩与灰岩的混合料筑坝，即高程 378.00m 以下采用若干车砂泥岩料、接着若干车灰岩料的填筑。

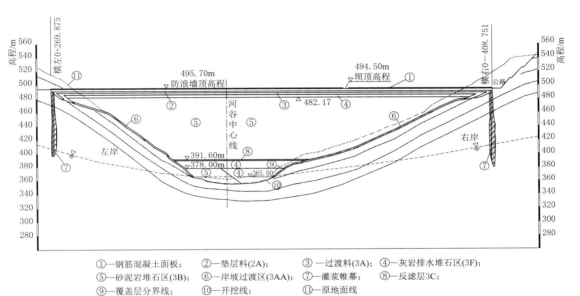

①—钢筋混凝土面板；　②—垫层料(2A)；　③—过渡料(3A)；　④—灰岩排水堆石区(3F)；
⑤—砂泥岩堆石区(3B)；　⑥—岸坡过渡区(3AA)；　⑦—灌浆帷幕；　⑧—反滤层3C；
⑨—覆盖层分界线；　⑩—开挖线；　⑪—原地面线

图 3.3-3　方案三：高程 378.00m 以下左岸为砂泥岩、右岸为灰岩方案坝体最大纵剖面图

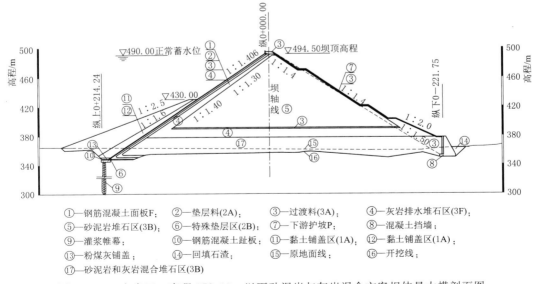

①—钢筋混凝土面板F；　②—垫层料(2A)；　③—过渡料(3A)；　④—灰岩排水堆石区(3F)；
⑤—砂泥岩堆石区(3B)；　⑥—特殊垫层区(2B)；　⑦—下游护坡P；　⑧—混凝土挡墙；
⑨—灌浆帷幕；　⑩—钢筋混凝土趾板；　⑪—黏土铺盖区(1A)；　⑫—黏土铺盖区(1A)；
⑬—粉煤灰铺盖；　⑭—回填石渣；　⑮—原地面线；　⑯—开挖线；
⑰—砂泥岩和灰岩混合堆石区(3B)

图 3.3-4　方案四：高程 378.00m 以下砂泥岩与灰岩混合方案坝体最大横剖面图

　　方案五（图 3.3-5）：高程 402.50m 以上为砂泥岩堆石区，高程 402.50m 以下为全灰岩堆石区，该方案的特点是最高尾水位以下全部采用灰岩进行填筑。

　　方案六（图 3.3-6）：高程 380.00～390.40m 之间为水平排水堆石区，其余均为砂泥岩堆石区。该方案的特点是尽可能多地使用砂泥岩料筑坝，整个坝体除垫层区、过渡区及排水堆石区采用灰岩外，其余均采用砂泥岩料筑坝。

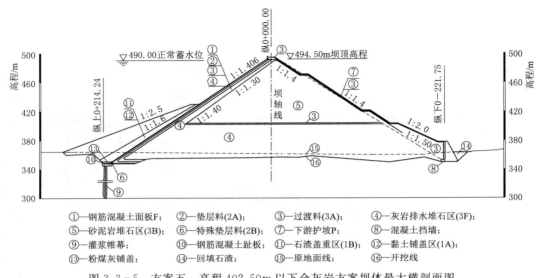

①—钢筋混凝土面板F；　②—垫层料(2A)；　③—过渡料(3A)；　④—灰岩排水堆石区(3F)；
⑤—砂泥岩堆石区(3B)；　⑥—特殊垫层料(2B)；　⑦—下游护坡P；　⑧—混凝土挡墙；
⑨—灌浆帷幕；　⑩—钢筋混凝土趾板；　⑪—石渣盖重区(1B)；　⑫—黏土铺盖区(1A)；
⑬—粉煤灰铺盖；　⑭—回填石渣；　⑮—原地面线；　⑯—开挖线

图 3.3-5　方案五：高程 402.50m 以下全灰岩方案坝体最大横剖面图

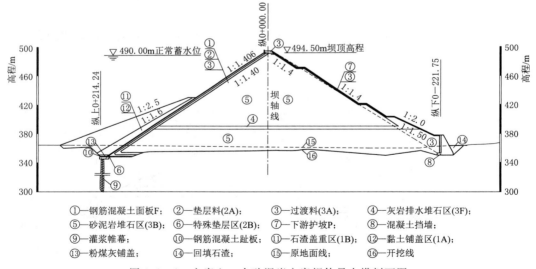

①—钢筋混凝土面板F；　②—垫层料(2A)；　③—过渡料(3A)；　④—灰岩排水堆石区(3F)；
⑤—砂泥岩堆石区(3B)；　⑥—特殊垫层区(2B)；　⑦—下游护坡P；　⑧—混凝土挡墙；
⑨—灌浆帷幕；　⑩—钢筋混凝土趾板；　⑪—石渣盖重区(1B)；　⑫—黏土铺盖区(1A)；
⑬—粉煤灰铺盖；　⑭—回填石渣；　⑮—原地面线；　⑯—开挖线

图 3.3-6　方案六：全砂泥岩方案坝体最大横剖面图

　　方案七（图 3.3-7）：坝体填筑堆石区全部采用灰岩。该方案的特点是整个坝体均采用灰岩料筑坝。坝体主要填筑分区为垫层区、过渡区、灰岩堆石区、块石护坡区及上游防渗补强区。

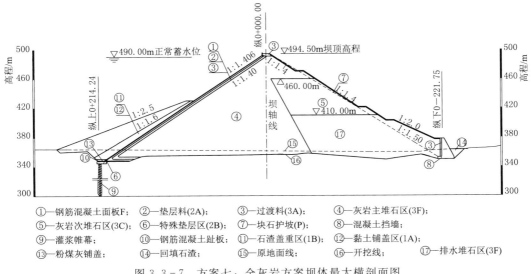

①—钢筋混凝土面板F；　②—垫层料(2A)；　③—过渡料(3A)；　④—灰岩主堆石区(3F)；
⑤—灰岩次堆石区(3C)；　⑥—特殊垫层区(2B)；　⑦—块石护坡(P)；　⑧—混凝土挡墙；
⑨—灌浆帷幕；　⑩—钢筋混凝土趾板；　⑪—石渣盖重区(1B)；　⑫—黏土铺盖区(1A)；
⑬—粉煤灰铺盖；　⑭—回填石渣；　⑮—原地面线；　⑯—开挖线；　⑰—排水堆石区(3F)

图 3.3-7　方案七：全灰岩方案坝体最大横剖面图

2. 分区方案比较及选定

针对高程 378.00m 以下上游为灰岩、下游为砂泥岩方案（方案一），高程 378.00m 以下砂泥岩与灰岩互层方案（方案二），高程 378.00m 以下左岸为砂泥岩、右岸为灰岩方案（方案三），高程 378.00m 以下砂泥岩与灰岩混合方案（方案四），高程 402.50m 以下全灰岩方案（方案五），全砂泥岩方案（方案六）、全灰岩方案（方案七）共 7 个方案，从坝体结构安全、施工组织设计、施工工期、投资等方面进行技术经济比较。

各分区方案砂泥岩堆石料填筑占比及坝体投资见表 3.3-1。

表 3.3-1　　　　各分区方案砂泥岩堆石料填筑占比及坝体投资表

分区方案	砂泥岩堆石料填筑量/万 m³	占总填筑量的比值/%	直接投资/亿元
方案一	606.52	66.78	2.25
方案二	604.23	66.53	2.26
方案三	627.66	69.11	2.19
方案四	619.07	68.17	2.21
方案五	445.33	49.04	2.77
方案六	808.81	89.06	1.62
方案七	0	0	4.21

通过投资比较可知，方案一、方案二、方案三、方案四坝体投资相当，为 2.19 亿～2.26 亿元；方案五坝体投资略大，为 2.77 亿元；方案六坝体投资最省，仅为 1.62 亿元；方案七坝体投资最大，达 4.21 亿元。

从筑坝方案技术难度来看，分区方案一低高程远离面板的下游侧设排水性能稍差、压缩模量略低的砂泥岩堆石区，坝体结构相对安全；分区方案二低高程坝体整体上升，各高程区域均匀沉降，坝体结构也相对安全；分区方案三低高程灰岩及砂泥岩两种堆石料接触部位由于压缩模量的不同,可能导致接触部位的变形不一致,坝体结构安全可能存在一定的问题;分区方案四由于低高程灰岩及砂泥岩堆石料压缩模量的不同,可能导致混合料堆石区各个部位的变形不一致,坝体结构安全也可能存在一定的问题;分区方案五下游尾水位以下全部采用灰岩堆石料筑坝,坝体结构较安全;分区方案六整个坝体均采用砂泥岩堆石料筑坝,在国内百米以上级高坝工程中未见类似工程,坝体结构存在一定的技术风险;分区方案七整个坝体均采用灰岩料筑坝,是较成熟的筑坝技术,坝体结构较安全。

根据工程经验,坝坡稳定及坝体应力变形不是制约坝体分区的影响因素,在一定程度上扩大砂泥岩堆石料使用范围是可行的分区方案;为提高工程经济性,董箐大坝需尽可能多地利用建筑物开挖的砂泥岩堆石料。

虽然全砂泥岩方案(方案六)投资最省,但由于 150m 级高面板堆石坝全部采用砂泥岩堆石料筑坝具有一定的风险性,故不采用全砂泥岩堆石料筑坝方案。全灰岩方案(方案七)明显不经济,故不采用全灰岩堆石料筑坝方案。高程 402.50m 以下全灰岩方案(方案五)较高程 378.00m 以下上游为灰岩、下游为砂泥岩方案(方案一)投资高 0.5 亿元,故方案五的经济性略差。经过试验研究证明,砂泥岩堆石料用于水下时,其长年处于环境稳定的保湿状态,砂泥岩堆石料中的泥岩料反而不容易发生崩解及风化,从技术角度讲是可行的。综合考虑,方案一筑坝方案坝体结构相对安全,施工组织设计较容易,开挖料利用率较高,工程投资也较省,故选定方案一为推荐的坝体分区方案。

3.3.2　大坝分区及材料设计

高面板堆石坝结构安全主要包括对筑坝材料和坝体结构的相关要求,高面板堆石坝应从坝料选择、坝体分区、设计与施工指标等方面提出较严格的控制标准,以尽可能减少坝体变形。面板堆石坝大坝分区及材料设计方面,要充分考虑不同坝料间的层间关系,相互间需满足反滤要求。混凝土面板主要是减少坝体渗流并对垫层料坡面进行保护,垫层料是半透水材料,过渡料及堆石料是透水材料,且过渡料对垫层料有反滤保护作用,因此,一般情况下整个坝体在渗流控制和坝坡稳定方面是不存在问题的,但针对软岩料筑高面板堆石坝要特别关注渗流控制,并有必要开展坝坡稳定分析。

实践表明,150m 以上级别高面板堆石坝较中低面板堆石坝在坝体变形特性方面存在差异,主要表现在高围压情况下堆石料应力应变关系较为复杂,且堆石料颗粒破碎及颗粒重新排列有所加强,故 150m 以上级高面板堆石坝在坝体变形控制方面的要求更加严格,重点是要控制坝体过大的变形以及不均匀变形。

董箐面板堆石坝工程坝顶高程 494.50m,防浪墙高 4.5m,其顶高程 495.70m。坝顶宽 10m,坝顶长 678.63m,最大坝高 150m。大坝上游坡比 1:1.40,下游综合坡比 1:1.50(坝后公路间局部坡比 1:1.25)。为满足坝体渗流监测需要,同时防止发电尾水对坝脚的淘刷,在下游坝脚处设置混凝土挡墙,挡墙顶高程 378.00m,高 20.0m。董箐面板堆石坝最大断面及分区见图 3.3-8。

根据面板堆石坝的受力特点和渗流要求,坝体填筑分区主要原则为:从上游到下游的坝料变形模量基本相当,以保证坝体变形尽可能小,从而减小面板和止水系统破坏的可能性；各分区之间满足水力过渡要求，从上游向下游坝料的渗透系数递增，相应下游坝料对其上游坝料有反滤保护作用，以防止产生内部管涌和冲蚀；分区尽可能简单，以利于施工，便于坝料填筑质量控制。中硬岩筑坝经验表明，一般堆石体都能满足强透水性的要求；而软岩料很可能是透水性差的堆石料，若坝体中存在透水性差的堆石区，则应在坝体中专门设置透水性强的堆石料排水系统。董箐面板堆石坝砂泥岩堆石区渗透系数仅为 $i \times 10^{-2}$ cm/s（$1 \leqslant i < 10$，下同），并不具备很强的透水性，因此有必要在坝体中设置强排水区。

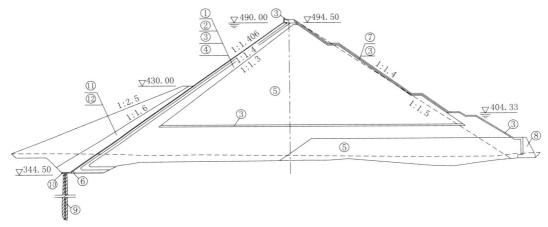

① —钢筋混凝土面板F；　② —垫层区（2A）；　③ —过渡区（3A）；　④ —排水堆石区（3F）；
⑤ —砂泥岩堆石区（3B）；　⑥ —特殊垫层区（2B）；　⑦ —块石护坡（P）；　⑧ —混凝土挡墙；
⑨ —灌浆帷幕；　⑩ —混凝土趾板；　⑪ —石渣盖重区（1B）；　⑫ —黏土铺盖区（1A）

图 3.3－8　董箐面板堆石坝最大断面及分区图（单位：m）

董箐坝体主要填筑分区为垫层区、过渡区、砂泥岩堆石区、灰岩排水堆石区、下游块石护坡及上游防渗补强区。坝体总填筑方量 890.9 万 m³（不含上游黏土料及石渣料 133.9 万 m³），其中砂泥岩堆石料占坝体填筑总量的 2/3。董箐工程筑坝材料特性及碾压参数见表3.3－2。

表 3.3－2　　　　　　　　　董箐工程筑坝材料特性及碾压参数表

分区	材料名称	设计干密度 γ_d /（t/m³）	孔隙率 n /%	填筑层厚/cm		碾压遍数/遍		加水量/%
				振动碾	冲击碾	振动碾	冲击碾	
Ⅰ	垫层料	2.250	17.34	40		6		15
Ⅱ	过渡料	2.200	19.16	40		6		20
Ⅲ	砂泥岩堆石区	2.192	19.41	80	120	10	27	15
Ⅳ	灰岩排水堆石区	2.192	19.46	80	120	10	27	15

1. 垫层区

垫层区作为混凝土面板堆石坝防渗体系的第二道重要防线，是面板堆石坝设计理念进步的体现。根据垫层区的工作状况及防渗特点，垫层区应具有较高的变形模量和密实度，蓄水后变形量值尽可能小，以更好地支承面板结构；具有较高的抗剪强度，满足施工期上游坝坡稳定要求；具有足够的细料，渗透系数为 10^{-3} cm/s 左右，达到半透水性的功能。

　　垫层区宽度受水力梯度、坝体变形及施工工艺等方面的影响，主要考虑的因素有以下几方面：一是垫层区需具备较强的渗透稳定性，在面板或接缝开裂破坏时，可以起到限制坝体的渗漏量并保持自身的抗渗稳定，同时针对施工期间依靠垫层区临时挡水度汛的情况，垫层区宽度需满足允许的水力比降；二是垫层区不会因坝体不均匀沉降而发生错断现象；三是垫层区要有一定的宽度，达到发挥施工机械功能、方便施工的目的。在已建高面板堆石坝工程中，垫层区宽度多为 3～5m，垫层区水力梯度为 44.9～59.3，取上下等宽型式，工程实践证明均是合适的。

　　董箐工程垫层区采用等宽 3m，垫层区水力梯度为 50。考虑岸坡和河床周边接触带延长渗径的需要，垫层区在岸坡及河床部位向下游延伸 20m。趾板与面板接触带下部设特殊垫层区，并在周边缝表面加设粉煤灰条带，共同形成自愈系统。董箐工程垫层区孔隙率 17.34%，采用振动碾碾压施工，填筑层厚 40cm，碾压遍数 6 遍，加水 15%。董箐工程和已建工程高面板堆石坝垫层区主要特性对比情况见表 3.3-3。

表 3.3-3　　董箐工程和已建工程高面板堆石坝垫层区主要特性对比情况表

坝名	坝高 /m	垫层区宽度 /m	水力梯度	填筑干密度 /(g/cm³)	孔隙率 n /%	渗透系数 /(cm/s)
水布垭	233	4	58.3	2.25	17	$i \times (10^{-2} \sim 10^{-4})$
三板溪	185.5	4	46.4	2.21	18.15	$i \times 10^{-3}$
洪家渡	179.5	4	44.9	2.205	19.14	$i \times 10^{-3}$
天生桥一级	178	3	59.3	2.20	19	$i \times (10^{-2} \sim 10^{-4})$
滩坑	162	3	54	2.216	17	$i \times (10^{-3} \sim 10^{-4})$
紫坪铺	158	3	52.7	2.30		2.5×10^{-3}
董箐	150	3	50	2.25	17.34	$i \times (10^{-3} \sim 10^{-4})$

　　在面板堆石坝的堆石料中，垫层料的级配要求较为严格。一般垫层料的来源主要有两种：一种是轧制新鲜坚硬岩石掺砂；另一种是轧制或筛分天然砂砾石掺砂。已建高坝垫层料最大粒径一般为 40～80mm，小于 5mm 颗粒含量一般为 30%～55%，小于 0.1mm（或 0.075mm）颗粒含量一般为 4%～8%；垫层料渗透系数多为 10^{-3} cm/s 级别，具有半透水性；垫层料孔隙率 17%～19%，抗剪强度非线性指标 φ_0 为 50°以上，$\Delta\varphi$ 为 6°以上，抗剪强度较高。

　　董箐面板堆石坝垫层料由灰岩料场爆破后再经人工加工而得，其级配特性见表 3.3-4，表中同时列出了部分高坝工程的垫层料级配特性。董箐工程垫层料最大粒径40～80mm，小于 5mm 颗粒含量为 30%～50%，小于 0.1mm（或 0.075mm）颗粒含量为 3%～8%，垫层料颗粒级配曲线见图 3.3-9。特殊垫层料位于周边缝下部，将垫层料中大于 40mm 的颗粒筛去，即为特殊垫层料级配，其设计指标与垫层料相同。

表 3.3-4   垫 层 料 级 配 特 性 表

坝名	D_{max}/mm	$D<5mm$/%	$D<0.1mm$/%	$D<0.075mm$/%	曲率系数 Cc	不均匀系数 Cu	抗剪强度 $(\varphi_0/\Delta\varphi)$
水布垭	80	30~50	4~7		1.48~1.36	67.5~93.5	56°/10.5°
三板溪	60~80	35~50		4~8	2.0	83.3	56°/11.7°
洪家渡	40~80	30~50		5~10	1.2	84	55°/10°
天生桥一级	80	35~52	4~8		0.9~1.2	62.5~50	52°/7°
滩坑	80	35~55		<8		25	
紫坪铺	80~100	≤35		≤5			
董箐	40~80	30~50		3~8	2.0	77.0	50.2°/6°

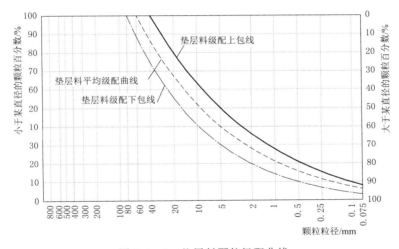

图 3.3-9 垫层料颗粒级配曲线

2. 过渡区

过渡料一般位于垫层料与主堆石料之间，其作用主要是拦截可能从垫层料中带出的细颗粒，满足水力过渡的要求，并协调垫层料与主堆石料之间的模量差。这就要求过渡料应具有良好的级配和自由排水性能，压实后具有低压缩性、高抗剪强度，并能对垫层料起反滤作用。

针对董箐工程砂泥岩料中泥岩料易风化的特点，董箐面板堆石坝过渡区包括上游过渡区、水平过渡区、岸坡过渡区及下游过渡区，将坝体砂泥岩料全部包裹在坝体内部防止其风化。上游过渡区采用等宽4.0m，其下游坡度为1:1.4。过渡料在两岸坡沿岸坡条带向后延伸将垫层料包住，河床水平段沿基础面向后延伸将垫层料包住，在趾板后20~30m范围形成一个反滤区，结合趾板内坡对趾板后延长渗径条带和周边缝渗水提供良好、稳定的反滤条件。水平过渡区厚1.6m，位于390.00~391.60m高程部位砂泥岩堆石料与水平排水灰岩堆石料接触带，可使砂泥岩堆石体内细小颗粒不被渗水带入灰岩排水堆石区内，以保证排水堆石区的排水性能。岸坡过渡区厚 2.0m，位于堆石料与岸坡接触带，以保证堆石与岸坡接触部位碾压密实且砂泥岩堆石料少受外界环境影响。下游过渡区厚 1.0m，位于下游高程 402.50m 以上块石护坡与堆石料间，以防止堆石料受外界环境影响而发生风化崩解。董箐工程过渡区主要特性见表 3.3 - 5、过渡料级配特性见表 3.3 - 6，表中还同时列出了部分高坝工程的相关指标。

表 3.3 - 5　　　　　　　　　　　　过 渡 区 主 要 特 性 表

工程	坝高/m	过渡区宽度/m	填筑层厚/cm	填筑干密度/（g/cm³）	孔隙率 n/%	渗透系数/（cm/s）
水布垭	233	5	40	2.25	18.8	10^{-1}
三板溪	185.5	6	40	2.19	19.19	$2\times10^{-2}\sim9\times10^{-2}$
洪家渡	179.5	4~11	40	2.19	19.69	1~5
天生桥一级	178	6	40	2.15	21	$2\times10^{-1}\sim9\times10^{-1}$
滩坑	162	5	40	2.163	19	
紫坪铺	158	5	40	2.25		$>5.3\times10^{-1}$
董箐	150	4	40	2.25	17.34	$i\times10^{-2}$

表 3.3 - 6　　　　　　　　　　　　过 渡 料 级 配 特 性 表

工程	D_{max}/mm	$D<5mm$/%	$D<0.1mm$/%	$D<0.075mm$/%	曲率系数 Cc	不均匀系数 Cu	抗剪强度（$\varphi_0/\Delta\varphi$）
水布垭	300	>8	<5		2.02~1.88	19.6~129	54°/8.6°
三板溪	200~300	10~20	0~5		1.31	21.1	58.1°/13.3°
洪家渡	200~350	5~20		0~5	1.6	64	54.2°/9.8°
天生桥一级	300	<18	<5		1.8~0.9	44.5~7.5	
滩坑	300	20	<5				
紫坪铺	300	<15					
董箐	200~300	5~20		0~4	1.9	23.6	52.3°/7.1°

董箐工程过渡区水平宽度为 4m 等宽，过渡料填筑层厚与垫层料相同，垫层区与过渡区同时铺料碾压。过渡料的渗透系数 $i\times10^{-2}$cm/s，比垫层料渗透系数差 1~2 个数量级。过渡料最大粒径为 200~300mm，小于 5mm 的颗粒含量为 5%~20%，小于 0.075mm 的颗粒含量为 0~4%。过渡料采用灰岩料场爆破开采料，其颗粒级配曲线见图 3.3 - 10。

董箐大坝过渡料 D_{15} 为 22mm，垫层料 d_{85} 为 24mm，比值为 0.92，满足反滤要求。垫层料的渗透系数为 $i\times10^{-3}$cm/s~$i\times10^{-4}$cm/s，过渡料的渗透系数为 $i\times10^{-2}$cm/s，排水堆石料的渗透系数大于 $i\times10^{0}$cm/s，过渡料满足垫层料和排水堆石料之间的水力过渡，具有自由排水性能。

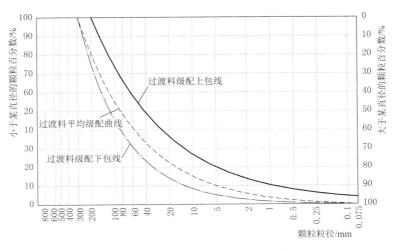

图 3.3 - 10　过渡料颗粒级配曲线

3. 砂泥岩堆石区

砂泥岩堆石区位于垫层区及过渡区之后，是坝体承受荷载的主要支撑体。鉴于砂泥岩堆石料主要为岸边溢洪道开挖料，其质量没有明显差别，故堆石区不分主、次堆石区，所有砂泥岩料执行同一填筑标准。砂泥岩堆石区主要特性见表 3.3 - 7，级配特性见表 3.3 - 8。

表 3.3 - 7　　　　　　　　　　　砂泥岩堆石区主要特性表

分区	料源岩性	填筑层厚/cm	填筑干密度/（g/cm³）	孔隙率 n/%	渗透系数/（cm/s）
砂泥岩堆石区	砂泥岩	80	2.192	19.41	$i \times 10^{-2}$

表 3.3 - 8　　　　　　　　　　　砂泥岩堆石区级配特性表

分区	D_{max}/mm	$D<5mm$/%	$D<0.1mm$/%	$D<0.075mm$/%	曲率系数 Cc	不均匀系数 Cu	抗剪强度（$\varphi_0/\Delta\varphi$）
砂泥岩堆石区	400～800	4～20		0～4	2.0	43.1	45.6°/6.6°

砂泥岩堆石区除采用振动碾压外，还采用了冲击碾压实技术，冲击碾层厚 120cm，碾压遍数为 27 遍，其控制级配曲线由室内试验、爆破试验、碾压试验和上坝生产性试验等成果综合确定，见图 3.3 - 11。

董箐大坝用于砂泥岩堆石区的坝料级配遵循主堆石区与排水堆石区的反滤准则，以此来避免万一面板漏水时堆石料中的细颗粒被带走而产生渗透破坏。按太沙基反滤准则验算，董箐大坝堆石料 D_{15} 为 32mm，排水堆石料 d_{85} 为 310mm，比值为 0.10，满足反滤要求。排水堆石料的渗透系数 $i \times 10^{0}$ cm/s，主堆石料渗透系数为 $i \times 10^{-2}$ cm/s，满足主堆石料向排水堆石料自由排水的要求。砂泥岩堆石料中小于 5mm 颗粒含量为 4%～20%，满足抗冲刷性要求。

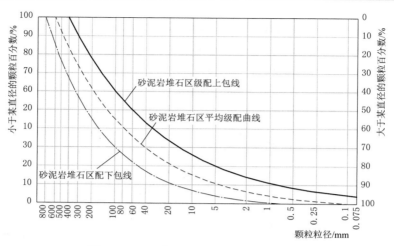

图 3.3-11 砂泥岩堆石料颗粒级配曲线

4. 灰岩排水堆石区

由于坝体主堆石料采用砂泥岩料，渗透性能较差，为满足堆石体透水性能的要求，坝体设置了"L"形排水体，即在过渡区与砂泥岩堆石料间设竖向排水堆石区（宽 5.0～14.9m)，在高程 390.00m 设 12.0m 厚的水平排水堆石区。排水体多见于面板砂砾石坝中，如吉林台一级、古洞口等工程。董箐大坝排水堆石区主要特性和级配特性分别见表 3.3-9 和表 3.3-10，同时列出了吉林台一级等同类工程排水堆石区相关参数。

表 3.3-9   排水堆石区主要特性表

工程	坝高/m	上游斜排水体		底部水平排水体厚度/m	排水体料源
		上游坡	水平宽度/m		
吉林台一级	157	1：1.3	5	5	筛分砂砾料
乌鲁瓦提	133	1：10	4	4	筛分砂砾料
黑泉	123.3	1：1.35	3～11.6	5	筛分砂砾料或洞渣料
古洞口	117.6	1：1.2	3～17	7.5	爆破灰岩料
那兰	109	1：1.5	4	6.0	爆破白云质灰岩料
董箐	150	1：1.4	5～14.7	12	爆破灰岩料

表 3.3-10   排水堆石区级配特性表

工程	D_{max}/mm	D<5mm/%	D<0.1mm/%	D<0.075mm/%	曲率系数 Cc	不均匀系数 Cu	抗剪强度 $(\varphi_0/\Delta\varphi)$
吉林台一级	粒径：5～80mm						
乌鲁瓦提	粒径：10～200mm						
黑泉	粒径：25～300mm						

工程	D_{max}/mm	D<5mm/%	D<0.1mm/%	D<0.075mm/%	曲率系数 Cc	不均匀系数 Cu	抗剪强度 ($\varphi_0/\Delta\varphi$)
古洞口	600	5～15	<3				
那兰	300	10					
董箐	500～800	4～20		0～4	2.0	29.3	53°/7.5°

排水堆石料采用灰岩料场爆破料，渗透系数 $i\times10^0$ cm/s，排水堆石料颗粒级配曲线见图 3.3－12。

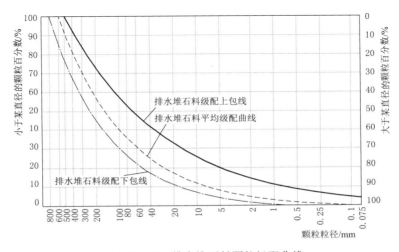

图 3.3－12　排水堆石料颗粒级配曲线

按太沙基反滤准则验算，董箐大坝排水堆石料 D_{15} 为 32mm，过渡料 d_{85} 为 139mm，比值为 0.23，满足反滤要求。过渡料的渗透系数 $i\times10^{-2}$ cm/s，排水堆石料的渗透系数 $i\times10^0$ cm/s，满足过渡料向排水堆石料自由排水的要求。排水堆石料小于 5mm 颗粒含量为 4%～20%，满足抗冲刷性要求。

5. 下游块石护坡区

董箐坝体下游混凝土挡墙高程 378.00m 以上部位坝体外侧设块石护坡，厚度为 1.0m，主要起到美观并保护坝体下游坡面的作用。坝体下游干砌块石料采用董箐灰岩料场爆破料，要求粒径为 60～100cm。

6. 上游防渗补强区

为封堵面板可能出现的裂缝以及张开的周边缝和垂直缝，实现渗透自愈的作用，在上游坝面高程 430.00m 以下设置了上游防渗补强区，包括黏土铺盖区及石渣盖重区。黏土铺盖区紧贴面板，顶宽 4m，上游侧坡比 1∶1.60；黏土铺盖上游面铺设石渣盖重，用于防止黏土铺盖失稳，石渣盖重区顶宽 6m，上游侧坡比 1∶2.5。黏土铺盖区及石渣盖重区无密实度控制要求。

7. 大坝分区特点

（1）大断面采用砂泥岩（软硬岩）料筑高面板堆石坝。董箐大坝主堆石区大部分采用溢洪道开挖的砂泥岩料填筑，其余部位采用灰岩料填筑。主堆石区砂泥岩料为一种软硬岩料，其填筑量占整个坝体填筑总量的 2/3，且董箐坝高达 150m，砂泥岩料筑高面板堆石坝设计具有创新性。

（2）堆石区采用相同的高压实度。一些国内外高面板堆石坝出现面板破坏的现象，如天生桥一级面板堆石坝工程（坝高 178m）主、次堆石区模量相差较大，在一定程度上加大了坝体变形，从而导致面板挤压破坏。2000 年以后修建的洪家渡等面板堆石坝（最大坝高 179.5m），提高了次堆石区的压实度，主、次堆石区压缩模量相差较小，坝体运行情况良好。面板堆石坝下游堆石区可作为上游堆石区的辅助支撑体，研究表明，为协调上、下游堆石体的变形，高面板堆石坝上、下游堆石区变形模量之比宜小于 1.5，条件允许时，尽可能使上、下游堆石模量保持基本一致，确保坝体变形均匀。借鉴高面板堆石坝的成功经验，董箐面板堆石坝设计时全部按主堆石区考虑，坝体堆石区采用相同的较高压实度；从整体看，董箐面板堆石坝为均质坝体，有助于坝体变形控制，这也是高面板堆石坝的发展趋势。

（3）注重保护易风化的泥岩料。针对砂泥岩料中的泥岩料在干湿循环状态下易崩解风化的特点，坝体设置了上游过渡区、岸坡过渡区及下游过渡区，主要目的是保护砂泥岩料使其处于环境变化小的状态，防止砂泥岩料中的泥岩料因自然条件下干湿循环发生风化而产生不利的变形。

（4）拓宽了堆石区料源选择。面板堆石坝按"上堵下排"理念设计，坝体就不会出现渗透失稳情况。常规面板堆石坝设计时，要求主堆石区有较强的排水功能，使主堆石区在料源选择方面存在一定的局限性。董箐面板堆石坝设计时，针对砂泥岩主堆石料排水性能略差的特点，考虑专门设置一个具有强透水功能的灰岩排水堆石区，可保证坝体渗透稳定安全，这样就在很大程度上拓宽了主堆石区料源的选择。

（5）放缓下游坝坡。坝体的下游综合坝坡为 1∶1.5，比通常的面板堆石坝下游坝坡 1∶1.4 略缓，这主要考虑到砂泥岩筑坝是首次使用，同时放缓下游坝坡对抗震有利。

3.3.3　面板设计

面板堆石坝垫层区上游迎水面设置的钢筋混凝土面板是坝体的主要防渗结构。在自重和库水荷载作用下堆石体将产生变形，施工期与蓄水期堆石体向下沉降，施工期上游堆石体向上游位移、下游堆石体向下游位移，蓄水期整个堆石体均向下游位移，面板随堆石体变形而产生挠曲变形。混凝土是一种弹性脆性材料，混凝土面板如何适应堆石体的变形是面板堆石坝设计中的关键技术。

董箐大坝面板设计应遵循下列原则：①较好的防渗性能。面板以下垫层料具有半透水性，过渡料及堆石料具有良好的透水性，要求面板应具有较好的防渗性能，以保证坝体不渗水或少渗水；②足够的柔性。混凝土面板应具有足够的柔性，以适应坝体及面板产生的变形；③足够的强度。在自重、库水荷载以及坝体沉降位移引起中部面板存在一定的压应力，两岸坝肩附近面板产生拉应力，要求混凝土面板应具有足够的强度，包括抗压、抗拉

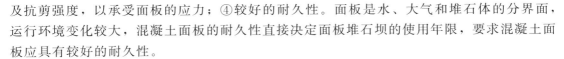

及抗剪强度，以承受面板的应力；④较好的耐久性。面板是水、大气和堆石体的分界面，运行环境变化较大，混凝土面板的耐久性直接决定面板堆石坝的使用年限，要求混凝土面板应具有较好的耐久性。

1. 面板厚度

面板厚度主要由两方面决定：①防渗要求。面板渗透水力梯度一般不超过200；②结构要求。根据结构要求面板内部应能布置钢筋和止水，面板厚度不宜小于0.30m。在达到上述要求的前提下，应选用较薄的面板，以尽可能提高面板的柔性。中、低坝可以采用等厚的面板，高坝面板厚度宜采用 $t=0.3+\alpha H$ 来计算（H 为计算断面至面板顶部的垂直高度），其中 α 的范围为 $0.002\sim0.004$，董箐面板堆石坝 α 为 0.0035，即面板顶厚0.3m，最大底部厚度0.80m。董箐大坝面板设计特征值见及其与同类工程对比情况表3.3-11。可见，水布垭大坝面板所承受的水力梯度为212，这是我国目前已建面板堆石坝面板所承受水力梯度的最高值，董箐大坝面板所承受水力梯度为171，在高面板堆石坝工程中面板承受水力梯度处于较低水平，对保障面板的安全有利。

表 3.3-11　　　　　　　　　　　面 板 设 计 特 征 值

工程	坝高/m	面板顶部厚度/cm	α	面板底部厚度/cm	面板承受水力梯度
水布垭	233.0	0.3	0.0035	1.12	212
三板溪	185.5	0.3	0.0034	0.93	199
洪家渡	179.5	0.3	0.0035	0.93	190
天生桥一级	178.0	0.3	0.0035	0.92	189
滩坑	162.0	0.3	0.0035	0.87	180
紫坪铺	158.0	0.3	0.0035	0.85	177
吉林台一级	157.0	0.3	0.0035	0.85	177
董箐	150.0	0.3	0.0035	0.83	171

2. 面板配筋

面板配筋的作用主要有：防止混凝土硬化初期的温升、运行期外界温度变化而引起面板的温度裂缝；防止水泥硬化初期的干缩变形和自身体积变形所引起面板的结构裂缝。

面板配筋有两种型式，分别为单层双向布置和双层双向布置。双层双向配筋能起到兼顾施工期和运行期面板受力特点的需要，选择较细的双层钢筋，可能更有利于限制裂缝。根据面板不同部位的受力情况，采用不同的配筋量。董箐大坝面板水平向及纵向配筋型式均为Φ16～Φ18，间距为15cm，各向配筋率均为 $0.3\%\sim0.4\%$；在受压区面板接触部位配设加强钢筋，以提高面板边缘的抗挤压能力。董箐工程和部分高面板堆石坝工程面板配筋情况见表3.3-12。

表 3.3-12　　　　　　　　　　　面 板 配 筋 情 况

工程	坝高/m	配筋布置	顺坡向配筋率/%	坝轴向配筋率/%
水布垭	233.0	双层双向	0.4	0.35
三板溪	185.5	单层双向	0.3～0.4	0.3～0.4

续表

工程	坝高/m	配筋布置	顺坡向配筋率/%	坝轴向配筋率/%
洪家渡	179.5	双层双向	0.3	0.4
天生桥一级	178.0	第1期、第2期单层双向，第3期双层双向	0.35～0.4	0.3～0.4
滩坑	162.0	单层双向	0.4	0.4
紫坪铺	158.0	单层双向	0.35	0.4
吉林台一级	157.0	单层双向	0.4	0.4
董箐	150.0	双层双向	0.3～0.4	0.3～0.4

3．面板分缝

各工程建坝地区的气候条件、地基类型、筑坝材料均有所不同，在面板内部及其周边上将产生不同的温度应力与变形应力，将有可能导致产生有害的裂缝。若面板不分缝，则难以适应坝体较大的变形，同时大面积混凝土薄板在垫层约束下容易产生收缩裂缝。为适应坝体的应力与变形，需对面板进行合理地分缝，以增加面板的整体柔性，达到消除有害裂缝的目的。依据接缝在面板中的位置和作用，面板分缝可分为周边缝（趾板与面板接触部位）、两岸受拉垂直缝、中间受压垂直缝，部分高面板堆石坝工程（如水布垭等）还设置有水平永久结构缝。根据施工要求，尤其是滑模施工，多采用8～16m。一般工程对宽河谷中的坝，间距要大些，以尽量减少接缝。董箐工程受压区和两岸受拉区面板均采用15m，共有45块面板，受压缝29条，受拉缝16条。面板分3期施工，分期面板间不设永久结构缝。董箐大坝和部分高面板堆石坝工程面板垂直缝间距情况见表3.3－13。

表3.3－13　　　　　　　　　　面板垂直缝间距情况　　　　　　　　　　单位：m

工程	坝高	坝顶长	两岸受拉区面板垂直缝间距	河床受压区面板垂直缝间距
水布垭	233.0	674.66	8	16
三板溪	185.5	423.75	8	16
洪家渡	179.5	427.79	15	15
天生桥一级	178.0	1104.00	16	16
滩坑	162.0	507.00	6	12
紫坪铺	158.0	663.77	8	16
吉林台一级	157.0	445.00	6	12
董箐	150.0	678.63	15	15

4．面板混凝土设计

混凝土面板坝由于面板长度大、厚度薄、受大气温度及湿度的影响较大，其运行环境变化大，而且面板又受垫层的约束作用，易产生危害较大的裂缝，可采用混凝土极限拉伸值作为面板混凝土抗裂性指标。面板混凝土的施工和易性是其施工的控制指标，没有良好的和易性就不能保证混凝土的优质性能，施工和易性大多以坍落度来表示。

董箐面板混凝土的强度、抗渗性、耐久性、抗冻性、抗裂性及施工和易性由混凝土配合比试验研究提出，同时外掺 MgO（氧化镁）补偿收缩，掺加纤维材料提高混凝土的极限拉伸值。董箐面板混凝土强度等级为 C30 二级配（28d），采用 P.O42.5 普通硅酸盐水泥，内掺粉煤灰 25%，外掺 MgO 含量 3%，外掺聚丙烯腈纤维 0.9kg/m³，减水剂、引气剂等外加剂适量。董箐面板混凝土最大水灰比 0.50，最大坍落度 7cm，抗渗等级（28d）W12，抗冻等级（28d）F100，极限拉伸值（28d）$>100\times10^{-6}$，干缩变形值（28d）$<220\times10^{-6}$。董箐大坝和部分高坝工程面板混凝土特性见表 3.3-14。

表 3.3-14　　　　　　　　　　　面 板 混 凝 土 特 性

工程	坝高/m	强度等级	抗渗等级	抗冻等级	极限位伸值/$\times10^{-6}$	坍落度/cm
水布垭	233	上部 C25 下部 C30	W12	F200	100	3~5
三板溪	185.5	C30	W12	F100	100	4~7
洪家渡	179.5	C30	W12	F100	100	4~7
天生桥一级	178	C25	W12	F100		4~8
滩坑	162	C30	W12	F150		3~5
紫坪铺	158	C25	W12	F100		
吉林台一级	157	C30	W12	F300		3~7
董箐	150	C30	W12	F100	100	7

5. 面板裂缝预防及处理

防止面板开裂是混凝土面板设计的重要内容，应及时分析裂缝发生的原因和机理。有规律的水平裂缝出现的主要原因是温度和干缩变形的作用，由温度、湿度等环境因素的变化引起混凝土收缩，是促使混凝土发生裂缝的破坏力，是面板裂缝的外因；混凝土自身的性能和质量决定混凝土的抗裂能力，这是面板裂缝的内因。如果破坏力大于抗裂能力，混凝土就发生裂缝。1970 年建成的澳大利亚塞沙纳坝（最大坝高 110m）、1980 年建成的巴西阿里埃坝（最大坝高 160m），提出面板限裂设计概念，即允许面板混凝土裂缝产生，但要求设法将裂缝宽度控制在 0.3mm 以下。

混凝土裂缝的主要危害是降低混凝土的耐久性，应通过一系列手段来确保不出现危害性较大的裂缝，董箐面板堆石坝面板防裂抗裂主要途径有：①在面板混凝土中内掺粉煤灰，以减小混凝土浇筑时的发热量；②在面板混凝土中外掺入具有后期膨胀性的外加剂（MgO），起到收缩补偿作用，抵消高龄期水化热温降阶段混凝土收缩引起的应力裂缝；③在面板混凝土中外掺聚丙烯腈纤维，可加强其抗裂性能，抵抗低龄期水化热温升阶段混凝土强度低时膨胀引起的温度应力裂缝；④选择有利时机进行面板混凝土浇筑，尽可能避免高温季节浇筑面板混凝土；⑤面板的保护和养护是防止温度、湿度变化引起裂缝的有效措施，混凝土浇筑完成并初凝后进行覆盖麻袋和洒水养护；⑥每期面板施工前，采用预沉降时间和预沉降收敛两指标进行控制，预沉降时间不少于 3~6 个月（实际达到 5~7 个月），月沉降量 5~10mm（实际 5~8mm）。

董箐工程面板混凝土采用"聚丙烯腈纤维收缩补偿混凝土＋双向配筋＋保温保湿养护"的防裂抗裂措施，能改善面板混凝土自身体积变形，减少干缩变形，提高抗拉强度和极限拉伸值，同时通过两项堆石体预沉降收敛控制技术以减小面板结构性裂缝发生的可能，工程实施效果良好。董箐工程各期面板仅出现了浅表性裂缝，缝宽均小于 0.5mm，尚未发现缝宽大于 0.5mm 的裂缝或贯穿性裂缝。现场调查统计面板裂缝情况见表 3.3-15。面板裂缝采用帕斯卡 PENETRON 渗透结晶型防水材料及 SR 防渗盖片进行处理。

表 3.3-15　　　　　　　　　　　　大坝面板裂缝统计表

部　位	数量	裂缝性质
一期面板（高程 349.00～415.00m）	44	
二期面板（高程 415.00～477.00m）	16	浅表性裂缝
三期面板（高程 477.00～491.20m）	23	

3.3.4　趾板设计

1. 趾板布置

趾板线布置尽可能平顺，一般来讲，趾板布置形式有 3 种：①趾板面等高线垂直于趾板基准线，即平趾板，施工较为方便，并且易于固结灌浆和帷幕灌浆作业，宜优先考虑；②趾板面等高线垂直于坝轴线；③趾板面等高线适应开挖以后的基岩面。

董箐大坝趾板基础按照水头大小，分别坐落于强～微风化基岩上，为减少石方开挖，又不增加施工难度，采用三种趾板宽度，见表 3.3-16。趾板厚度拟定考虑满足自身稳定、帷幕灌浆盖重、承受温度应力、方便施工等条件，要求按薄板设计。为保证滑模施工起滑段要求，趾板翅头斜长不小于 0.8m，为使面板边缘能自由下沉，避免硬性支撑，消除面板固端应力，趾板厚度选为 1.0m。

表 3.3-16　　　　　　　　　　董箐大坝趾板布置及特性表

型式	高　程/m	宽度/m	厚度/m	承受最大水力坡降
1	348.00 及 348.00～380.00	10	1.0	10
2	380.00～440.00	8	1.0	7.69
3	440.00～491.20	6	1.0	5

2. 趾板分缝

趾板不设伸缩缝，只根据施工需要设置施工缝，趾板钢筋穿过施工缝。采用设Ⅰ序块、Ⅱ序块的方式跳仓浇筑趾板混凝土，Ⅰ序块的长度为 15～20m，Ⅱ序块的长度为 1～2m，待Ⅰ序块温度和自身体积变形趋于稳定后（约 1 个月），再浇筑Ⅱ序块，Ⅱ序块混凝土为掺 MgO 补偿收缩混凝土。

3. 趾板配筋及混凝土设计

为承受混凝土干缩和温度应力，趾板仅在表层设置构造钢筋网，即趾板表面一般情况均采用单层双向配筋，纵横向配筋率为 0.3%～0.4%，这样趾板更能适应地基的变形。董箐工程趾板纵向筋及水平筋均为 Φ25～Φ28，间距为 20cm，配筋率为 0.35%～0.4%；趾板下部设锚筋，与趾板钢筋焊接在一起，以发挥趾板组合梁的作用。由于趾板厚度较薄，受施工条件、地质条件和基础约束影响很大，故要求趾板混凝土无论在施工期还是运行期均须有良好抗裂性能。董箐工程趾板混凝土 28d 强度等级为 C30 二级配，抗渗等级（28d）W12，内掺粉煤灰 25%，外掺 MgO 含量为 2.5%，外掺聚丙烯腈纤维 0.9kg/m³，减水剂、引气剂等外加剂适量。趾板更重视的是限裂而不是防裂抗裂，其裂缝控制措施较面板混凝土要求略低。

4. 趾板混凝土防裂处理

趾板浇筑完毕、混凝土初凝后，采用麻袋等表面覆盖，并全天 24h 洒水养护，使混凝土表面一直处于湿润状态。施工缝处理采用人工凿毛清除缝面上的浮浆、松散物及废弃物，用清水冲洗干净并保持表面清洁湿润。

3.3.5 接缝止水设计

面板分缝包括面板与趾板间周边缝、面板间垂直缝、防浪墙与面板间水平缝。

1. 周边缝止水结构（C 型）

据三维有限元应力变形分析成果，周边缝三向动位移分别为：张开动位移 22.7mm、沉降动位移 67.54mm、剪切动位移 17.62mm，计算变形值为 73.4mm；故周边缝止水型式设计按最大变形量 80mm 进行控制。董箐大坝为适应两岸周边缝变形特点和要求，周边缝采取止水与自愈措施相结合的结构型式。周边缝主要有两道止水措施，即底部"F"形铜止水，顶部柔性填料止水；中部设置 ϕ80 氯丁橡胶棒。趾板和面板侧均采用 10cm×10cm 倒角的"V"形槽结构，周边缝缝面嵌沥青杉板。董箐大坝周边缝止水结构见图 3.3-13。

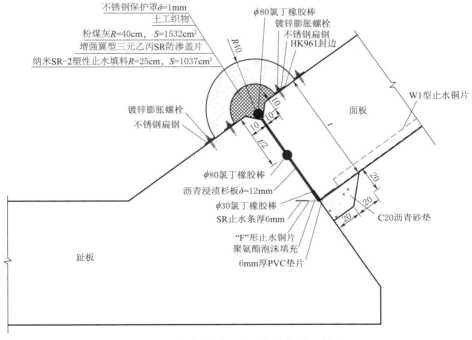

图 3.3-13　董箐大坝周边缝止水结构图（单位：cm）

（1）底部"F"形铜止水包括"F"形止水铜片及其双翼上复合的 SR 止水条以及双翼间（鼻子）内嵌的 $\phi30mm$ 氯丁橡胶棒。"F"形止水铜片为防渗承压结构，其尺寸为：鼻子高 10cm，宽 3cm，翼缘宽 20cm，立脚高 8cm；双翼复合 SR 止水条，以提高该止水的抗绕渗能力；鼻子内嵌填 $\phi30mm$ 氯丁橡胶棒和聚氨酯泡沫，以保证鼻子的变形能力。

（2）顶部柔性填料包括纳米 SR-2 塑性止水填料、增强翼型三元乙丙 SR 防渗盖片（死水位以下）或三元乙丙橡胶增强型 SR 防渗盖片（死水位以上）和扁钢压条。纳米 SR-2 塑性止水填料在底部"F"形铜止水失效的情况下，被外水压力压入接缝内，滞留在表层发挥止水作用，按接缝空腔体积的 2~2.5 倍计算，填料体积为 $1037m^3$。柔性填料的保护盖片作为一道独立的止水采用增强翼型三元乙丙 SR 防渗盖片或三元乙丙橡胶增强型 SR 防渗盖片，待柔性填料施工验收合格后，再进行 SR 防渗盖片的施工。与防渗盖片接触的混凝土表面应平整，采用柔性填料找平。SR 防渗盖片用 60mm×6mm 不锈钢扁钢和 M10 不锈钢膨胀螺栓固定在接缝两侧的混凝土面上，利用 SR 防渗盖片与混凝土黏接，在压条压力下，利用 SR 防渗盖片的弹性使接合面紧密、封闭。

（3）中部设置 $\phi80$ 氯丁橡胶棒，其主要作用为延长渗径，且当 SR 防渗盖片、底部"F"形铜止水失效时，纳米 SR-2 塑性止水填料流入接缝空腔，氯丁橡胶棒在面板中部阻止其向下流入坝内，堵塞渗流通道，起到防渗作用。

（4）顶部柔性填料止水之上设无黏性自愈材料，包括一级粉煤灰、土工织物、不锈钢外罩和不锈钢扁钢压条。粉煤灰对可能产生的止水缺陷进行渗漏自愈，粉煤灰外为不锈钢保护罩，内衬透水土工织物，以防止粉煤灰的流失。不锈钢保护罩整个周边缝均用粉煤灰给予保护。用 60mm×6mm 不锈钢扁钢和 M10 不锈钢膨胀螺栓固定在接缝两侧的混凝土面。

SR 防渗盖片和粉煤灰罩均采用 60mm×6mm 不锈钢压条和 M10 不锈钢膨胀螺栓固定，不锈钢压条间采用嵌入式搭接，螺栓孔为椭圆孔。SR 防渗盖片由于要承受较高的外水压力，膨胀螺栓间距为 25cm，不锈钢外罩的固定螺栓间距为 40cm。

2. 垂直缝

董箐大坝垂直缝包括 A 型垂直缝、B 型垂直缝、D1 型垂直缝、D2 型垂直缝（表 3.3-17），分述如下。

A 型垂直缝（图 3.3-14）为张性垂直缝，共有两道止水措施，分别为底部 W1 型止水铜片、顶部纳米 SR-2 塑性止水填料。底部铜止水片结构形式与 C 型周边缝相同，只是铜片型式为"W1"型，其尺寸为：鼻子高 10cm，宽 2.5cm，翼缘宽 20cm，立脚高 8cm。顶部纳米 SR-2 塑性止水填料和无黏性自愈材料结构型式与 C 型缝完全相同。缝面采用涂刷沥青乳剂。缝口尺寸为面板侧 10cm×10cm 倒角的"V"形槽。纳米 SR-2 塑性止水填料面积 $434cm^2$。

B 型垂直缝（图 3.3-15）为压性垂直缝，共有两道止水措施，其结构型式与 A 型缝相同，区别为 B 型垂直缝缝面嵌填 L600 低发泡聚乙烯闭孔塑料板，缝宽 8mm。为防止对面板断面削弱过大，发生垂直缝挤压破坏，二、三期面板垂直缝"V"形槽高度由 10cm 调整为 6cm，垂直缝铜止水中间鼻子高度由 10cm 调整为 5cm。

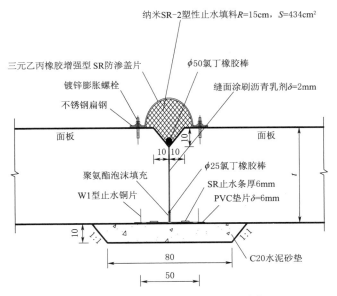

图 3.3-14 A 型垂直缝止水结构图 (单位：cm)

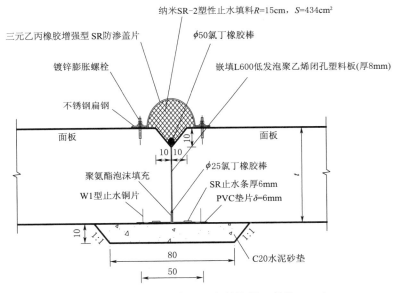

图 3.3-15 B 型垂直缝止水结构图 (单位：cm)

D1 型垂直缝 (图 3.3-16) 共有两道止水措施，其结构型式与 A 型缝相同，区别为顶部在 SR 防渗盖片外侧增加了粉煤灰罩。纳米 SR-2 塑性止水填料面积 1062cm²。

D2 型垂直缝 (图 3.3-17) 共有两道止水措施，其结构型式与 D1 型缝相同，区别为 D2 型垂直缝缝面嵌填 L600 低发泡聚乙烯闭孔塑料板。

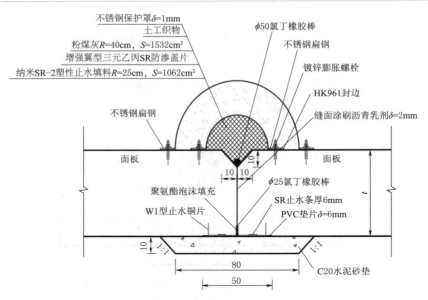

图 3.3-16　D1 型垂直缝止水结构图（单位：cm）

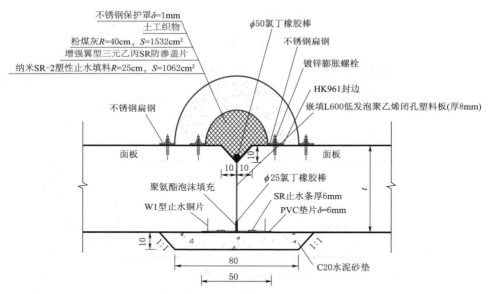

图 3.3-17　D2 型垂直缝止水结构图（单位：cm）

表 3.3-17　　　　　　　董箐大坝垂直缝接缝型式及止水措施统计表

缝型	部　位	数　量	止　水　措　施
A 型垂直缝	左右岸面板受拉区	右岸 6 条，左岸 4 条，共 1055m	底部：W1 型止水铜片、双翼复合 SR 止水条、φ25 氯丁橡胶棒； 顶部：纳米 SR-2 塑性止水填料、三元乙丙橡胶增强型 SR 防渗盖片、φ50 氯丁橡胶棒； 缝面：涂刷沥青乳剂

缝型	部 位	数 量	止 水 措 施
B 型垂直缝	面板中部受压区	共 29 条，共 4531m	底部：W1 型止水铜片、双翼复合 SR 止水条、ϕ25 氯丁橡胶棒； 顶部：纳米 SR-2 塑性止水填料、三元乙丙橡胶增强型 SR 防渗盖片、ϕ50 氯丁橡胶棒； 缝面：嵌填 L600 低发泡聚乙烯闭孔塑料板
D1 型垂直缝	距周边 20～30m 范围内的所有垂直缝	共 15 条，共 313m	底部：W1 型止水铜片、双翼复合 SR 止水条、ϕ25 氯丁橡胶棒； 顶部（死水位以下）：纳米 SR-2 塑性止水填料、ϕ50 氯丁橡胶棒、增强翼型三元乙丙 SR 防渗盖片、粉煤灰、土工织物、不锈钢罩； 顶部（死水位以上）：纳米 SR-2 塑性止水填料、ϕ50 氯丁橡胶棒、三元乙丙橡胶增强型 SR 防渗盖片、粉煤灰、土工织物、不锈钢罩； 缝面：涂刷沥青乳剂
D2 型垂直缝	距周边 20～30m 范围内的所有垂直缝	共 29 条，共 729m	底部：W1 型止水铜片、双翼复合 SR 止水条、ϕ25 氯丁橡胶棒； 顶部（死水位以下）：纳米 SR-2 塑性止水填料、ϕ50 氯丁橡胶棒、增强翼型三元乙丙 SR 防渗盖片、粉煤灰、土工织物、不锈钢罩； 缝面：嵌填 L600 低发泡聚乙烯闭孔塑料板

3. 变形缝（E 型）

E 型变形缝（图 3.3-18）为防浪墙与面板间接缝，共有两道止水措施，分别为底部 W2 型止水铜片和顶部纳米 SR-2 塑性止水填料。缝口尺寸为面板侧 10cm×10cm 倒角的"V"槽，纳米 SR-2 塑性止水填料面积为 248cm^2。其底部铜止水和顶部柔性填料结构型式与 A 型缝相同，只是 W1 型止水铜片改为 W2 型。W2 型止水铜片尺寸与 W1 型相同，为适应缝型的需要，两翼板沿鼻子处折弯成 144.47°。防浪墙分缝位置与面板相同，防浪墙间接缝设置一道 W1 型止水铜片，与面板接缝处，面板垂直缝的 SR 防渗盖片在防浪墙观测交通平台内侧插入混凝土与止水铜片焊接，形成封闭系统。

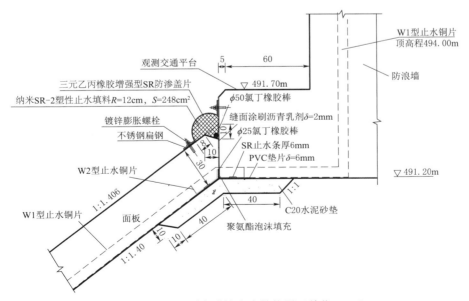

图 3.3-18　E 型变形缝止水结构图（单位：cm）

3.3.6　坝体抗震设计

地震荷载作用下，高混凝土面板堆石坝的动力特性、破坏机理和应采取的抗震措施，对地震工程研究有着重大意义。通过研究发现，强震下面板堆石坝的破坏形态主要是坝顶附近下游块石的松动滚落，逐步形成浅层滑动，并向上游面发展，使混凝土面板上部脱空，以致断裂，只要采取适当措施，加强坝顶附近堆石体的刚度和强度，防止其松动滑落而影响面板的安全，并适当多留超高以适应其震陷，强地震区的面板堆石坝也是安全可靠的。也就是说，面板堆石坝在合理确定大坝体型、坝料分区及填筑标准等的前提下，可获得较高的抗震能力。董箐水电站场地地震基本烈度为Ⅵ度，建筑物的抗震设计烈为Ⅵ度，抗震设防类别为乙类。面板堆石坝本身具有良好的抗震性能，由于董箐大坝为四川汶川"5·12"地震之后建设的大坝，为增强董箐面板堆石坝抗震设计的可靠性，在大坝设计过程中，考虑了地震因素，在坝体分区及变形控制、坝体轮廓设计、坝顶超高等方面采取了综合的抗震措施，具体如下：

1. 采取"取消次堆石区、提高压实标准"等措施

通过采取"取消次堆石区、提高压实标准"等措施，减小坝体变形，提高坝体抗震能力。多座高面板堆石坝设置了次堆石区，如水布垭、三板溪、天生桥一级、滩坑、紫坪铺等工程。过去认为次堆石区对坝体变形影响较小，但从国内外高面板堆石坝运行情况分析，由于次堆石区的存在，在一定程度上加大了坝体变形，造成了天生桥一级等部分工程面板破坏。董箐面板堆石坝采用不分主次堆石区的理念设计，全部按主堆石区考虑，整个坝体采用同一压实标准，坝体将不再存在相对弱的地方，有利于坝体上、下游均匀变形，能提高坝体抗震能力。

减少坝体整体变形量的根本在于提高堆石压实度和变形模量，2000 年以后的水布垭、三板溪、洪家渡三座高面板堆石坝主堆石区孔隙率分别为 19.6%、19.33%、20.02%，这些高面板堆石坝压实度较之前的高面板堆石坝工程有一定的提高。董箐面板堆石坝设计时，考虑到该面板堆石坝的重要性，将面板堆石坝主堆石区孔隙率设置为 19.41%，如此高的压实度可使坝体变形得到有效控制，也有助于坝体抗震。

2. 适当放缓下游坝坡，适当加大坝顶宽度

放缓坝坡是提高面板坝的抗震稳定性的有效措施之一。一般面板堆石坝工程（如水布垭、三板溪、洪家渡、天生桥一级、滩坑、紫坪铺等）下游坝坡均为 1∶1.4（表 3.3 - 18），董箐工程考虑坝体抗震需要，适当放缓下游坝坡至 1∶1.5。加大坝顶宽度也能增加坝体抗震性，宽度较大的坝顶，在遭遇地震时，可以延长从下游坡坝料颗粒开始产生滑动破坏发展到上游面板断裂的时间。100m 以下面板堆石坝坝顶宽宜按照坝高不同采用 5～8m，150m 以上面板堆石坝工程坝顶宽度均适当加宽，为 10～12m 居多，董箐工程同样加大坝顶宽度至 10m。这些结构措施均在一定程度上加大了董箐坝体稳定安全系数，下游坝坡最危险滑动面稳定安全系数均在 1.6 以上，有利于大坝抗震。

表 3.3 - 18   坝体轮廓设计统计表

工程	坝高/m	上游坝坡	下游综合坝坡	坝顶宽度/m
水布垭	233	1：1.4	1：1.4	12
三板溪	185.5	1：1.4	1：1.4	10
洪家渡	179.5	1：1.4	1：1.4	11
天生桥一级	178	1：1.4	1：1.4	12
滩坑	162	1：1.4	1：1.4	12
紫坪铺	158	1：1.4	1：1.4	12
董箐	150	1：1.4	1：1.5	10

3. 坝顶高程计算时充分考虑地震涌浪高度

面板堆石坝地震工况下，必须有足够的安全超高，以确保地震涌浪和坝顶震陷后不致发生库水漫顶事故。计算坝顶高程时，考虑地震工况时的地震涌浪高度 1.5m，确定合理的安全超高。计算成果见表 3.3 - 19。

表 3.3 - 19   董箐面板堆石坝坝顶高程计算成果表   单位：m

运用情况	静水位	坝顶超高	地震安全加高	防浪墙顶高程	坝顶高程
设计洪水位	490.70	4.19	0	494.89	493.69
正常蓄水位	490.00	4.19	0	494.19	492.99
校核洪水位	493.08	2.24	0	495.32	494.12
正常蓄水位＋地震	490.00	2.24	1.5	493.74	492.54

董箐大坝坝顶高程的控制情况为校核洪水位情况，防浪墙顶高程为 495.32m，取坝顶以上防浪墙高 1.2m，坝顶高程为 494.12m。为安全起见，取坝顶高程为 494.50m，坝体地震安全加高达 3.46m，具有足够的抗地震涌浪超高能力。

3.4 坝体计算分析

国内面板堆石坝历经 30 多年的发展，使高面板堆石坝的建设由经验和判断为主逐渐走向经验与理论分析结合的途径，通过计算分析，可以估算在施工期、水库蓄水期、竣工期的各种加载、卸载条件下堆石体和面板的应力与变形的大小及其分布，从而为设计者采取应对措施提供依据。

3.4.1 坝坡稳定计算分析

1. 静力情况下坝坡稳定计算

坝坡稳定分析的堆石料力学参数见表 3.4 - 1，坝坡稳定计算工况见表 3.4 - 2。

表 3.4-1　　　　　　　　　坝坡稳定分析的堆石料力学参数表

材料	γ_d/（kN/m³）	C/kPa	φ_0/（°）（非线性强度参数）
砂泥岩堆石料	21.92	88.6	45.6
排水堆石料	21.92	76.8	53.0

表 3.4-2　　　　　　　　　　　坝坡稳定计算工况表

工况	水 位 组 合 说 明
1	稳定渗流期：上游水位为正常蓄水位 490.00m，下游水位为正常尾水位 402.60m
2	稳定渗流期：上游水位为正常蓄水位 483.00m，下游水位为尾水位 366.00m
3	水位骤降期：上游水位为正常蓄水位 490.00m，下游水位从正常尾水位 402.60m 骤降 5m（下降速度为 2m/d）

采用刚体极限平衡法，同时采用不计条块间作用力的瑞典圆弧法和计及条块间作用力的简化毕肖普法计算坝坡抗滑稳定性，坝坡稳定计算成果见表 3.4-3。

表 3.4-3　　　　　　　　　　　坝坡稳定计算成果表

工况	瑞典圆弧法	简化毕肖普法	规范允许最小值
1	1.76	1.95	1.6
2	1.88	1.98	1.6
3	1.81	1.98	1.6

坝坡稳定性计算结果表明，董箐面板堆石坝下游坝坡的稳定性随下游水位的上升而呈下降趋势。在计算分析的各工况下，下游坝坡最危险滑动面稳定安全系数均在 1.7 以上，满足相关规范的要求。

2. 地震情况下坝坡稳定计算

坝坡稳定关键控制因素是地震情况下的坝坡稳定。董箐大坝设计地震标准采用 50 年超越概率 5%，校核地震标准采用 100 年超越概率 2%，相应地基岩地震水平峰值加速度分别为 0.087g 和 0.158g。计算分 4 种工况，采用拟静力法进行计算。地震作用下坝坡稳定计算成果见表 3.4-4。

表 3.4-4　　　　　　　　　地震作用下坝坡稳定计算成果表

水平向地震加速度代表值	工况	水 位 组 合 说 明	下游坝坡安全系数（瑞典圆弧法）
$a_h=0.087g$	工况一	上游水位为正常蓄水位 490.00m，下游水位为天然情况下（装机满发）相应下游水位 369.25m	1.37
	工况二	上游水位为正常蓄水位 490.00m，下游水位为受龙滩顶托情况下（装机满发）相应下游水位 400.00m	1.31
$a_h=0.158g$	工况三	上游水位为正常蓄水位 490.00m，下游水位为天然情况下（装机满发）相应下游水位 369.25m	1.25
	工况四	上游水位为正常蓄水位 490.00m，下游水位为受龙滩顶托情况下（装机满发）相应下游水位 400.00m	1.22

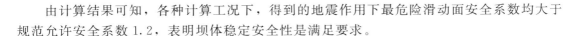
由计算结果可知，各种计算工况下，得到的地震作用下最危险滑动面安全系数均大于规范允许安全系数1.2，表明坝体稳定安全性是满足要求。

3.4.2 渗流计算

渗透稳定需论证高水头作用下以及面板存在局部破损情况下各分区料的长期稳定性。由于堆石是非冲蚀性材料，在有渗透水流通过时，不会因细颗粒被带走而发生类似土体的管涌等渗透破坏问题，因此一般情况下不存在渗透稳定问题。渗流分析是检验面板堆石坝渗流安全的手段，开展坝体渗流分析能掌握坝体运行性状。

1. 计算模型及参数

渗流稳定分析采用砂泥岩筑坝材料研究成果，利用三维有限元分析法进行，坝体填筑料渗透系数见表3.4-5。

表3.4-5　　　　　　　　　　　坝体填筑料渗透系数

名　称	渗透系数/（cm/s）	名　称	渗透系数/（cm/s）
垫层	1.5×10^{-3}	排水堆石料	5.0×10^{-1}
过渡层	1.0×10^{-2}	基岩	3.0×10^{-5}
砂泥岩堆石料	4.0×10^{-2}		

面板的渗透系数一般在1.0×10^{-10}cm/s左右。考虑到面板裂缝或破坏等因素，研究计算了3三种情况下的面板渗透情况，见表3.4-6。

表3.4-6　　　　　　　　　　　面　板　渗　透　系　数

情况	面板渗透系数/（cm/s）	说　明
1	1.0×10^{-10}cm/s	面板完好
2	1.0×10^{-4}cm/s	面板严重破坏
3	介于$1.0\times10^{-10}\sim1.0\times10^{-3}$cm/s	面板局部破坏

2. 渗流计算成果分析

董箐面板堆石坝渗流分析主要从3个方面来论证，分别是浸润线的位置、单宽渗透流量和渗透坡降。董箐面板堆石坝渗流计算成果见表3.4-7。

表3.4-7　　　　　　　　　　　渗　流　计　算　成　果　表

计算情况	单宽渗透流量/[m^3/（s·m）]	堆石区渗透坡降	总渗流量/（L/s）
面板完好	5.83×10^{-5}	<0.25	40
面板严重破坏	1.6×10^{-2}	<1.0	10858
面板局部破坏	5.6×10^{-3}	<0.25	3800

分析面板完好、面板严重破坏、面板局部破坏3种情况浸润线位置和渗透坡降，渗透坡降主要由面板、垫层、过渡层承担，坝体堆石区渗坡降较小（小于1.0），面板堆石坝下游边坡渗流出逸段不存在渗透失稳问题。

面板完好时，坝体总渗流量为 40L/s，运行期大坝监测量水堰实测坝体稳定渗漏量为 14～30L/s，计算结果与实测结果相当，并与类似工程渗漏量在同一水平，表明董箐坝体面板运行正常且不存在渗流稳定问题。

3.4.3　坝体应力变形静力计算

现代混凝土面板堆石坝的变形量一般是很小的，施工期可完成绝大部分沉降变形，剩余值也在蓄水完成后 4～6 年基本完成，这些都很好说明了面板堆石坝的变形特性，对面板堆石坝的安全运行十分有利。在面板堆石坝应力变形计算中，应用较为广泛的粗粒料本构模型有：邓肯-张非线性弹性 E－B 模型、沈珠江双屈服面弹塑性模型和清华非线性解耦 K－G 模型。邓肯-张非线性弹性 E－B 模型具有模型参数少、物理概念明确、确定计算参数所需的试验简单易行等优点，在堆石坝的应力变形分析中得到了广泛的应用。

为了解董箐面板堆石坝软硬岩料筑坝的应力变形特性，需对坝体开展应力变形分析计算，董箐大坝应力变形采用邓肯-张非线性弹性 E－B 模型进行计算，混凝土面板、趾板采用线弹性模型，筑坝材料采用非线性弹性模型，计算采用有厚度的接触面单元来模拟堆石体与混凝土面板的相互作用，未考虑流变的影响。

1. 计算模型与参数

为考虑坝基及两岸山体变形对混凝土面板堆石坝应力及变形的影响，计算范围除了整个混凝土面板堆石坝外，还包括了一定范围内的大坝基础和两岸山体。董箐混凝土面板堆石坝邓肯-张非线性弹性 E－B 模型计算参数见表 3.4-8。

表 3.4-8　　董箐混凝土面板堆石坝邓肯-张非线性弹性 E－B 模型计算参数

材料名称	$\gamma_d /$ (kN/m³)	K	K_{ur}	n	R_f	K_b	m	$\varphi_0 /$ (°)	$\Delta\varphi /$ (°)
垫层料	22.05	1030	2190	0.30	0.79	430	0.24	50.2	6
过渡料	22.00	990	2010	0.36	0.724	400	0.21	52.3	7.1
砂泥岩堆石料	21.92	646	1050	0.15	0.80	182	0.11	45.6	6.6
排水堆石料	21.92	950	1900	0.38	0.70	380	0.20	53.0	7.5
混凝土	24.50	193548	232257	0	0	96774	0	0	0
基岩	26.60	200000	240000	0	0	100000	0	0	0

注　表中 γ_d 为材料容重，K、n 分别为切线弹性模量参数和指数，K_b、m 分别为切线体积模量参数和指数，R_f 为破坏比，K_{ur} 为卸载回弹模量参数，φ_0、$\Delta\varphi$ 为材料的非线性强度参数。

2. 应力及变形计算成果

计算成果按竣工期及蓄水期分别整理，竣工期指坝体填筑全部完成（上游水位 423.70m，下游水位 383.40m）；蓄水期指坝体蓄水完成（上游水位 490.00m，下游水位 383.40m）。

（1）堆石体变形。堆石体变形见表 3.4-9。

表 3.4-9		堆石体变形情况			单位：cm
工况	向上游水平位移	向下游水平位移	坝左侧轴向位移	坝右侧轴向位移	垂直沉降
竣工期	15.2	5.1	14.0	13.0	141.0
蓄水期	3.0	54.0	19.1	16.5	152.0

坝体水平位移大致以坝轴线为界分为两部分，坝体上游区域的水平位移方向为朝向上游侧，下游区域的水平位移方向为朝向下游侧；大坝竣工期最大向上游水平位移为15.2cm，蓄水期减小至3.0cm，大坝竣工期最大向下游水平位移为5.1cm，蓄水期增大至54.0cm，均位于坝高 1/3～1/2 附近。竣工期最大竖向沉降为141.0cm，蓄水期增大至152.0cm，均位于坝高 2/3 附近下游堆石区内。坝体轴向位移表现为两岸向河床中心变形，竣工期大坝左侧最大轴向移位移为14.0cm，蓄水期增大至19.1cm，大坝右侧最大轴向位移为13.0cm，蓄水期增大至16.5cm，位于距坝顶约 1/3 处的坝轴线附近区域。

（2）堆石体应力。堆石体应力最大值情况见表 3.4-10。

表 3.4-10	堆石体应力最大值表		
工况	大主应力/MPa	小主应力/MPa	应力水平
竣工期	2.2	0.35	0.45
蓄水期	2.8	0.6	0.56

竣工期及蓄水期大主应力最大值为 2.2～2.8MPa，竣工期及蓄水期小主应力最大值为 0.35～0.6MPa，均位于坝轴线基岩部位。竣工期应力水平最大值为0.45，蓄水期应力水平最大值增大至0.56，坝轴线附近相对较小，坝体上下游坡面附近相对较大，但坝体应力水平总体不大。

（3）面板应力。面板应力最大值情况见表 3.4-11。

表 3.4-11		面板拉应力最大值表			单位：MPa
工况	坝轴向拉应力	坝轴向压应力	顺坡向拉应力	顺坡向压应力	面板法向拉应力	面板法向压应力
竣工期	−1.39	0.3	−2.0	4.46	−0.58	2.41
蓄水期	−2.0	9.1	−1.39	1.1	−0.76	2.41

竣工期面板顺坡向应力主要为拉应力，分布上左右岸呈一定对称性，一期面板中部的左右两侧属拉应力峰值区，最大拉应力为−2.0MPa，最大压应力为4.46MPa；竣工期面板沿坝轴向拉应力、压应力均较小，最大压应力值为 0.3MPa，最大拉应力值为−1.39MPa；竣工期面板法向应力既有拉应力，也有压应力，最大压应力值为2.41MPa，最大拉应力值约为−0.58MPa。蓄水期面板沿坝轴向应力大部分为压应力，压应力最大值为9.1MPa，与周围山体相接处部分为拉应力，拉应力最大值为−2.0MPa；蓄水期面板顺坡向应力：压应力及拉应力均较小，最大压应力值为1.1MPa，最大拉应力值为−1.39MPa；蓄水期面板法向应力：最大拉应力值约为−0.76 MPa，最大压应力值为2.41MPa。面板各向应力均未超过混凝土允许范围。

（4）面板位移。面板位移最大值见表 3.4-12。

表 3.4 - 12　　　　　　　　　　　　面 板 位 移 最 大 值　　　　　　　　　　　　单位：cm

工　况	坝　轴　向	顺　坡　向	法　向（挠　度）
竣工期	2.0	1.0	15.0
蓄水期	9.2	7.0	52.0

　　面板变形有坝轴向位移、顺坡向位移和法向位移，其中法向位移（即面板挠度值）对面板结构影响较大。竣工期面板法向位移均为正，表现为向上游面方向变形。竣工期面板法向位移最大值为 15.0cm，位于一期面板的中部；蓄水期面板法向位移均为负，表现为向堆石体方向变形，蓄水期面板法向位移最大值为 52.0cm，位于坝体中部面板区域。

　　董箐面板堆石坝应力应变三维有限元计算结果汇总见表 3.4 - 13。

表 3.4 - 13　　　　　　　　坝体应力应变三维有限元计算结果汇总表

各 部 位 应 力 与 位 移			竣工期工况	正常蓄水位工况
坝体	最大垂直位移/cm		141.0	152.0
	最大水平位移/cm	上游	15.2	3.0
		下游	5.1	54.0
	最大纵向位移/cm	坝左侧	14.0	19.1
		坝右侧	13.0	16.5
	主应力/MPa	σ_1	2.2	2.8
		σ_3	0.35	0.6
面板	最大挠度/cm		15.0	52.0
	顺坡向	压应力/MPa	4.46	9.1
		拉应力/MPa	-2.0	-2.0
	坝轴向	压应力/MPa	0.3	1.1
		拉应力/MPa	-1.39	-1.39
垂直缝	最大张拉/cm		0.05	0.12
	最大沉降/cm		0.7	2.5
	最大剪切/cm		0.5	2.5
周边缝	最大张拉/cm		0.1	0.8
	最大沉降/cm		1.1	5.6
	最大剪切/cm		0.5	0.6

　　董箐坝体面板最大法向位移计算值为 52.0cm，通过光纤陀螺仪实测最大面板挠度为 45.76cm，占面板长度比值为 0.19%。国内洪家渡大坝、水布垭大坝的面板挠度为 35.0cm、57.3cm，与面板长度比值分别为 0.11%、0.14%。比较而言，董箐面板挠度与同规模面板堆石坝相比稍大，但考虑到软硬料筑坝，因此仍处于合理状态，面板未出现结构性裂缝。

　　蓄水期董箐坝体最大垂直位移计算值为 152.0cm，占最大坝高的 1.01%。至 2015 年 3 月，董箐工程库水位基本处于高水位运行，此时坝体实测最大沉降为 207.8cm，占坝高的 1.38%，虽较硬岩料填筑的同规模坝体变形稍大，但由于董箐坝体沉降变形中绝大部分均在施工期完成，实现了有害变形的转化，对坝体面板运行影响较小。

3.4.4 坝体应力变形动力计算

董箐面板堆石坝是 2008 年汶川地震后在建的 150m 级高堆石坝，为保证坝体稳定安全，特别提出对大坝开展抗震防震专题研究工作。

1. 计算工况

董箐面板堆石坝的动力反应分析，采用的是等价线性法求解地震反应。通过有限元网格生成程序 GEODAM－CAD 软件，建立堆石坝三维有限元模型，依据确定的地震波和坝体动力参数，完成有限元动力计算得出坝体的地震反应。

在计算工况的确定上，按《水工建筑物抗震设计规范》（DL 5073—2000）规定，选取一条人工合成地震波以及一条实测地震波 EL－Centro 波进行坝体动力分析，结合董箐水电站上下游水位，确定 5 种计算工况，见表 3.4－14。

表 3.4－14　　　　　　　计　算　工　况

工况	地震波	上 下 游 水 位 组 成	加速度／（m/s²）
工况 1	人工合成地震波	上游水位为正常蓄水位 490.00m，下游水位为天然情况下（装机满发）相应下游水位 369.25m	$0.087g$
工况 2		上游水位为正常蓄水位 490.00m，下游水位为受龙滩顶托情况下（装机满发）相应下游水位 400.00m	$0.087g$
工况 3		上游水位为正常蓄水位 490.00m，下游水位为天然情况下（装机满发）相应下游水位 369.25m	$0.158g$
工况 4		上游水位为正常蓄水位 490.00m，下游水位为受龙滩顶托情况下（装机满发）相应下游水位 400.00m	$0.158g$
工况 5	实测地震波 EI－Centro 波	上游水位为正常蓄水位 490.00m，下游水位为天然情况下（装机满发）相应下游水位 369.25m	$0.158g$

2. 计算参数

坝体材料动弹性模量参数与指数见表 3.4－15，堆石料动剪切模量比与剪应变的关系曲线以及与同类工程对比情况见图 3.4－1，堆石料动阻尼比与剪应变的关系曲线以及与同类工程对比情况见图 3.4－2。

表 3.4－15　　　　　　坝体材料动弹性模量参数与指数

名　　　称	K'	n'
主堆石料（砂泥岩堆石料）	4200	0.49
排水堆石料（灰岩料）	5522	0.49
过渡料（灰岩料）	6190	0.60

3. 计算特征点

为了更好反映地震时坝体和面板动力反应沿高程的动力放大现象，选取不同高程的单元作为特征点，坝体及面板各特征点分别见图 3.4－3 和图 3.4－4。

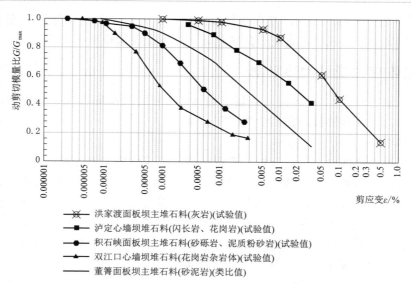

图 3.4-1　堆石料动剪切模量比与剪应变关系曲线及与同类工程对比图

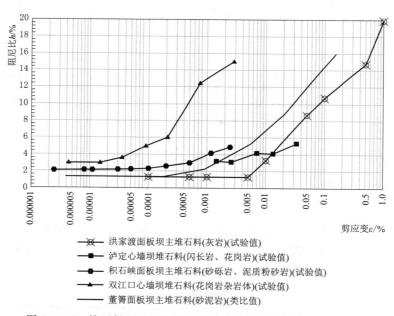

图 3.4-2　堆石料阻尼比与剪应变关系曲线及与同类工程对比图

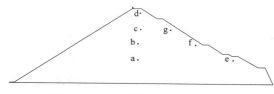

图 3.4-3　坝体特征点位置示意图

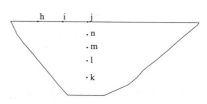

图 3.4-4　面板特征点位置示意图

4. 计算结果

鉴于工况 5 最为不利,仅列出该工况的成果。该工况下坝体各特征点地震动力反应最大加速度见表 3.4-16,地震动力反应最大位移见表 3.4-17,面板各特征点动应力最大值见表 3.4-18,地震后坝体永久变形统计表见表 3.4-19,地震后面板与缝的变形表见表 3.4-20。

表 3.4-16　　坝体各特征点地震动力反应最大加速度统计表　　单位:m/s²

特征点编号	a	b	c	d	e
最大顺河向加速度	1.19	1.37	2.32	4.18	2.19
最大垂直加速度	1.04	0.95	1.69	2.85	1.88
特征点编号	f	g	h	i	j
最大顺河向加速度	2.53	2.49	2.78	3.17	4.35
最大垂直向加速度	2.15	2.38	2.20	2.53	3.04

表 3.4-17　　坝体各特征点地震动力反应最大位移统计表　　单位:cm

特征点编号	h	i	j
顺河向动位移	4.94	5.62	7.58
垂直向动位移	1.94	3.32	5.51
坝轴向动位移	1.93	3.64	4.53

表 3.4-18　　面板各特征点动应力最大值　　单位:MPa

特征点编号	k	l	m	n
顺坡向动应力	1.19	2.74	4.46	5.00
垂直向动应力	0.85	1.61	3.11	3.84

表 3.4-19　　地震后坝体永久变形统计表　　单位:cm

变 形 方 向	垂 直 向	顺 河 向
地震后坝体永久变形量	12.7	10.5

表 3.4-20　　地震后面板与缝的变形统计表　　单位:mm

面板挠度	面 板 轴 向 位 移		垂直缝位移	周 边 缝 位 移		
	左岸	右岸	张开	张开	沉降	剪切
22.0	18	19	8.22	14.68	11.54	11.62

5. 分析评价

(1)坝体最大加速度位于坝顶,最大顺河向加速度 4.35m/s²,最大垂直向加速度 3.04m/s²,属于同等坝高面板堆石坝的正常地震反应范围。

(2)动位移沿坝高而增加,坝体最大动位移位于坝顶,坝顶动位移峰值分别是:7.58cm(顺河向)、5.51cm(垂直向)和 4.53cm(坝轴向)。动位移比较小,不会带来大的危害。

（3）地震后的坝体永久沉降最大值为 12.7cm，坝体永久水平最大值为 10.5cm。

而与此工况相应的坝体静力变形为：蓄水期大坝向上游最大位移为 3.0cm，约位于坝高 1/3 处附近；大坝向下游最大位移为 54.0cm，约位于坝高 1/2 处附近。蓄水期竖向位移表现为竖向沉降。坝体最大沉降为 152.0cm，约位于次堆石区坝高 2/3 附近。坝体沉降在施工分期的分界处略有突变。因此，动位移与静位移叠加后，仍位于面板坝变形允许范围之内。

（4）地震时面板动应力沿着高程也有显著的动力放大现象，顶部动应力最大值与底部动应力最大值相差 4.2～4.5 倍。顺坡向动应力 5.00MPa，垂直向动应力 3.84MPa。

（5）地震引起面板永久挠度变形为 22.0mm，地震引起面板的永久轴向位移为 19mm。

（6）地震后垂直缝张开位移值 8.22mm。地震后周边缝三向动位移分别为：张开位移 14.68mm，沉降位移 11.54mm，剪切位移 11.62mm。

6. 与国内同类工程对比情况

董箐面板坝动力反应分析为工况 5（EL-Centro 波）时，其动力反应值最大，与国内同类工程的地震反应对比见表 3.4-21 和表 3.4-22。

表 3.4-21　　　　　　　　　　地 震 反 应 对 比 表 1

坝　名	基岩峰值加速度	地震后面板轴向位移最大值/cm		地震后面板垂直缝张开位移/mm	地震后周边缝位移最大值/mm		
		向左岸	向右岸		张开	沉降	剪切
公伯峡（139m）	0.20g	2.8	2.4	9.7	17.8	25.2	20.6
紫坪铺（156m）	0.26g	—	—	5.1	8.4	8.7	7.4
董箐（150m）	0.158g	1.8	1.9	8.22	14.7	11.5	11.6

表 3.4-22　　　　　　　　　　地 震 反 应 对 比 表 2

坝名	坝体动力反应最大加速度/（m/s²）		坝体动力放大系数		坝体永久变形值/cm	
	顺河向	垂直向	顺河向	垂直向	顺河向	沉降
公伯峡（139m）	5.84	4.30	2.93	3.22	21.3	23.5
紫坪铺（156m）	7.92	3.95	3.05	2.28	15.5	23.1
董箐（150m）	4.35	3.04	2.81	1.96	12.7	10.5

董箐工程挡水建筑物为面板堆石坝，具有良好的抗震性能。本项计算采用时程分析法，计算程序采用等价线性法求解地震反应，结果表明，在校核地震（100 年超越概率 2%，EL-Centro 波）时，坝体动力反应值在正常范围内，计算成果符合一般坝体地震反应规律，不会对大坝产生大的危害。

3.5　坝体变形控制

3.5.1　变形控制策略

面板堆石坝的主体结构为散粒体材料，建成蓄水后主要有三个方向的变形：一为铅直方向变形的沉降位移，二为向水流方向变形的水平位移，三为两岸坝体沿坝轴线向河中心变形的纵向位移。其中影响面板堆石坝防渗面板安全的变形主要为沉降位移，沉降位移的大小会影响另外两个方向位移的大小。

根据筑坝材料的试验成果，其抗剪强度和压缩模量较已建的面板坝工程偏低，经采用常用的邓肯-张 E-B 模型进行变形预测，得到坝体最大沉降位移为 152cm，已达到了坝高的 1%。按照类似 150～200m 级面板工程的实践，坝体计算预测沉降位移值会比实际沉降位移值小。因此，该工程坝体的实际沉降位移值会超过坝高的 1%，坝体的变形控制设计显得异常重要。在借鉴已建面板堆石坝工程变形控制经验的基础上，提出了"控制坝体的总沉降变形值，化有害变形为无害变形，面板结构适应纵向变形"的坝体变形控制策略。这里所说的"有害变形"指对防渗面板的安全产生影响的变形，反之为"无害变形"，例如：面板浇筑前已完成的那部分变形对该期面板来说叫无害变形，未完成的另一部分变形叫有害变形；坝体蓄水前已完成的变形对坝体面板也叫无害变形。

在既定的材料、施工工艺和荷载条件下，可以认为，坝体总变形量是确定值。但加载的快慢和加载方式对坝体施工到运行过程中的任意时刻的变形影响是不同的，也即与固结时间密切相关。基于该原理，通过一定的措施可以实现总变形中对防渗面板安全影响大的那部分变形尽量提前完成，向无害变形转化。

按照上述变形控制策略，工程中采取了以下变形控制措施：

（1）以碾压参数和碾压工艺控制坝体总变形。

（2）通过合理坝体填筑分期、坝体预沉降、缓慢蓄水加载等控制有害变形。

（3）采用冲实碾压工艺加速有害变形的转化。

（4）合理的面板分缝结构适应坝体的纵向变形。

3.5.2 控制坝体总变形

在工程的水位参数确定情况下，坝体总变形与筑坝材料的母岩强度、级配、碾压工艺、碾压参数等密切相关。董箐工程的母岩为砂泥岩互层，且砂岩与泥岩所占比例变化较大，泥岩含量多为 25%～32.2%，平均比例为 25.8%。该种砂岩夹泥岩组成的岩体饱和抗压强度为 48.9MPa，与同类工程的母岩强度相比较是偏低的（表 3.5-1），预测总变形量较大。

表 3.5-1　　　　　　　　国内部分面板堆石坝筑坝材料母岩强度一览表

序号	工程	堆石料母岩饱和抗压强度
1	天生桥一级	灰岩，大于 60MPa
2	洪家渡	灰岩，大于 60MPa
3	紫坪铺	灰岩，大于 60MPa
4	吉林台一级	凝灰岩砂砾石，大于 90MPa
5	三板溪	凝灰质砂岩、板岩，大于 84MPa
6	水布垭	灰岩，大于 70MPa
7	马鹿塘二期	花岗岩，大于 60MPa
8	董箐	砂岩夹泥岩，48.9MPa

注　表中统计是填坝的主体堆石料母岩强度，少量工程在下游堆石区的部分区域用了小于 30MPa 软岩料。

在母岩条件相对较差的情况下，为了控制总变形量在一定的范围内，坝体堆石更需要良好的级配、合理的碾压工艺以及合适的碾压参数。其中级配通过室内级配优选试验和爆破试验确定，碾压工艺及参数通过室外碾压试验和坝上复核性生产试验确定。

1. 室内试验级配优选

董箐大坝填筑具体料源地层主要为砂岩和泥岩互层，其中泥岩含量为 $15\%\sim32\%$，两种岩体的风化状态均包含了强风化～弱风化状态，考虑实际施工工况为分台阶爆破开挖、各种风化状态的砂泥岩开挖料会相互混合等情况，试验研究时以砂岩料为基准，泥岩的掺配比例为 3 种（15%、25%、35%）。做级配优选时，按类似工程拟出坝体主堆石料平均级配参考曲线（图 3.5－1），用等量替代法换成室内试验级配 1，同时结合料源取样情况选出另外 2 种级配即室内试验级配 2 和室内试验级配 3，组成优选级配试验方案（表 3.5－2），按不同比例的泥岩含量分别进行相对密度试验，选取干密度较大的级配料作为优选级配，并通过击实试验确定最大干密度和最优含水量（表 3.5－3）。

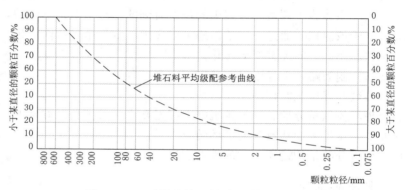

图 3.5－1　砂泥岩堆石料颗粒级配参考曲线

表 3.5－2　　　　　　　　　　　　室内试验级配方案表

级配	颗 粒 组 成 /%						d_{60} /mm	d_{30} /mm	d_{10} /mm	不均匀系数 Cu	曲率系数 Cc	级配评价
	>60mm	60～40mm	40～20mm	20～10mm	10～5mm	<5mm						
级配 1		17.8	23.7	23.7	17.8	17.0	20.9	8.69	1.71	12.22	2.11	良好
级配 2		37.5	23.0	13.0	9.5	17.0	37.9	12.4	1.71	22.16	2.37	良好
级配 3		27.5	26.5	17.5	11.5	17.0	29.9	10.8	1.71	17.48	2.28	良好

注　d_{60}、d_{30}、d_{10} 分别表示过筛重量占 60%、30%、10% 的粒径。

表 3.5－3　　　　　　　　　　　　室内试验级配优选表

项目	级配	相 对 密 度 试 验		击 实 试 验		优选级配
		最小干密度/（g/cm³）	最大干密度/（g/cm³）	最大干密度/（g/cm³）	最优含水量/%	
掺泥岩 15%	级配 1	1.49	2.03	2.09	5.6	级配 1
	级配 2	1.47	2.01			
	级配 3	1.49	2.00			

续表

项目	级配	相 对 密 度 试 验		击 实 试 验		优选级配
		最小干密度/（g/cm³）	最大干密度/（g/cm³）	最大干密度/（g/cm³）	最优含水量/%	
掺泥岩 25%	级配1	1.47	2.04	2.07	6.5	级配1
	级配2	1.39	1.92			
	级配3	1.37	1.95			
掺泥岩 35%	级配1	1.48	2.04	2.08	6.3	级配1
	级配2	1.46	1.97			
	级配3	1.47	1.98			

试验表明，不同泥岩含量情况下，所拟的级配1均较优，因此，选取该级配为试验优选平均级配，拟定相应包络线见图3.5-2。击实试验所取得的最大干密度值比相对密度试验所取得值大，取大值作为室内相关力学性能试验的控制值。

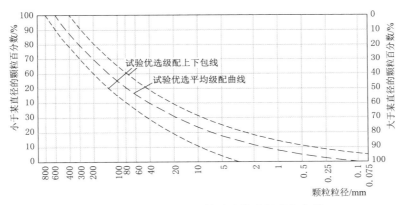

图 3.5-2　砂泥岩堆石料试验优选级配包络线

2. 设计级配

为了确定设计级配，以优选的试验级配图3.5-2为初步判断标准，进行了爆破试验。在拟选的料场区通过多次试验调整，在适当的爆破参数条件下，基本可以达到参考级配要求，典型爆破试验成果见图3.5-3。

爆破试验级配的不均匀系数 Cu 为15.1~31.4，大于5，表明料源不均匀；曲率系数 Cc 为1.2~1.7，在1~3之间，表明料源连续性较好。与试验优选级配相比，存在的主要问题是5~100mm间颗粒含量偏少，通过调整爆破参数仍然如此，说明室内试验取料方式和现场大规模爆破开挖取料方式有一定差异。鉴于此，按试验优选级配和爆破试验级配成果，确定设计级配包线见图3.5-4，其控制参数见表3.5-4。

表 3.5-4　　　　　　　　　　　　　设计级配控制参数表

	上 包 线															
d	400	300	200	100	80	60	40	20	10	5	2	1	0.5	0.25	0.1	0.075
%	100	90	77.7	60.3	55.5	50	43.1	33.4	25.9	20	14.26	11	8.4	6.4	4.5	4

续表

<table>
<tr><th colspan="16">下　包　线</th></tr>
<tr><td>d</td><td>800</td><td>600</td><td>500</td><td>400</td><td>300</td><td>200</td><td>100</td><td>80</td><td>60</td><td>40</td><td>20</td><td>10</td><td>5</td><td>2</td><td>1</td><td>0.5</td></tr>
<tr><td>P/%</td><td>100</td><td>85</td><td>76</td><td>67</td><td>57</td><td>45</td><td>30</td><td>26</td><td>22</td><td>17</td><td>11</td><td>7</td><td>4</td><td>2</td><td>0.5</td><td>0</td></tr>
</table>

注　d 为颗粒粒径（mm），P 为小于某粒径的颗粒百分数。

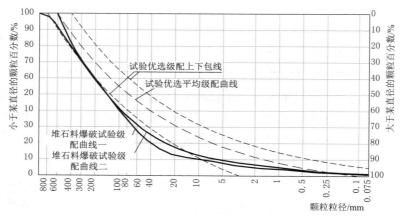

图 3.5-3　砂泥岩堆石料爆破后颗粒级配对比曲线

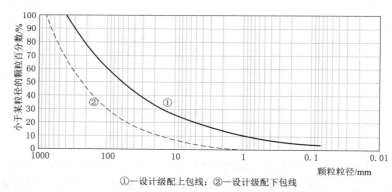

①—设计级配上包线；②—设计级配下包线

图 3.5-4　砂泥岩堆石料设计级配包线

　　通过 14 场振动碾碾压试验和 14 场冲击碾碾压试验，经碾压后颗粒级配在设计级配包络线内，并能取得较大的干密度和较小的孔隙率。砂泥岩堆石料碾压试验代表性级配见图 3.5-5。

　　爆破料经过碾压后，有一定的破碎现象，细粒含量有所增加，特别是 5~100mm 段粒径增加了 10% 左右，碾压后与设计级配吻合良好。

　　3. 碾压工艺参数

　　碾压试验的情况见 3.2 节。变形控制的重要参数是碾压后干密度（孔隙率）和沉降率。振动碾按 60cm、80cm、120cm、140cm 的不同层厚铺料，碾压试验表明，当层厚为 80cm 时，碾压效率较高，取得的干密度和沉降率也较大，其振动碾压遍数与干密度、沉降率的关系分别见图 3.5-6 和图 3.5-7。冲击碾按 120cm、140cm、160cm 的不同层厚铺料，碾压试验表明，当层厚为 120cm 时，碾压效率较高，取得的干密度和沉降率也较大，冲击碾压遍数与干密度、沉降率的关系分别见图 3.5-8 和图 3.5-9。

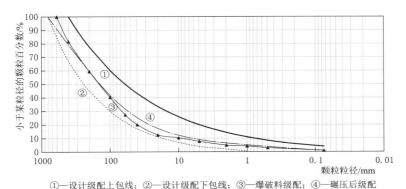

①—设计级配上包线；②—设计级配下包线；③—爆破料级配；④—碾压后级配

图 3.5-5 砂泥岩堆石料碾压试验代表性级配曲线

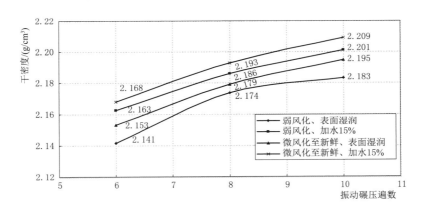

图 3.5-6 振动碾压遍数与干密度的关系曲线（层厚 80cm）

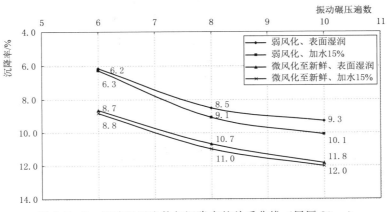

图 3.5-7 振动碾压遍数与沉降率的关系曲线（层厚 80cm）

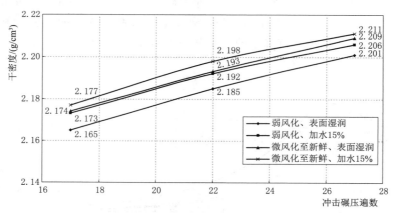

图 3.5-8　冲击碾压遍数与干密度的关系曲线（层厚 120cm）

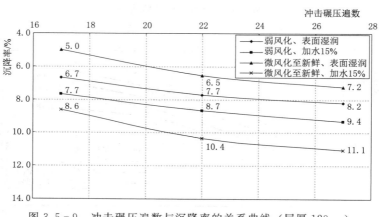

图 3.5-9　冲击碾压遍数与沉降率的关系曲线（层厚 120cm）

　　在相同的铺料层厚情况下，碾压后的干密度和沉降率与碾压遍数、石料风化程度、加水量等密切相关。总的趋势是随着碾压遍数和加水量增加，干密度和沉降率增大，对变形控制越有利。振动碾压 10 遍和冲击碾压 27 遍时，其干密度和沉降率变化趋缓，因此设计碾压遍数可以按此控制。加水量（与石料的体积比）达到 15％时，已能显著增加沉降率，试验中发现，当加水更多时，会造成泥岩的板结，不易控制层间碾压质量，故加水量按 15％进行控制。鉴于在实际开采砂泥岩石料过程中，是按开挖梯段混采，并不能严格区分石料的风化程度，所以设计干密度及其对应的孔隙率按弱风化石料值控制。基于上述原则，确定设计碾压工艺及参数见表 3.5-5。

表 3.5-5　　　　　　　　　　　　设计碾压工艺及参数表

项目	层厚/cm	碾压遍数	加水量/%	速度/（km/h）	干密度/（g/cm³）	孔隙率/%
振动碾（26t）	80	10	15	1～2	2.192	19.41
冲击碾（25t）	120	7	15	12～15	2.192	19.41

与同期同类工程堆石料设计孔隙率 22% 左右相比较，该工程降低了 3%～4%，且现场碾压试验实测值均能满足要求，恰当的碾压工艺及参数为控制坝体总体变形值确立了良好的基础。

4. 工程实施情况

按设计的级配、碾压工艺要求施工后，在振动碾区检测 175 组，各项指标均满足设计要求；在冲击碾区检测 43 组，除个别组数有偏差外，其余均满足设计要求，干密度标准差为 0.021g/cm³，小于《混凝土面板堆石坝施工规范》（DL/T 5128—2001）标准差 0.1g/cm³ 的相关要求，具体见表 3.5-6。

表 3.5-6　　　　　　　　砂泥岩堆石区密实度及级配细粒径检测成果表

填筑区	组数	统计项目	设计值	最大值	最小值	平均值	标准差
振动碾区	175	干密度/（g/cm³）	2.192	2.366	2.194	2.237	0.03
		孔隙率/%	19.46	18.95	13.01	17.38	
		<5mm 粒径含量/%	4～20	13.26	2.37	7.19	
		<75μm 粒径含量/%	<4	3.69	0.36	1.69	
冲击碾区	43	干密度/（g/cm³）	2.192	2.268	2.155	2.23	0.021
		孔隙率/%	19	20.37	16.19	17.6	
		<5mm 粒径含量/%	4～20	11.78	3.57	6.78	
		<75μm 粒径含量/%	<4	3.16	0.9	1.62	

另外，由第三方检测了砂泥岩填筑区 64 组，其中 4 组的干密度小于设计值，达到设计要求率的 93.8%。

工程实施情况表明，设计研究提出的大坝填筑料级配及碾压工艺等是合理的。

3.5.3　控制坝体有害变形

控制坝体有害变形的措施包括填筑工艺均衡上升，面板浇筑前堆石体预沉降，冲击碾加速沉降，蓄水过程控制，灌浆充填垫层料脱空变形等。

1. 坝体填筑总体均衡上升，减小不均匀变形

堆石体填筑的先后次序反映了对已填下部坝体的加载过程，不平衡加载会导致堆石体间的不均匀变形，从而对防渗面板产生不利影响。为此，除"一枯抢拦洪"断面外，其余部分均要求整体均衡上升。坝体填筑共分Ⅵ期，见图 3.5-10。

Ⅰ期从 2006 年 12 月 15 日至 2007 年 7 月 8 日，填筑完成临时断面，上游至高程 424.00m，下游至高程 378.00m。Ⅱ期从 2007 年 7 月 9 日到 2007 年 12 月 30 日，填筑断面至高程 435.00m。Ⅲ-1 期从 2007 年 12 月 31 日到 2008 年 6 月 3 日，填筑下游断面至高程 461.80m；Ⅲ-2 期从 2008 年 6 月初到 8 月初，全断面填筑至高程 461.80m。Ⅳ期从 2008 年 8 月初到 12 月底，全断面填筑至高程 491.50m。Ⅴ期进行坝前黏土铺盖和石渣盖重的填筑，2009 年 2 月开始，2009 年 7 月完成。Ⅵ期进行高程 491.50m 以上部分，于 2010 年 9—10 月完成填筑施工。

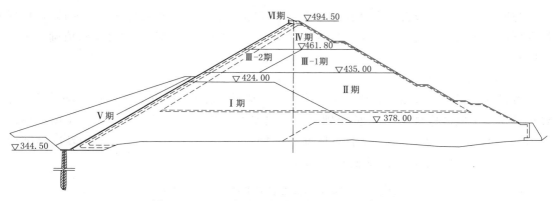

图 3.5－10　面板堆石坝分期填筑图（单位：m）

2. 面板施工前堆石体预沉降，转化有害变形

当面板施工时，如果其下部堆石体尚存在较大的变形，必然会导致面板裂缝甚至结构性裂缝的发生，因此，采用预沉降措施可以使该部分有害变形尽量转化。确定预沉降时间的基本原则是：任何一期面板浇筑前，其下部堆石体的变形趋于稳定或基本稳定。根据洪家渡工程经验，并结合该工程砂泥岩料的特性，提出了面板下部坝体预沉降时间不少于3~6 个月，月沉降量不大于 5~10mm 的控制指标。

面板混凝土实际分三期施工，第一期从 2008 年 3 月 1 日至 2008 年 5 月 9 日，浇筑面板从高程 349.00~415.00m，面板下部堆石体预沉降时间达 7 个月，此时月沉降量最大值为 8.1mm；第二期从 2009 年 2 月 11 日至 2009 年 5 月 23 日，浇筑二期面板至高程477.00m，面板下部堆石体预沉降时间为 5 个月，此时月沉降量最大值为 8.6mm；第三期从 2009 年 9 月 15 日至 2009 年 11 月 10 日，浇筑三期面板至高程 491.20m，面板下部堆石体预沉降时间达 7 个月，此时月沉降量最大值为 7.5mm。

通过上述预沉降措施，避开了堆石沉降高峰期浇筑面板，有效促进了有害变形的转化。

3. 冲击碾压实施工技术加速坝体沉降

冲击碾压实施工技术在公路、铁路、机场及港口工程中应用较多，用于堆石坝的填筑施工方面，多个工程先后做过相关碾压试验，实际应用在工程中的仅有洪家渡面板堆石坝。该种技术具有"作用能量大、压实影响深度大、施工效率高"等特点，据有关研究表明，冲击碾压实影响深度是振动碾压的 3 倍，可达到 2~2.5m。因此，采用冲击碾压实不仅能压实当前施工层，同时对下部已碾过的堆石体施加持续影响，可加速堆石体的沉降变形。

鉴于董箐工程填坝材料偏软，流变特性较显著，变形过程可能较长，特别是在坝顶1/3 坝高范围内的堆石体，自重产生的垂直压力已经很小，需要更长的固结变形时间。为此，经过冲击碾碾压试验和坝上生产性试验研究后，应用冲击碾压实施工坝体高程435.00m 以上区域，以达到加速坝体沉降，实现该部分有害变形向无害变形转化的目标。

实际进行冲击碾压范围为坝体高程 435.00m 以上填筑区，碾压范围为距上游坝体坡面 7m、距下游坝体坡面 3m、距两岸岸坡 2m 的范围，垫层区、过渡区及岸坡过渡区仍采用振动碾施工。堆石填筑铺料厚度为 1.2m，并加水 15%，先采用振动碾碾压 2 遍，以达到平整的目的，后采用冲击碾碾压 27 遍。根据"先慢后快、先轻后重"的碾压原则，首先使用 LICP - 3 型冲击压实机以 10~12km/h 的速度冲压 5 遍左右，然后速度提高至 12~15km/h 继续冲压。冲击碾压实后坝体变形情况见表 3.5 - 7。

表 3.5 - 7　　　　　　　　　　冲击碾压实后坝体变形情况表

坝体最大断面沉降仪高程/m	时　间　段	沉降监测值/mm	月平均沉降量/（mm/月）
378.00	2007 年 6 月 1 日至 2008 年 8 月 19 日	815	58
	2008 年 8 月 19 日至 2008 年 10 月 20 日	949.3	64
403.50	2007 年 6 月 16 日至 2008 年 8 月 19 日	1037.7	74
	2008 年 8 月 19 日至 2008 年 10 月 20 日	1320	137
425.00	2007 年 12 月 31 日至 2008 年 8 月 19 日	1086.7	135
	2008 年 8 月 19 日至 2008 年 10 月 20 日	1563.7	231

注　2008 年 8 月 19 日为冲击碾压实前的测值，2008 年 10 月 20 日为冲击碾压实后的测值。

冲击碾压实后两个月期间，坝体月平均沉降量均比冲击碾前提高，特别是已填高部分效果较明显，月平均沉降量提高了 70%~85%，表明冲击碾压实效果取得较好的加速沉降效果，为 II 期和 III 期面板施工消除了较大的有害变形，缩短了预沉降时间。

4. 控制蓄水过程转化有害变形

对坝体来说，蓄水过程是施加外荷载的过程，期间坝体变形会产生突变，对防渗面板的安全影响很大，如在蓄水前坝体能尽可能变形稳定，蓄水过程中控制加载速度，就能减小蓄水期变形和蓄水过程中的变形速率。考虑到董箐坝填筑材料为软硬岩料，需要的固结时间较长，于 2008 年 12 月填筑坝顶后，才安排上游黏土及石渣盖重的填筑，直到 2009年 8 月蓄水，在此期间，削减了有害变形 128.7mm。蓄水至放空洞高程 430.00m 以后，通过放空洞泄水控制蓄水速度，至 2010 年 3 月蓄到死水位 483.00m，蓄水过程 4 个月，期间沉降变形增量 160.4mm。之后死水位以上，通过发电或放空洞泄水控制水库蓄水速度至正常蓄水位，使坝体变形平缓收敛，至 2012 年 5 月，月沉降率仅为 1mm/月，最大沉降变形为 2053.2mm。坝体最大坝高断面填筑、蓄水和沉降过程见图 3.5 - 11，蓄水过程变形分析见表 3.5 - 8。

表 3.5 - 8　　　　　　　　　坝体最大坝高断面蓄水过程变形分析表

进度节点	时间	上游水位/m	最大沉降/mm	沉降值占总变形比例/%	沉降差/mm	沉降差占总变形比例/%
填筑至坝顶	2008 - 12 - 25	368.00	1654.1	80.5		
下闸蓄水	2009 - 08 - 20	372.00	1782.8	86.8	128.7	6.3
蓄至死水位	2010 - 03 - 27	483.85	1943.2	94.6	160.4	7.8
统计截止点	2012 - 05 - 24	485.38	2053.2	100	110.0	5.4

注　据 2015 年监测数据，坝体最大沉降值为 2078.2mm，对表中数据分析影响不大。

从董箐大坝的蓄水过程分析，通过蓄水前长约 8 个月的沉降周期，使 6.3% 的有害变形转化为无害变形，坝体总变形量的 86.8% 在蓄水前已完成。通过蓄水过程的缓慢加载，

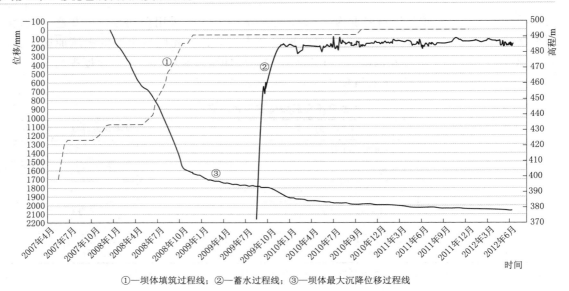

①—坝体填筑过程线；②—蓄水过程线；③—坝体最大沉降位移过程线

图 3.5-11　坝体最大坝高断面填筑、蓄水和沉降过程线

又削减了坝体总变形量 7.8% 的有害变形，最终的有害变形仅为 110mm，仅为总变形量的 5.4%。通过蓄水过程控制，实现了有害变形向无害变形的转化，保障了防渗面板的安全运行。

5. 分期面板埋管灌浆控制面板脱空

当面板浇筑后，随着坝体的进一步变形，面板与垫层料间存在缝隙或空穴的现象，通常称为"面板脱空"，该种脱空在已建的多座高面板堆石坝中均不同程度存在。一旦面板出现大面积脱空，在库水压力的作用下面板可能产生折断破坏和其他结构性裂缝，对大坝的安全运行造成危害。

面板脱空实质上是有害变形的一种类型，为了实现向无害变形转化，董箐大坝的Ⅰ期、Ⅱ期、Ⅲ期面板施工时，在分期面板顶部 12m 范围的垫层料表面上掏槽埋设了 PVC 回填灌浆管，进行面板脱空回填灌浆，该工艺称为分期面板"埋管灌浆"。PVC 回填灌浆管直径为 50mm，管间距 4m，管长按 10m、12m 间隔布置。分别在施工Ⅱ期面板施工前、Ⅲ期面板施工前、防浪墙浇筑前采用预埋的回填灌浆管进行脱空回填灌浆，灌浆浆液为纯水泥浆。

工程实施后的监测数据表明，Ⅰ期、Ⅱ期面板蓄水运行后无脱空，Ⅲ期面板脱空值较小，为 0.2～0.4mm，说明董箐面板堆石坝采用的面板脱空处理技术方便实用，效果良好。

3.5.4　控制面板结构适应纵向变形

1. 方案提出

国内外已建面板堆石坝工程运行表明，有多座高坝发生面板间相互挤压而使面板产生破坏，造成了较大的经济损失，使得该种坝型高坝建设的安全性引起了水利工程界的严重关切。通过分析，发现这些已建的面板坝坝高一般为150～200m级，既有建在狭窄河谷的，也有宽缓河谷的，筑坝材料、面板设计等也各有区别，但其设计原则均是按照现代面板堆石坝的设计要求完成的，虽然筑坝条件各不相同，但其发生挤压破坏的规律是基本一致的，主要表现为：

（1）面板挤压破坏一般发生在坝体中间部位，即面板受压区。

（2）单块面板垂直挤压破坏区主要分布在面板顶部，且均发生在蓄水高程接近正常蓄水位附近时。

（3）面板发生垂直挤压破坏主要是压性面板间分缝未设置缝宽或缝宽不足，面板间为硬性接触，易发生面板间的垂直挤压破坏。

（4）垂直挤压破坏一般呈平行于垂直缝两侧分布，且主要是面板混凝土表层发生3～10cm的破坏。

关于引起挤压破坏的原因，国内外不少学者从数值计算的角度进行了研究，认为在自重荷载、水荷载作用下堆石体向河床部位产生变形，堆石与混凝土面板间的相对位移导致中部面板间受到挤压，当积累的应变达到一定程度，就会发生面板间的垂直挤压破坏，并提出了加大缝面配筋、增加面板厚度等抗挤压结构措施。

在董箐坝的设计过程中，也十分重视研究面板挤压防控的对策措施，重点研究了国内天生桥一级、洪家渡、三板溪、水布垭等4座典型高坝面板垂直压性缝设计及运行情况（表3.5-9），发现面板垂直压性缝宽度大小是影响挤压破坏与否的关键因素之一，如天生桥一级坝和三板溪坝压性缝基本没有缝宽，挤压破坏严重，水布垭坝压性缝有一定的缝宽，仅发生轻度的挤压破损，而洪家渡坝压性缝设有较大的缝宽，没有发生挤压破损。

表3.5-9 典型面板坝工程混凝土面板垂直压性缝情况统计

工程名称	坝顶长度/m	面板面积/万 m²	分缝间距/m	压性缝宽/mm	压性缝条数	缝面处理	挤压破损情况
天生桥一级	1104	17.3	16	2	34	2mm 沥青乳剂	严重破损
三板溪	400	12.6	8/16	2	13	2mm 沥青乳剂	较严重破损
水布垭	675	13.87	8/16	5	39	5mm 高密泡沫板	轻度破损
洪家渡	428	7.4	15	8	19	8mm 闭孔泡沫板	无

进一步的研究表明了面板发生挤压破坏重要机理，即当大坝两岸沿着坝轴线发生位移（通常称纵向变形或纵向位移）时，堆石体带动面板向河床中心移动，当该累计位移值超过面板垂直压性缝可压缩宽度，分块面板之间产生挤压，当混凝土面板间挤压应力超过混凝土的强度时，混凝土面板就会产生挤压破坏。因此，在董箐坝的设计中，提出了面板结构适应纵向变形的面板挤压防控措施，其中，面板垂直压性缝宽度的确定是关键。

2. 原理和方法

主要原理是采用预留压性缝宽度以适性大坝的纵向变形，使所有压性缝宽度之和大于大坝纵向变形，这样面板压性缝间则不会发生挤压，从而达到预防面板挤压破坏的发生。具体内容包括确定受压区部位长度、纵向变形、压性缝宽度、压性缝条数以及压性缝的防渗处理，见图3.5-12。

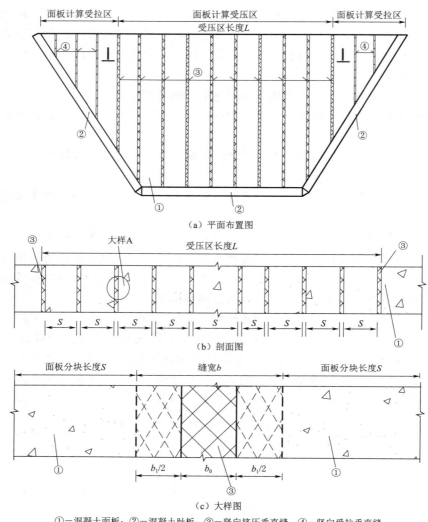

（a）平面布置图

（b）剖面图

（c）大样图

①—混凝土面板；②—混凝土趾板；③—竖向挤压垂直缝；④—竖向受拉垂直缝

图 3.5-12　适应纵向变形的面板分缝结构图

注　图中 $b_1/2$ 仅为示意，实际变形中不一定按此比例。

压性缝分缝宽度按式（3.5-1）确定：

$$b = b_0 + b_1 \qquad\qquad (3.5-1)$$

式中：b 为压性缝分缝宽度；b_0 为嵌填材料压缩后的宽度，$b_0 = \lambda b$，λ 为材料压缩系数；b_1 为压性缝可压缩回弹的有效宽度，$b_1 \geqslant B/n$，B 为面板施工后坝体沿轴线方向的纵向变形，n 为压性缝分缝条数，$n = L/S + 1$，L 为面板受压长度，S 为混凝土面板受压区分块宽度，一般取 $10 \sim 18\text{m}$。

经整理有

$$b \geqslant BS/(1-\lambda)(S+L) \qquad\qquad (3.5-2)$$

利用式（3.5-2）即可确定合适的压性缝宽度和条数。

需要说明的是，对所分缝宽度内需要嵌填高压缩性且回弹率高的材料，并按面板坝相关要求对缝面进行防渗处理。

3. 压性缝设计

董箐坝面板受压区长 L 约 420m，面板受压区分块宽度 S 为 15m，据此计算垂直压性缝 29 条。缝内嵌填 L600 低发泡聚乙烯闭孔塑料板，其压缩系数 λ 为 50% 时的回弹率达 97%，压应力 0.4MPa，表明其压缩率达到 50% 后能维持正常使用状态，实际计算时，为留一定的安全裕度，实际取压缩系数 λ 为 60%。

根据坝体应力变形分析成果，坝体填筑到坝顶后纵向变形（左右岸累计）270mm，正常运行后坝体纵向变形 356mm，面板施工后（指Ⅱ期、Ⅲ期面板）坝体发生的纵向变形为两者之差，即 B 为 86mm。

压性缝分缝宽度 b 按式（3.5-2）计算应大于 7.4mm，确定最终设计值为 8mm，压性缝总宽度为 232mm，可压缩变形的有效宽度为 92.8mm。董箐面板压性缝设计参数见表 3.5-10。

表 3.5-10   董箐面板压性缝设计参数

面板受压区长度/m	压性缝间距/m	纵向变形计算值/mm	缝宽/mm	分缝条数	压性缝总宽度/mm	缝面处理
420	15	86	8	29	232	嵌填闭孔泡沫板

4. 实施运行情况

坝体建设期和运行后的纵向水平位移监测数据表明，Ⅱ期面板施工前坝体纵向变形共计 284.5mm，运行至 2015 年 3 月坝体纵向变形为 371.8mm，两者之差为Ⅱ期面板施工后的坝体纵向变形值（87.3mm），小于设计可压缩变形的有效宽度 92.8mm。大坝运行至今，坝体变形已稳定，混凝土面板未发现有挤压破坏迹象，表明控制面板结构适应坝体纵向变形的方法是行之有效的。

3.6 大坝监测与运行

3.6.1 大坝监测布置

根据我国 200m 级高面板堆石坝的监测设计经验，结合董箐砂泥岩坝料的实际情况，设置了较齐全的大坝监测项目。主要监测内容包括大坝变形及应力应变监测、面板变形及应力应变监测、大坝渗流渗压监测等。与已建同类工程相比，比较有特色的监测项目有两项：一是面板挠度监测采用电平器与光纤陀螺技术相结合；二是渗流监测采用分区量水堰进行监测。

根据大坝规模，选取大坝 R0-157.50、R0-022.50 和 L0+097.50 三个断面作为主要监测断面。

1. 大坝变形及应力应变监测

大坝变形监测主要包括大坝表面和内部变形监测，大坝应力应变监测主要包括坝体内部堆石体应力及面板和堆石体之间、堆石体和基岩交界面之间的界面应力监测。

　　大坝表面变形采用表面观测墩进行监测，坝体表面共布置 7 条视准线，测点间距为50～70m。

　　内部变形采用电磁式沉降仪和引张线式水平位移计进行监测，同时采用杆式位移计对大坝内部纵向变形进行监测。堆石体内部变形分别在高程 378.00m、403.50m、425.00m、455.00m 共设置 8 条测线，布置 28 个水平位移计测点和 46 个水管式沉降仪测点；在纵上 0+022.00 断面、高程 455.00m 左右岸坝肩各布置 1 组水平位移计组，监测堆石体的纵向水平位移。

　　大坝内部变形监测仪器布置见图 3.6-1 和图 3.6-2。

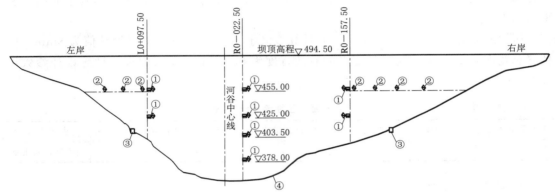

　　①—沉降位移、水平位移监测点组；②—纵向水平位移监测点；③—岸坡渗漏监测截水沟；④—开挖线

图 3.6-1　大坝内部变形监测仪器布置示意图（单位：m）

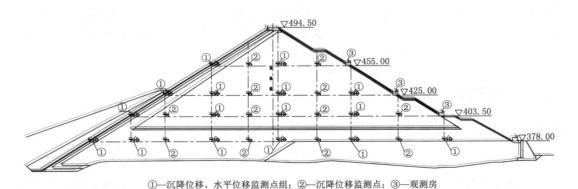

　　①—沉降位移、水平位移监测点组；②—沉降位移监测点；③—观测房

图 3.6-2　大坝 R0-022.50 断面内部变形监测仪器布置示意图（单位：m）

　　应力应变监测采用土压力计进行监测。在坝轴线部位不同高程设置三向土应力计对坝体内部应力进行监测；在坝体和基岩接触部位设置三向土应力计对不同方向的接触应力进行监测；在面板和堆石体接触部位布置单向土应力计对面板和堆石体之间的界面应力进行监测。

　　2. 面板变形及应力应变监测

　　面板变形监测主要包括面板挠度、接缝及周边缝变形监测，面板应力应变监测主要包括钢筋混凝土面板的应力应变监测。仪器布置在 R0－157.50、R0－022.50 和 L0＋097.50 三个主要监测断面上。

根据已建类似工程经验，面板上电平器会因黏土铺盖填筑施工或蓄水过程中黏土铺盖的滑移可能发生损坏，因此董箐面板挠度变形采用电平器和光纤陀螺仪结合的方法进行监测。在 3 个主要监测断面上布置电平器，同时选取 L0＋007.50 安装光纤陀螺仪，以补充传统监测方法中的不足。

面板接缝和周边缝变形，均采用测缝计监测。面板接缝采用常规测缝计监测，主要布置在受拉和受压的垂直缝部位，布置在分期面板顶部以下 5m 范围内。周边缝变形较大，采用大量程三向测缝计监测，周边缝变形监测仪器主要布置在各趾板段接触部位。

钢筋混凝土面板的应力应变采用钢筋计和应变计组进行监测，考虑监测资料的对比分析，监测仪器布置在 R0－157.50、R0－022.50 和 L0＋097.50 三个主要监测断面上。

3. 大坝渗流渗压监测

由于董箐工程大坝下游为龙滩库区，龙滩水库近期正常蓄水位为 375.00m，远景水库正常蓄水位将达到 400.00m，下游水位较高，水位变幅较大。为有效监测大坝坝基渗流量，将坝体渗流量分成左、右坝肩岸坡渗流量和基础渗流量三部分。在左、右坝肩岸坡高程 403.50m 分别设截水沟，截水沟出口设置量水堰（WE1 和 WE2）。在高程 403.50m 以下，结合坝脚混凝土挡墙（挡墙顶高程 378.00m），将大坝、坝基渗漏水截住并沿指定的出口位置流出，在出口处设置总量水堰（WE3）。分测渗漏量有如下优点：①当龙滩水位在 375.00～400.00m 变幅时，可根据水位的具体情况最大可能地保证渗流量资料的完整性，可掌握各部位的渗漏量，给监控安全运行提供可靠的保障；②渗漏量发生突变时，可缩小事故查找范围，避免盲目性；③可检验左右岸防渗效果、周边缝的止水效果、面板的工作状况。

坝基渗压采用渗压计进行监测。沿上下游向在 R0－022.50 设一个渗压监测断面，监测帷幕后沿流线方向坝基的渗压变化，同时沿趾板帷幕线后设一个监测断面，监测帷幕防渗效果和周边缝的止水运行情况。坝体渗压选取坝体内两个高程为监测断面，在面板后、垫层料、过渡料、堆石料内分别安装渗压计，监测坝体渗压情况和面板的完好情况。

大坝渗流渗压监测布置见图 3.6－3 和图 3.6－4。

3.6.2　大坝运行状况分析

1. 坝体沉降

坝体各监测断面在施工期、初蓄期以及运行期的沉降值见表 3.6－1。坝体沉降变形在蓄水前的变形率为 80％～88％，表明控制有害变形转化为无害变形较充分。初期蓄水后，沉降变形率增加了 5％～7％，运行期的沉降变形量占总沉降变形的比率为 9％～15％，该值比采用非软岩填坝的洪家渡面板堆石坝（该坝运行期的沉降变形值占总沉降变形的比率最大为 10％）略大，但在同一量值范围内。同时，也说明了软岩筑坝时，坝体运行后期流变变形量会稍大一些，符合一般规律。

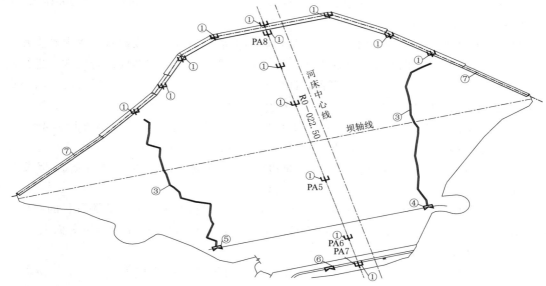

①—渗压计；②—防渗帷幕轴线；③—坝内截水沟；④—左岸量水堰WE1；
⑤—右岸量水堰WE2；⑥—总量水堰WE3

图 3.6-3　大坝渗流渗压监测平面布置图

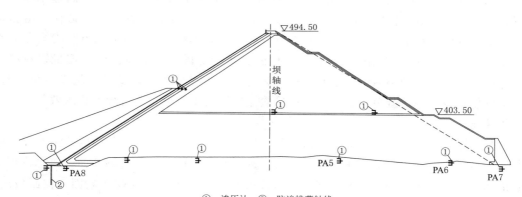

①—渗压计；②—防渗帷幕轴线

图 3.6-4　大坝渗流渗压监测剖面图（R0－022.50）

表 3.6-1　　　　　坝体内部沉降变形各监测断面最大测值统计表

仪器安装部位		施工期累计沉降/mm	至初蓄期累计沉降/mm	至 2015 年 3 月总沉降/mm	施工期变形率/%	初蓄期变形率/%
高程/m	桩号					
378.00	R0－022.5	1157.22	1252.91	1372.42	84	91
403.50	R0－022.5	1473.62	1556.62	1679.09	88	93
425.00	R0－022.5	1782.82	1859.81	2078.23	86	90
	R0－157.5	1224.00	1274.30	1439.20	85	89
	L0＋097.5	779.97	834.94	981.72	80	85

续表

仪器安装部位		施工期累计	至初蓄期累计	至 2015 年 3 月	施工期	初蓄期
高程/m	桩号	沉降/mm	沉降/mm	总沉降/mm	变形率/%	变形率/%
455.00	R0－022.5	1570.60	1669.50	1896.57	83	88
	R0－157.5	1324.64	1413.01	1628.47	81	87
	L0＋097.5	991.97	1057.62	1243.06	80	85

注　施工期是指开始施工至蓄水前，时间点为 2009 年 8 月 20 日；初蓄期是指开始蓄水至水位稳定期间，时间点为
2009 年 11 月 23 日。

图 3.6－5 反映了截至 2015 年 3 月，坝体最大断面（桩号R0－022.50）高程 425.00m
各监测点的沉降变形过程、大坝填筑过程以及蓄水运行过程。图 3.6－6 反映了不同时间
点大坝的沉降变形情况。监测数据进一步表明坝体沉降变形的主要部分是在施工期完成
的，蓄水期会加快沉降变形过程，到运行期后，沉降变形平缓，至 2013 年 5 月，年平均
增加 33mm，月平均增加 2.7mm。2013 年 5 月至 2015 年 3 月，月变化量仅为 0.4mm，
坝体内部沉降变形已经保持稳定。坝体最大沉降量 2078mm，占坝高的 1.38%。

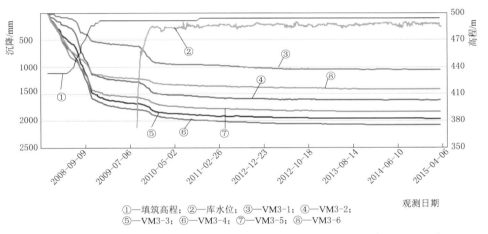

①—填筑高程；②—库水位；③—VM3-1；④—VM3-2；
⑤—VM3-3；⑥—VM3-4；⑦—VM3-5；⑧—VM3-6

图 3.6－5　坝体 R0－022.5 监测断面高程 425.00m 各监测点沉降变形过程线

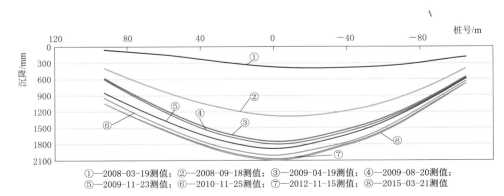

①—2008-03-19测值；②—2008-09-18测值；③—2009-04-19测值；④—2009-08-20测值；
⑤—2009-11-23测值；⑥—2010-11-25测值；⑦—2012-11-15测值；⑧—2015-03-21测值

图 3.6－6　坝体 R0－022.5 监测断面高程 425.00m 沉降变形分布曲线

2. 横向水平位移分析

各高程横向水平位移变形特征值见表 3.6 - 2。横向水平位移的变形规律为：施工期上游测点向上游位移，下游测点向下游位移，中间测点测值较小；蓄水后，测点整体向下游移动；低高程测值变化规律明显，高高程测值变化规律性较差。由表 3.6 - 2 可以看出，堆石体横向变形主要发生在施工期，向上游变形大于向下游变形，蓄水对坝体中部的变形影响较大。

施工期横向水平位移最大值为 387.10mm，与采用非软岩材料筑坝的洪家渡面板堆石坝的横向变形值（横向变形最大值为 301.97mm）相比，董箐水电站的横向变形测值稍大，考虑筑坝材料的特性，该值在合理范围内。至 2015 年 3 月，测值年变化量很小，坝体横向变形已经趋于稳定，测值变化过程见图 3.6 - 7。

表 3.6 - 2　　　　　　　　　各高程横向水平位移变形特征值表

仪器安装部位		施工期水平位移/mm		初蓄期位移/mm		蓄水期变形/mm	2015 年 3 月位移/mm		年最大变化量/mm
高程/m	桩号/m	向上游	向下游	向上游	向下游		向上游	向下游	
378.00	R0-022.5	-200.51	150.28	-120.51	167.03	80.00	-146.87	160.54	4.89
403.50	R0-022.5	-193.37	168.63	-210.64	199.18	30.55	-200.23	223.61	5.03
425.00	R0-022.5	-387.10	68.90	-234.00	106.80	153.10	-179.54	150.23	1.70
	R0-157.5	-297.40	64.70	-177.40	97.6	120.00	-159.90	112.72	3.21
	L0+097.5	-158.50	144.70	-57.00	166.40	101.50	-36.87	178.96	4.62
455.00	R0-022.5	-207.00	—	-158.00	—	49.00	-94.38	27.42	3.26
	R0-157.5	-204.80	—	-159.30	—	45.50	-127.56	—	4.21
	L0+097.5	-130.40	—	-98.19	—	32.21	-38.61	19.67	3.11

注　施工期是指开始施工至蓄水前，时间点为 2009 年 8 月 20 日；初蓄期是指开始蓄水至水位稳定期间，时间点为 2009 年 11 月 23 日。负值代表堆石体向上游位移，正值代表堆石体向下游位移。

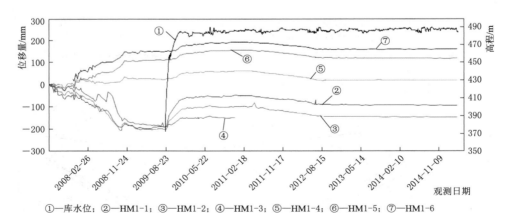

①—库水位；②—HM1-1；③—HM1-2；④—HM1-3；⑤—HM1-4；⑥—HM1-5；⑦—HM1-6

图 3.6 - 7　坝体 R0-022.5 监测断面高程 378.00m 各监测点横向水平位移过程线

3. 纵向水平位移分析

坝体内部纵向水平位移计安装在高程 455.00m，纵上 0+022.0m 部位，各施工阶段坝体内部纵向水平位移特征值见表 3.6-3。

表 3.6-3 各施工阶段坝体内部纵向水平位移特征值表

序号	仪器编号	安装横桩号/m	最大变形/mm	二期面板施工前变形/变形率	三期面板施工前变形/变形率	施工期变形/变形率	初蓄期变形/变形率
1	HZ1	L0+097.50	176.6	126.6mm（71.7%）	138.7mm（78.5%）	135.5mm（76.7%）	153.2mm（86.7%）
2	HZ2	L0+135.00	160.2	131.8mm（82.3%）	143.8mm（89.8%）	141.5mm（88.3%）	156.7mm（97.8%）
3	HZ3	L0+170.00	101.5	77.3mm（76.2%）	83.4mm（82.2%）	82.3mm（81.1%）	90.5mm（89.2%）
4	HR1	R0-157.50	137.0	136.3mm（99.5%）	136.4mm（99.6%）	136.4mm（99.6%）	136.4mm（99.6%）
5	HR2	R0-200.00	195.2	152.7mm（78.2%）	164.9mm（84.5%）	163.0mm（83.5%）	177.4mm（90.9%）
6	HR3	R0-240.00	94.6	86.9mm（91.9%）	87.2mm（92.2%）	87.0mm（92.0%）	87.4mm（92.4%）
7	HR4	R0-280.00	124.9	98.7mm（79.0%）	104.2mm（83.4%）	103.5mm（82.7%）	110.4mm（88.4%）

注 Ⅱ期面板施工前时间点为 2009 年 2 月 10 日；Ⅲ期面板施工前时间点为 2009 年 9 月 16 日；施工期是指开始施工至蓄水前，时间点为 2009 年 8 月 20 日；初蓄期是指开始蓄水至水位稳定期间，时间点为 2009 年 11 月 23 日。

至 2015 年 3 月，坝体最大纵向变形（左右岸向河床变形累计，下同）371.8mm，Ⅱ期面板施工前已发生的最大变形为 284.5mm，Ⅲ期面板施工前已发生的最大变形为 308.7mm。纵向变形大部分发生在施工期，施工期变形占总变形的 76% 以上，Ⅱ期面板施工前坝体变形占总变形的 71% 以上，Ⅲ期面板施工前坝体变形占总变形的 78% 以上，初蓄期后坝体变形占总变形的 86% 以上，初蓄期对坝体左岸影响较大，影响率为 8%~10%，对右岸影响不明显，与坝址处左右岸地形条件相符。堆石体内部纵向水平位移计位移分布见图 3.6-8，各测点测值至 2011 年 11 月已经收敛，2012—2015 年基本无变化。

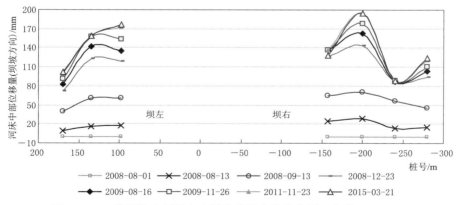

图 3.6-8 堆石体内部纵向水平位移计位移分布图（高程 455.00m）

4. 坝基渗压

坝基渗压监测断面选取在最大断面 R0-022.5 处，仪器沿水流方向设置，共布置 7

支渗压计，其中帷幕前布置 1 支，各仪器埋设位置见图 3.6-3 和图 3.6-4。蓄水运行以来，坝基渗压平稳且变幅较小，坝基水位保持在高程 380.00m 附近，PA7 测点位于下游挡墙基础部位，挡墙基础进行了固结灌浆，因此该处渗压测值小于坝基其余部位渗压计测值，库水位与坝基各渗压计水头变化过程线见图 3.6-9。由渗压计测值过程线可以看出大坝面板、趾板及接缝止水系统运行状况良好。

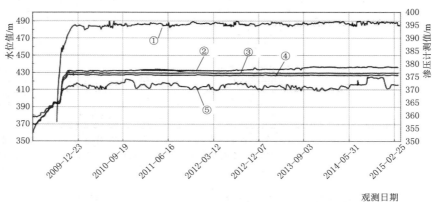

①—库水位；②—PA8(趾板后)；③—PA5(纵下0+070)；④—PA6(纵下0+150)；⑤—PA7(纵下0+230)

图 3.6-9　大坝 R0-022.5 监测断面坝基渗压计测值过程线

5. 坝体渗流量

董箐大坝渗流量监测分左右岸及总渗流量监测，从蓄水运行监测结果分析，坝体渗流量与库水位的相关性不明显，主要受降雨量影响，有一定的滞后性。左右岸的渗漏量较小，2015 年 3 月测值显示，左岸量水堰（WE1）测值为 0.041L/s，右岸量水堰（WE2）测值为 0.783L/s。坝体渗漏总水堰（WE3）测值与库水位变化过程见图 3.6-10，其稳定渗漏量为 20~30L/s，汛期受降雨影响，最大测值为 77.4L/s，发生于 2010 年汛期。与同类工程相比，坝体渗漏量较小，说明整个大坝不存在其他集中渗漏问题，坝体运行状态良好。

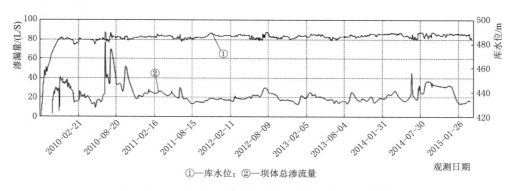

①—库水位；②—坝体总渗流量

图 3.6-10　坝体总渗流量 WE3 与库水位变化过程线

6. 面板变形

（1）垂直缝。大坝面板垂直缝监测仪器根据面板的分期情况进行布设，布置在分期面板顶部以下 5m 范围内，不同高程仪器的监测结果如下。

高程 470.00m 测缝计表现为两岸受拉，中间受压，左岸接缝变形较大，河床中部及右岸接缝变形较小，左岸最大张拉位移为 18.94mm，中部压缩最大位移为 7.28mm，右岸最大张拉位移为 2.61mm。

高程 487.00m 测缝计表现为两岸受拉，中间受压，受压区域较大，左岸最大张拉位移为 19.99mm，中部压缩最大位移为 5.20mm，右岸最大张拉位移为 12.61mm。

与非软岩筑坝材料的同类工程比较，董箐面板顶部垂直缝的压缩变形偏大，由于在压性垂直缝区域的每条缝均设置了 8mm 的缝宽，各缝的累计可压缩位移大于实测变形，面板没有发生挤压破损现象。

（2）周边缝。大坝桩号 R0－190.00 高程 401.00m 周边缝位移过程线见图 3.6－11。库水位的上升对周边缝的变形有一定影响，但蓄水完成后，周边缝的测值已经趋于收敛。周边缝最大沉降值为 43.81mm，最大剪切变形值为 26.20mm，最大张开值为 24.24mm，测值小于按沉降 60mm、剪切 40mm、张开 40mm 设计的周边缝止水系统设计值，周边缝的运行状态是安全的。

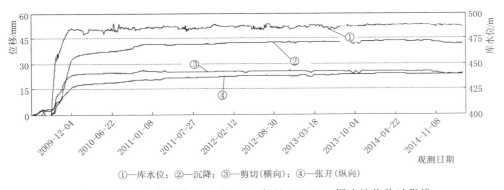

①—库水位；②—沉降；③—剪切（横向）；④—张开（纵向）

图 3.6－11　大坝桩号 R0－190.00 高程 401.00m 周边缝位移过程线

（3）面板挠度变形。电平器测得面板最大挠度为 25.38cm，面板弦长比为 0.10%；光纤陀螺仪测得的面板最大挠度为 45.76cm，面板弦长比为 0.19%。根据三维有限元计算结果，面板法向位移表现为朝向堆石体方向的变形，蓄水期水位高程 490.00m 时，最大值 52cm。监测数据和计算结果与国内同类型工程相比（天生桥一级 0.26%、洪家渡 0.11%、水布垭 0.14%、三板溪 0.05%），董箐大坝面板挠度测值在合理范围内。

3.7　小结

（1）在 150m 级及以上高面板堆石工程中，董箐的筑坝材料条件相对是不利的，通过室内外大量试验论证与精心设计，采用了适应砂泥岩材料特性的坝体分区，充分发挥了面板堆石坝就地取材、因料填坝的技术特点，社会效益和经济效益显著。

（2）在充分吸收已建工程变形控制经验基础上，根据变形演化规律，提出了"控制坝体的总沉降变形值，化有害变形为无害变形，面板结构尽可能适应纵向变形"较为系统的变形控制策略，并在设计建设过程中有效实施，取得的变形控制效果良好，为同类工程变形控制提供了典型的工程参考案例。

（3）至 2015 年 3 月，坝体变形稳定，最大沉降量 2078mm 占坝高的 1.38％，坝体稳定渗漏量 20～30L/s，面板未发现挤压破坏迹象，其他各项监测数据稳定，坝体运行状态正常。

第 4 章

高面板堆石坝泄洪消能安全控制技术

4.1 技术背景

在高面板堆石坝工程中，经典的工程布置方式是采用泄洪建筑物的开挖料填坝，使得工程具有优越的技术经济指标。泄洪建筑物通常为开敞式或洞式溢洪道，主要开挖区（主取料区）在溢洪道进口引渠段。董箐水电站的泄洪建筑物——开敞式溢洪道，就采用了此种经典的工程布置方式，目的是充分利用岸边溢洪道开挖的砂泥岩料填坝，有效减小坝体填筑料运距，减少了弃料和对环境的影响，节约了工程投资。董箐水电站溢洪道布置于左岸，孔口尺寸为 $13m \times 22m - 4$ 孔（宽×高-孔数），溢洪道最大泄量 $13330m^3/s$，最大单宽流量 $266.94m^3/$（$s \cdot m$），最大流速 $37.64m/s$，最大泄洪功率 $17400MW$。与国内同期建设的高堆石坝工程相比（表 4.1-1），泄洪综合指标居前列，泄洪消能安全控制技术难度较大。

表 4.1-1　　　　国内部分高堆石坝工程溢洪道特征参数统计表

序号	工程	坝高/m	孔数	孔口尺寸 /（m×m）	校核泄量 /（m³/s）	单宽流量 /［m³/（s·m）］	建成年份
1	水布垭	233.00	5	14×20	18280	261	2008
2	天生桥一级	178.00	5	13×20	21750	335	2000
3	瀑布沟	186.00	3	12×17	6831	190	2009
4	鲁布革	103.80	2	13×18	6459	248	1991
5	小浪底	154.00	3	11.5×17.5	3764	135	2001
6	公伯峡	132.20	2	12×18	4495	180	2006
7	董箐	150.00	4	13×22	13330	266.94	2010

高水头泄洪时国内外多座水利水电工程发生了泄洪失事案例，例如俄罗斯萨扬·舒申斯克水电站泄洪时由于水垫塘单宽流量分配不均在池内产生复杂的三元水跃和复杂流态，导致水垫塘底板发生严重破坏；印度巴克拉水电站泄洪时水垫塘底产生很大的动水压强导致水垫塘底板冲毁；美国的德沃歇克水电站泄洪时消力池内流态紊乱导致水垫塘结构破坏。国内鱼塘水电站溢洪道泄洪时由于泄槽和水垫塘水流紊乱，泄槽发生高速水流空蚀破坏，水垫塘由于动水压强过大以致底板断裂；三板溪水电站溢洪道泄洪时泄槽底板多块被掀起，破坏程度严重；二滩水电站的 1 号泄洪隧洞边壁发生严重的空蚀破坏；刘家峡、龙羊峡水电站也发生过较严重的空蚀破坏等。纵观这些工程案例，泄洪建筑物发生事故一般从薄弱的局部开始，由点到面发生大规模的破坏，最终导致严重的后果。在借鉴已有工程泄洪消能经验教训的基础上，结合董箐水电站溢洪道的泄洪规模、水力学综合指标及高面

板堆石坝工程等因素，较为系统地研究了总体布置、体型控制、结构安全和防冲蚀等方面的控制技术，主要包括以下内容。

1. 溢洪道总体布置与结构体型

结合董箐水电站地质地形条件，开展溢洪道总体布置与结构体型研究，使溢洪道布置和水力设计合理，开挖量与大坝填筑量匹配，达到挖填平衡的目的，最大限度节约工程投资。

2. 超宽泄槽高速水流掺气体型

高速水流掺气体型最常用的有掺气坎、掺气槽、掺气坎＋掺气槽组合方式。以上掺气方式在解决窄槽（宽度 30m 以下）掺气时，效果都比较好，但是，用于超宽泄槽的掺气时有不足之处，即无法解决超宽泄槽掺气的均匀性问题。在超宽泄槽的中部，掺气效果很差，甚至无法掺气，所以超宽泄槽中间部位无法掺气或掺气效果极差的问题比较突出。拟研究一种有效的新结构，解决宽泄槽中部掺气的问题。

3. 高速水流新型变形缝

在高速水流水工建筑物中，为适应地基、温度变形而设置的结构变形缝如果处理不当，会成为高速水流结构破坏的薄弱点，破坏后果十分严重。董箐水电站气温较高，无法采用不分缝或无缝宽变形缝技术，溢洪道泄槽结构变形缝长度约 3500m，为了避免结构变形缝在泄洪时底板冲抬破坏，提高工程泄洪的安全性，拟在分析各类工程结构变形缝基础上，提出一种适应变形和抗冲抬的新型变形缝结构。

4. 天然冲沟消能防冲

溢洪道出口为一天然的大型冲沟坝坪沟，坝坪沟与主河道接近正交，研究利用坝坪沟作为消能防冲区的可能性，以及结合坝坪沟实际地形设计消能防冲结构体型，达到泄洪消能安全的目的。

5. 抗冲耐磨混凝土的应用

目前国内外工程运用的抗冲耐磨混凝土种类较多，通过试验研究，选择适合于董箐水电站的抗冲耐磨混凝土。结合溢洪道流道的水力学特性，研究抗冲耐磨混凝土分区应用，达到安全经济、加快施工进度的目的。

4.2　溢洪道结构体型控制

4.2.1　地形地质条件

溢洪道轴线位于左坝肩近南北走向的山脊上，山脊高程 58.00～400.00m，东西两侧地形坡度为 30°～35°，南北向山脊顶坡度仅为 8°～10°。

组成溢洪道底板及两边坡的地层岩性以 T_2b^{1-2} 为主，在溢洪道尾部有部分 T_2b^{1-3} 和 T_2b^{1-4} 地层，岩性以厚层、中厚层砂岩为主，砂岩一般占 65%～75%，泥岩含量占 25%～35%，其中 T_2b^{1-3} 和 T_2b^{1-4} 两小层中泥岩含量分别占 47% 和 69%，岩层产状为 N10°～40°E/SE∠20°～50°，受多德复式向斜构造影响，区内发育有巧拥背斜和坝坪向斜，其轴线与溢洪道纵轴线交角很小。另外，在溢洪道两侧外边还发育有其他小规模层间褶曲构造，因而造成区内岩层产状波状起伏变化，但总体走向与溢洪道轴线交角均不大。区内大断裂构造不发育，但在引水渠高程 460.00m 附近坡面及泄槽出口段发现有小规模压扭性断层，区内主要以厚层砂岩中发育的近 SN 向纵张裂隙和近 EW 向剪性裂隙。

溢洪道区表层覆盖层厚 0.0～4.5m，以褐黄色残积黏土夹碎石为主，下伏强风化带深 3.18～13.9m，下部为弱至新鲜岩体，单孔声波波速为 3500～4700m/s，岩体完整性系数为 0.6～0.75，属较新鲜完整岩体。区内水文地质条件简单，溢洪道开挖区位于地下水位线以上或在其附近。

4.2.2　溢洪道总体布置

董箐水电站溢洪道结构尺寸和泄洪规模都较大，泄洪消能安全控制难度大，所以合理的总体布置方式是安全控制的首要条件。总体布置考虑的主要因素有：工程地质条件、水力学条件、结构安全性、枢纽布置格局协调性、开挖料利用及边坡稳定条件、工程投资合理性等。经综合分析确定的溢洪道平面布置及溢洪道纵剖面见图 4.2-1。

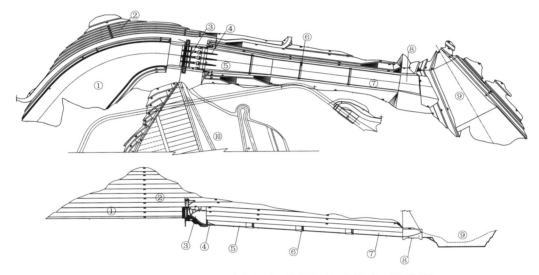

①—引渠段；②—引渠左侧高边坡；③—控制段；④—潜堰；⑤—泄槽收缩段；
⑥—掺气坎；⑦—等宽泄槽段；⑧—扭曲消能工段；⑨—消能防冲；⑩—面板堆石坝

图 4.2-1　溢洪道平面及纵剖面图

溢洪道紧靠大坝左坝肩布置，分别由引水明渠段、控制段、泄槽段及消能工组成。溢洪道与大坝之间预留约 50m 岩墙分隔，避免溢洪道开挖与大坝填筑在时间、空间上的干扰。

溢洪道总长约 1.3km。溢洪道的布置从轴线桩号 0－533.022 开始，由桩号 0－426.991 处以半径 360m 的圆弧至桩号 0－050.00 与溢洪道控制段轴线相切，溢洪道控制段及泄槽段轴线方位为 N8°0′0″E。

引渠段长约 583m，引渠底宽由进口 176m 收缩至 75m，底板高程 460.00m。桩号 0－050.00～0－012.00 底板设置混凝土铺盖，厚度 0.5m。

桩号 0−012.00～0＋064.257 段为堰体控制段，堰顶高程为 468.00m，共设 4 孔闸门、1 道平板检修事故门和 4 道弧形工作门，孔口尺寸为 13m×22m（宽×高），检修门库设置在检修门槽两侧，溢流堰采用 WES 曲线实用堰，曲线方程 $y=0.03292x^{1.85}$。

泄槽段为矩形断面，底板纵坡 7.5%，总长 588m。其中从 0＋064.257 开始为收缩段，收缩段长 200m，由净宽 66.7m 收缩至 50.0m，平面收缩角 2.4°。0＋264.257～0＋652.276 段为等宽泄槽，宽 50.0m。泄槽段为扭曲消能工段，长 63m，左侧圆弧中心角 35°，右侧圆弧中心角 20°。

溢洪道在校核洪水位 493.08m 时最大泄流量为 13330m³/s，相应单宽流量 266.94m³/（s·m），最大流速 37.64m/s，相应的挑距约 135.19m。

4.2.3　主要结构选型

1. 引渠段体型

（1）以开挖料利用量确定引渠段尺寸。左岸山体地形呈"之"字形，坝轴线以上山体雄厚，坝轴线以下是相对较单薄的山脊，溢洪道开挖料集中在引渠段，所以，引渠段体型在满足水力学条件的情况下，应尽量有利于多开采上坝料。

为了获取更多的上坝料，降低工程投资，力争实现溢洪道与大坝之间的挖填平衡，在体型控制上将集中大部分开挖量的引渠段加长，引渠段长约 583m，引渠轴线采用 $R=360m$ 的大圆弧将进口 176m 收缩至 75m，考虑渠底流速，底板高程定为 460.00m。开挖坡比经反复调整和比较，并综合考虑地质条件，最终将开挖综合坡比调整为 1:0.5，总开挖量为 954 万 m³，其中弃料 283 万 m³，可用料 671 万 m³，基本满足上坝料的需要。

（2）引渠与控制段的连接控制。岸边溢洪道进口至堰前，有一段平面首尾不等宽、两侧不对称且转向的进水渠，泄水时易产生两侧不对称回流或立轴旋涡，转向惯性力易引起堰前水面横比降，导致过堰水流不均，降低泄流能力，甚至影响泄槽水流流态，增大泄水道防冲蚀控制难度，因此研究了引渠进口底宽与堰前底宽、引渠两侧翼墙与控制段的连接型式。

根据有关研究文献，溢洪道引渠进口底宽 B_0 与堰前底宽 B 之比为 1.5～3.0，可减少进水口水头损失，如石头河 $B_0/B=3$（最大），竹园 $B_0/B=1.5$（最小），其他如碧口百 $B_0/B=1.7$，南谷洞 $B_0/B=2.0$，大伙房 $B_0/B=2.4$，董箐水电站溢洪道引渠进口底宽与堰前底宽之比取为 $B_0/B=2.3$，介于 1.5～3.0 之间，水力学条件满足要求。

为保证水流经引渠后正向进入控制段，避免水流在控制段前形成侧冲状态减小泄流能力或引起闸门局开时的震动，引渠与堰前需有一直线段或对称扭曲八字翼墙连接。堰顶单宽流量 q 或堰顶水头 H（含行近流速水头）越大，直线翼墙或对称八字翼墙段亦越长，如石头河 $q_堰=193m³/（s·m）$，直线翼墙长 $L=40.6m$，竹园 $q_堰=140.4m³/（s·m）$，对称八字翼墙长 $L=30.0m$，鲁布革 $q_堰=249.2m³/（s·m）$，直墙 $L=40m$。L 太长布置有困难，上述 3 个工程相应 $L/H=1.9～1.6$，试验表明，可改善不对称进水渠来流，减少水面横比降。董箐水电站 $q_堰$ 为 256.7m³/（s·m），直线翼墙长设计为 50m，$L/H=2.3$，直线翼墙段长度较合适。

2. 控制段体型

(1) 堰型。溢洪道控制段堰体体型常用有宽顶堰和实用堰,当工程泄洪量不大或地形平缓时,中小型水库多选用宽顶堰型,宽顶堰泄流能力稳定、结构简单、施工方便,但也存在流量系数小、泄流能力相对较小、需要堰体宽度较大等缺陷。在大型的水利水电工程中,需要渲泄大泄量的洪水时,常采用实用堰。实用堰流量系数大,泄流能力强,结构相对较复杂,在实用堰中又多采用 WES 型堰面曲线。董箐水电站控制段采用的是 WES 实用堰,堰面曲线方程 $y = 0.03292x^{1.85}$。

(2) 堰高。岸边溢洪道受地形、地质限制,进水渠堰前底高程与堰顶高程差 P_1 常较小,堰体的定型水头为 H_d,当 $P_1/H_d \leqslant 0.4$ 为低堰型,部分工程流量系数统计见表 4.2-1。从表中可以看出一般规律,比值越小,流量系数明显减小,所需堰体宽度 B 就越大,堰体越宽工程投资越大,所以,溢洪道设计对流量系数的控制非常重要。

表 4.2-1　　　　　　　　　　部分工程流量系数统计表

电站名称	契伏	石头河	大伙房	竹园	岳城	鲁布革	南谷	马尔帕索
P_1/m	5.0	3.0	3.0	4.5	3.6	5.6	5.0	7.6
P_1/H_d	0.235	0.25	0.273	0.293	0.303	0.313	0.323	0.311
流量系数 m	0.431	0.406	0.43	0.436	0.43	0.45	0.434	0.462

董箐水电站堰高 P_1 取 8m,堰体定型水头 H_d 取 21.954m,P_1/H_d 为 =0.364,经水力学模型试验验证,流量系数 m 最大达到 0.494,比规范建议值增大了 5%。董箐水电站溢洪道增大流量系数措施主要采用了尽量提高堰高与定型水头的比值,以及闸墩头采用 $R = 85.5m$ 的尖圆形设计减小水头损失。

(3) 堰体结构。溢洪道堰体体形在满足泄洪能力、结构稳定、堰面负压及闸门布置等需要时,一般体形都较庞大,其混凝土工程量约占整个控制段混凝土总量的 40%,因此,合理的堰体结构设计可以节约较大的工程投资。董箐水电站堰体设计时考虑从两个方面节约工程投资:一是将 4 道变形缝设在闸室孔口中间,使控制段总宽度减小了 9m;二是堰体内部采用 C15 三级配低标号混凝土,既降低了混凝土单价,减少了温控措施费,又能确保堰体大体积混凝土的浇筑质量,加快控制段施工进度。

(4) 与坝体的距离。部分已建工程由于受地形条件限制,溢洪道控制段离坝肩较近,坝肩与溢洪道之间仅有单薄的山脊相隔,若对进口段不进行有效的混凝土护砌,泄洪时一旦发生冲蚀现象,必将危及坝肩稳定。董箐水电站溢洪道闸室控制段靠近左坝肩布置,为减少相互施工干扰影响,在右边墙与坝肩之间设置 50m 的距离,这样的布置方式在施工上彼此干扰较小,有利于加快施工进度。闸室与坝肩有岩墙存在,可以避免大坝堆石体与溢洪道边墙之间连接部位出现碾压盲区。溢洪道与大坝之间设置一定的距离,可以防止大坝沉降或其他因素致使闸室边墙变形,从而影响溢洪道闸门运行。

(5) 控制段帷幕设置。帷幕是阻截库水渗流降低结构扬压力的主要措施,帷幕之后渗流水头有较大幅度的折减,建筑物布置于帷幕之后,底部扬压力会大幅度减小。国内外多数工程都在溢洪道堰体内以设置灌浆廊道的方式布置帷幕,董箐水电站溢洪道堰体前沿平顺开阔,防渗帷幕经左坝肩趾板沿溢洪道控制段堰体前部穿过,溢洪道控制段位于坝轴线之后，相比在堰体内设置廊道的布置方式，该工程帷幕具有便于布置、施工方便的优点。另外，帷幕从溢洪道堰体前沿布置，对于溢洪道控制段，堰体底部扬压力水头减少，有利于堰体的整体稳定。

3. 泄槽段体型

（1）泄槽段纵坡。工程中溢洪道泄槽段纵坡形式多种多样，有一坡到底型、前陡后缓型（俗称"龙抬头"）、前缓后陡型（俗称"凤落尾"）及折线型等，在实际工程中溢洪道底坡以一坡到底和"凤落尾"的型式居多，"龙抬头"型多用于导流洞改建为永久建筑物。当然各种底坡形式的设置都应尽量与实际工程的地形地质条件相融合。溪洛渡、猴子岩等工程溢洪道采用了"凤落尾"型，这种形式的优点是泄槽前部底坡缓尾部陡，流速分布也是呈前小后大的规律，将泄洪风险集中在尾部处理。缺点是尾部曲线段和陡坡段施工难度大，结构质量不易保证，尾部泄洪风险较高。洪家渡水电站溢洪道采用一坡到底的形式，其优点是泄槽结构单一，施工方便，水流从开始均匀加速，不存在流速变幅区，运行控制方便，缺点是泄槽内流速相对较大，且容易出现小流量不起挑，运行控制不便的问题。结合董箐工程泄槽段山脊地形地质条件，泄槽纵坡采用 7.5% 的坡比一坡到底，7.5% 纵坡施工较方便，对水流掺气也易于控制。

（2）泄槽段宽度。董箐水电站泄槽段位于条形山脊上，山脊岩体风化较深，强风化岩体强度低，开挖料不能用于大坝填筑，同时，利用泄槽流速逐渐变大、水深逐渐变小的特点，并节省泄槽段开挖和结构混凝土工程量，将泄槽平面型式设计为收缩型泄槽。泄槽收缩段长度根据模型试验确定为 200m，由宽 66.7m 渐变至 50m，平面收缩角为 2.4°。

（3）泄槽中间设置分隔墙研究。董箐水电站溢洪道泄槽段长约 600m，如果采取在泄槽中间设置分隔墙的方式，经计算每设置一道纵向分隔墩，增加工程直接投资约 0.25 亿元，投资相对较大。泄槽收缩到 50m 后经模型试验验证表明水力学条件良好，经深入研究解决了宽泄槽的掺气难题，从工程投资、施工方便及水力学条件综合考虑，该工程溢洪道泄槽未设置中隔墩分割，采用单槽型式。

（4）中墩后设置潜堰消除水翅。经模型试验发现，溢洪道常规中墩尾部出现非常明显的水翅，闸墩后的水翅和下游泄槽收缩断面所形成的水流冲击波相互叠加，使溢洪道内的水流流态紊乱，水面起伏加剧，对安全运行不利。因此，经试验反复研究，最终在每个中墩后增加了潜堰，使墩尾水流平顺过渡，水翅基本消失；同时将泄槽收缩段长度加长到 200m，使泄槽内的急流冲击波明显得到了弱化，泄槽内水流基本平稳。潜堰水平长 32m，起始与中墩中宽渐变收缩至 2m 宽，起始高度 0.8m 渐变至与泄槽底板相平。

（5）泄槽掺气设施。溢洪道泄槽掺气设施初拟了 4 道掺气坎，参照类似工程及经验公式，坎高均按 0.8m 设计，经模型试验验证发现主要存在两个问题：一是在各泄洪工况下，坎后水舌空腔难以形成，回水完全淹没坎后空腔，导致无法掺气；二是第 4 道掺气坎必要性不大，反弧段受离心力的影响，动水压力相对较大，水流空化数明显大于直坡段。因此，将掺气坎从原来的 4 道调整为 3 道，分别在桩号 0+350.00、0+430.00 和 0+530.00 处，各掺气坎处的流速分别为 29m/s、31m/s 和 33m/s，弗劳德数 Fr 分别为3.1、3.4 和 3.7。经调整后 3 道掺气坎的水平长度均为 20m，坎高分别为 3.0m、2.0m 和 2.5m，掺气坎的高度在同类工程中较大。经试验表明，各掺气坎后水舌底部空腔有

0.5～1.0m 的空间可作为掺气通道，掺气效果较好。

4. 消能工体型

良好的消能工体型可以将高速水流动能消杀在进入下游河道前，或分散于下游河道中，或加强消能区水体紊动消能。挑流消能工常见有鼻坎高低差动布置、窄缝消能、扩散消能等。工程初拟的出口消能工为喇叭口形圆弧挑流消能工，目的是扩散水流、减小对下游消能防冲底板的冲击。经水力学模型试验发现，该消能工能减少水流对消能工底板的冲击，但对小流量的挑射作用不明显，且水舌内缘会冲砸本岸边坡。结合溢洪道地形条件，将泄槽延长 25m，并将喇叭口形圆弧挑流消能工体形调整为扭曲挑流形式，即消能工底部从左侧到右侧圆弧半径从 122.89m 渐变到 326.37m，使得左右侧出口高差达 6.832m，同时，左右侧边墙也采用圆弧形式，圆弧半径均为 500m。试验结果表明，优化后的消能工水流归槽情况较好，水舌不砸本岸，而且水流的主流线方向由于扭曲挑坎的作用，能很好地与下游河道水面衔接，且能较好地避免消能防冲区的涌浪。消能工体型平面与纵剖面结构型式见图 4.2 - 2。

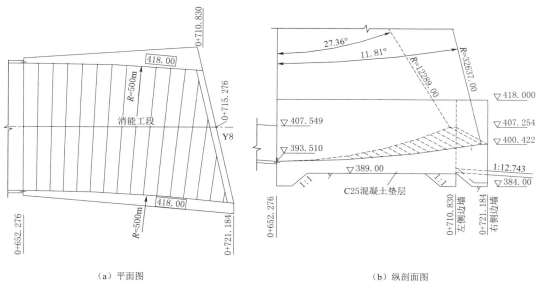

（a）平面图　　　　　　　　　　　　（b）纵剖面图

图 4.2 - 2　消能工结构体型图（单位：m）

4.2.4　溢洪道模型试验验证

1. 体型验证与优化

董箐水电站溢洪道水工模型试验模型按重力相似准则设计，模型比尺为 1：80。试验对原设计的泄量、水面线、流速等参数进行了复核，对沿程压力、掺气及水流归槽等进行了验证，并对结构体型进行了优化。董箐水电站溢洪道经过模型试验，成功地解决了以下问题。

（1）在闸墩尾部增加替堰，消除了溢流堰闸墩末端和出口挑坎侧墙处形成的非常明显的水翅现象。

（2）在泄槽增加掺气坎，解决了泄槽高流速水流掺气问题。通过试验不断调整掺气坎位置、体型，最终完善了掺气坎的结构型式，掺气效果较好。

（3）将出口延长 25m，并将消能工体型挑流面扭曲，使得挑射水舌归槽较好，减少了对边坡的冲刷。

（4）消能防冲体型优化，减少了消能防冲规模，同样达到消能的目的，节约了工程投资。

2. 最终水力学特性

优化调整体型后的最终方案经过试验，在水流流态、泄流能力及消能防冲等水力特性方面满足要求。

（1）泄流能力。模型试验进行了溢洪道在各级库水位下闸门全开试验，全开时实测泄流能力和设计值比较结果见图 4.2-3，水位流量设计值和试验值对照见表 4.2-2，可以看出，拟合值和试验值吻合良好，试验值略大于设计值。由表 4.2-2 看出，库水位 490.00m 时，试验值比设计值多出 800m³/s，即上游多来 800 个流量的洪水也能满足库水位 490.00m 正常泄洪，因此该工况下能够比较好地宣泄洪水；在校核水位 493.08m 时，试验值也略大于设计值；只是在设计水位 490.70m 时，试验值和设计值比较接近，且试验值略为偏小。

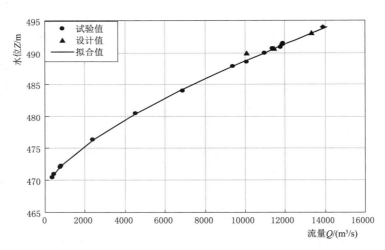

图 4.2-3 闸门全开时实测泄流能力和设计值比较图

表 4.2-2 溢洪道水位流量设计值和试验值对照表

特 征 水 位/m		正常水位 490.00	设计水位 490.70	校核水位 493.08
流 量/（m³/s）	设计值	10100	11478	13330
	试验值	10963	11380	13420

（2）闸门运行方式。在 490.00m 库水位对闸门不同开启组合方式进行了试验，在流量 3000m³/s 时，只单独开第 1 孔（左孔）或第 4 孔（右孔），泄槽内水流流态相对较好，而单独开第 2 孔或第 3 孔，流态较差；局开左起第 1 孔和第 4 孔，泄槽内水流流态相对较好；当流量为 6000m³/s 的情况下，全开第 2 孔和第 3 孔，泄槽内水流流态相对较好。

（3）水流流态。溢洪道进水口的水流在各种流量下均比较平顺，没有不良流态；堰上水流平稳，堰后基本无水翅现象，泄槽收缩段冲击波不明显。扭曲消能工挑坎挑射水舌归槽较好，消能防冲区岸坡涌浪较小，在小流量的情况下，挑射水舌会影响挑坎所在侧岸坡，影响范围约 25m。

（4）水面线。试验主要观测了校核水位、设计水位及百年水位工况下沿程水深分布，泄槽水面线在边墙范围内且有足够的安全超高。

（5）流速分布。在设计水位工况，沿程观测了泄槽段的 11 个断面，首部断面中线流速为 19～25m/s，中部断面中线流速为 25～30m/s，尾部断面中线流速为 30～34m/s。断面最大流速为 37.4m/s。

（6）压强分布。试验观测了校核水位、设计水位和百年水位工况下沿程的压力分布情况，在设计水位下堰面出现负压区，最低值为 −0.103m，满足规范要求，其余部位均为正压分布。

4.3 流道关键技术控制

4.3.1 超宽泄槽掺气技术

1. 问题的提出

高速流道中因流速大、过流表面平整度不高、材料抗磨蚀强度不够等原因，常因水流产生空化继而导致流道空蚀破坏，严重时甚至危及工程安全，预防空蚀破坏的措施有掺气减蚀、提高过流表面平整度以及采用抗磨蚀强度高的材料等，其中掺气减蚀被证明是最有效和最经济的方法之一。国外于 1937 年就已认识到水流掺气可以减轻过流表面的空蚀破坏，于 1960 年将该方法应用到美国的大古力坝（Grand Goulee Dam）建设中，在该工程的泄水孔锥形管出口下游设置了掺气槽。国外关于掺气减蚀的主要研究结论是：当水中的掺气浓度为 1%～2.5% 时，能大大减轻固体边壁的空蚀破坏；当掺气浓度为 5%～8% 时，空蚀破坏基本消失。

国内的研究工作紧密结合工程实际，重点研究减蚀的具体方法、掺气浓度的减蚀效果及掺气设施的布置方式。国内第一个采用掺气减蚀设施技术的是冯家山水库的泄洪洞，此后，国内建设的水利水电工程中的高速泄水流道，大多采用了掺气减蚀设施，效果良好。在大泄量溢洪道宽泄槽高速水流掺气减蚀方面，我国的引子渡溢洪道、天生桥一级溢洪道、三板溪溢洪道等作了大量研究，取得了宝贵的实践经验。与董箐水电站同期建设的云南糯扎渡水电站溢洪道泄槽总净宽 145.5m，采取将泄槽分隔成宽 54.75m、36m、54.75m 三个独立泄槽的方式，通过模型试验调整掺气坎挑角、高度等参数，以实现掺气减蚀的目的，但对泄槽中间部位的掺气减蚀效果，未见深入研究的报道。

综合以上国内外研究表明，掺气对高速水流流道有着重要的保护作用，掺气减蚀技术在水利水电工程中得到了广泛的应用和快速发展。一般认为，溢洪道泄槽宽度大于 35m 的称为超宽泄槽，超宽泄槽体型简单，水力条件较好，工程投资相对较小，工程中比较常见。但该种泄槽型式因宽度较大，泄槽中部区域掺气效果难以控制，易导致过流面发生空蚀破坏，因此，该种泄槽的掺气设施的结构型式和掺气效果尚需进一步研究论证。董箐工程溢洪道泄槽宽度 50～67m，为超宽泄槽型式，为保障掺气效果，达到防空蚀的目标，研究了超宽泄槽掺气技术，改进了传统的掺气坎结构，提出了一种新型的复合式掺气技术。

2. 初拟掺气坎与试验分析

一般的掺气结构由挑坎和两侧通气孔组成，挑坎高度及通气孔尺寸经计算和试验确定。掺气坎的掺气效果主要从坎后空腔长度以及是否存在回流情况来评价，当掺气挑坎后空腔稳定，回流较少时，视为掺气效果较好。董箐水电站溢洪道泄槽为直坡矩形结构，初拟掺气坎采用简单的挑坎式，掺气主要由边墙两侧的通气孔提供，为侧向单一掺气。分别在桩号 0+200.00、0+350.00 及 0+500.00 位置共设置了 3 道，掺气有效保护长度约150m。掺气坎体型和掺气空腔长度采用时启隧等提出的经验公式计算，并进行模型试验对比验证。

采用时启隧等提出的掺气坎最小坎高 Δ_1 经验公式（4.3-1）计算掺气坎坎高结果见表4.3-1，由此初拟的掺气坎体型见图 4.3-1，经模型试验修正后的坎高值也列于表 4.3-1 中。

$$\left.\begin{array}{l} \dfrac{\Delta_1}{R} \geqslant \dfrac{23.5}{X^3} \\[2mm] X = \dfrac{v_0}{\sqrt{gh}} \dfrac{1}{\cos\alpha\cos\theta} \end{array}\right\} \tag{4.3-1}$$

式中：R 为掺气坎水力半径（m）；v_0 为掺气坎上部水流流速（m/s）；α 为过流泄槽底部坡角（°）；θ 为掺气挑坎的挑角（°）。

表 4.3-1　　　　　　　掺气坎结构体型参数与试验修正值表

掺气坎位置 （桩号）	坎前流速 v_0/（m/s）	坎前水深 h/m	挑角 θ/（°）	泄槽底坡 α/（°）	计算挑坎 高/m	试验修正 值/m
0+200.00	26	6.1	8.58	4.29	2.96	3.0
0+350.00	30	6.6	5.72	4.29	2.35	2.0
0+500.00	33	5.9	7.15	4.29	1.32	2.5

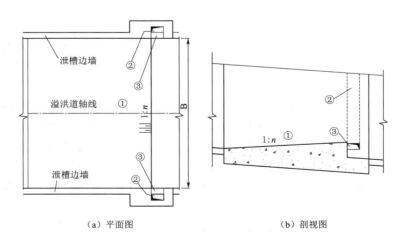

（a）平面图　　　　　　　　　　（b）剖视图

①—挑坎；②—边墙通气孔；③—底部侧边通气孔

图 4.3-1　初拟的掺气坎体型图（用于模型试验）

由表 4.3-1 可以看出，对于沿泄槽水流方向设置多级掺气坎的布置型式，由于受第 1 级掺气坎水流的影响，第 2 级和第 3 级的坎高计算值与试验值差异逐渐增大，对于多级掺气坎的型式，需要模型试验进行修正。

采用时启隧等提出的掺气空腔长度经验公式（4.3-2）和（4.3-3）计算掺气空腔长度结果见表 4.3-2，模型试验的对比成果也列于该表中。

$$\frac{L}{h}=0.155+2.961x+1.674x^{-1} \tag{4.3-2}$$

$$x=\frac{v}{\sqrt{gh}}\sqrt{\frac{\Delta}{h}}\frac{1}{\cos\alpha\cos\theta} \tag{4.3-3}$$

式中：L 为空腔长度；v 为掺气坎前流速；h 为掺气坎前水深；Δ 为挑坎高度；α 为水流底坡；θ 为掺气坎挑角。

表 4.3-2 溢洪道掺气空腔长度计算值与试验值对比表

掺气坎位置（桩号）	坎前流速 v/（m/s）	坎前水深 h/m	Fr	挑坎高/m	计算空腔长/m	试验值/m
0+200.00	26	6.1	3.36	3	39.8	17.5～23.2
0+350.00	30	6.6	3.73	2	36.1	17.4～20.0
0+500.00	33	5.9	4.34	2.5	47.3	15.9～23.2

由表 4.3-2 可以看出，经验计算公式的计算成果与试验测值相差较大，经验公式是基于已建工程实际运行情况和试验总结的，已建工程中大多为窄小泄槽，所以，对于超宽泄槽的适用性有待进一步修正。但是，通过试验最大值与最小值的差异和发生的位置可以看

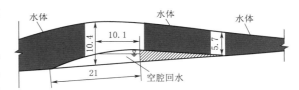

图 4.3-2 设计水位工况第 1 级
掺气挑坎空腔图（单位：m）

出，在靠近边墙通气孔位置 10～13m 范围内，掺气空腔最大，逐渐向泄槽中间收缩减小。在泄槽中间为最小，且存在一定的回水现象。设计工况和校核工况掺气空腔试验见图 4.3-2～图 4.3-5。在库水位更低时，空腔也随之降低。通过这个现象可以认为，超宽泄槽由于气流被靠近掺气孔位置的水流带走，导致中间部位水流掺气效果差，在中间部位形成较大负压区，影响了掺气空腔长度。所以，超宽泄槽中间部位不能形成稳定掺气空腔主要原因是没有足够的空气到达泄槽中部，说明传统的掺气结构仅靠两侧通气孔不能满足超宽泄槽高速水流的掺气问题。

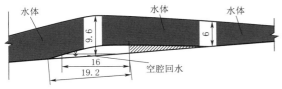

图 4.3-3 设计水位工况第 2 级
掺气挑坎空腔图（单位：m）

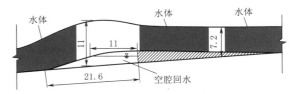

图 4.3-4 设计水位工况第 3 级
掺气挑坎空腔图（单位：m）

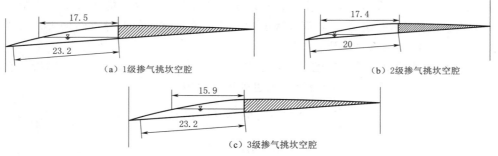

图 4.3-5　校核水位工况第 1～3 级掺气挑坎空腔示意图（单位：m）

3. 新型复合式掺气技术

通过上述分析，简单的掺气坎体型主要是解决不了超宽泄槽中部掺气的问题，如果能将空气直接送至泄槽中部，让中间部位有独立的供风系统，那该问题就能迎刃而解。基于此理念，通过深入研究分析，提出了一种新型复合式掺气坎体型，以解决超宽泄槽中间部位掺气难的问题。这种新型复合式掺气坎结构是在原简单式掺气坎结构的基础上，为泄槽中部设置了独立的掺气系统，独立通风系统由边墙两侧竖向钢管、挑坎内水平向钢管及顺水流向钢管组成，新型复合式掺气坎体型见图 4.3-6。竖向通气管从边墙竖向伸至泄槽底板，在挑坎内设置横向通气管与竖向通气管连通，在掺气坎中间位置设置顺水流方向的通气孔与横向通气管连通，从而将空气直接引至泄槽中部。

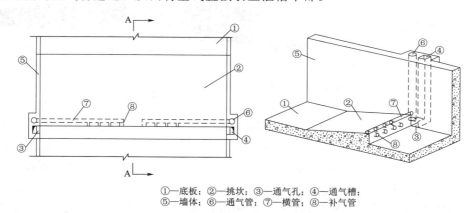

①—底板；②—挑坎；③—通气孔；④—通气槽；
⑤—墙体；⑥—通气管；⑦—横管；⑧—补气管

图 4.3-6　新型复合式掺气坎结构体型图

根据新型复合掺气坎的技术原理，董箐水电站掺气坎结构由两侧边墙通气孔和泄槽中部通气钢管系统组成。两侧边墙竖向通气孔在挑坎前沿，尺寸为 2m×1m（长×宽），底部水平向通气孔与竖向通气孔相连，尺寸与竖向通气孔相同。泄槽中间部位通气管采用钢管结构，布置在挑坎后部，两侧及水平钢管直径为 1.0m，水平向依次设置 6 个直径为 0.4m 和 2 个直径为 1.0m 的通气钢管与水平钢管相连。考虑边墙掺气孔的作用和通气效果，第一个水平通气钢管距离边墙 13m，为保证泄槽中部有足够的空气，水平钢管孔径按照两侧小中间大的原则设计。董箐水电站掺气坎结构见图 4.3-7，施工后的照片见图 4.3-8。

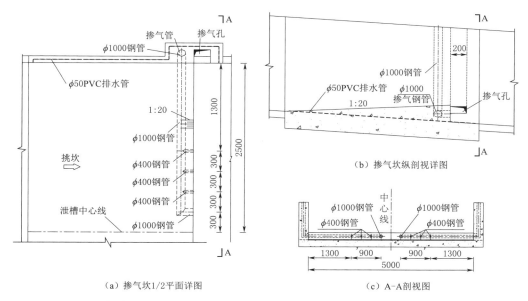

（a）掺气坎1/2平面详图　　　　　（c）A—A剖视图

图 4.3 - 7　董箐水电站溢洪道泄槽新型复合式掺气坎结构图（单位：结构 cm，钢管 mm）

图 4.3 - 8　董箐水电站溢洪道泄槽新型复合式掺气坎工程

经计算，增加泄槽中部通气钢管系统辅助补气后，泄槽中间位置平均空腔长度增加了 3～4m，明显改善了泄槽中间部位水流的掺气效果，设计泄量时泄槽中部水流掺气浓度计算成果见表 4.3 - 3。

表 4.3 - 3　　　　　　　　董箐水电站掺气空腔长度计算与试验值对比表

掺气坎位置（桩号）	坎前流速 v/（m/s）	掺气浓度 1/%	掺气浓度 2/%	增加比例/%
0+200.00	26	5.41	7.47	38.00
0+350.00	30	8.00	9.70	21.25
0+500.00	33	6.15	8.45	37.27

注　掺气浓度 1 为传统掺气坎情况下的数值；掺气浓度 2 为新型复合式掺气坎情况下的数值。

通过表 4.3 - 3 可以看出，在设计泄量时，传统掺气坎体型下泄槽中部的掺气浓度为 5.41%～8%，在新型复合式掺气坎情况下，掺气浓度为 7.47%～9.70%，增大比例为

21.25％～38.00％，增加效果明显。由此可见，新型复合式掺气坎对于解决超宽泄槽中部掺气有良好的效果。

4.3.2　泄槽底板防冲抬技术

1. 概述

泄槽是高速水流的通道，国内外较多溢洪道工程在泄洪时发生事故，泄槽底板或多或少被冲坏，有的工程在设计泄量的 1/3 时就发生事故，有的工程泄槽底板冲毁相当严重，底板连续多块被冲起，基岩冲深达数十米。泄洪事故后果严重，结构修复困难。国内三板溪、鱼塘，国外奥罗维尔等水电站溢洪道均在泄槽底板发生破坏。泄槽底板破坏的原因有很多，如施工质量、地质缺陷或设计原因等，一些细部结构如果设计考虑不周全，容易成为薄弱环节，进而诱发泄洪事故。

董箐水电站溢洪道泄槽结构设计时，十分重视溢洪道泄槽底板的稳定问题，对结构变形缝、变形缝配筋、底板锚固及固结灌浆封孔消缺等细部结构进行了专门研究设计，提出了"结构变形缝控制、薄底板强锚固、变型缝配筋加强、底板固结灌浆封孔"的综合处理措施，以保障泄槽结构的安全。

2. 结构变形缝控制技术

在水工建筑物中，为避免由于温度变化、地基不均匀沉降或地震作用使建筑结构发生变形或破坏，通常采用宽度约为 2cm 的缝将结构划分成若干个较小的独立单元，使建筑物具有较强的适应各种变形的能力，该缝称作结构变形缝。在泄水建筑物中，由于高速水流冲击或脉动作用，容易在结构变形缝位置发生破坏。综合分析其原因，一般结构变形缝设计或施工主要存在以下缺陷。

（1）结构变形缝表面平整度差，易发生空化空蚀，加剧混凝土表面破坏，是变形缝结构破坏的诱因。

（2）嵌缝材料强度较低，在高速水流的冲刷作用下，嵌缝材料被冲坏，导致变形缝周围的混凝土开始破坏。

（3）止水效果差，止水部位混凝土浇筑时振捣不密实，水流沿着止水渗透到地基，在结构底部形成较大的渗透压力。

（4）结构底部无可靠的排水设施，当结构底部有渗水时，不能及时排走。

（5）结构变形缝位置配筋或锚筋设置不合适，离缝面较远，导致结构变形缝周边形成较大范围的素混凝土区，结构强度较低，易发生破坏。

在高速水流作用下，一般水工结构变形缝可归纳为侵入或顶托两类破坏，破坏模式见图 4.3-9。侵入破坏 ［图 4.3-9（a）］ 中，高速水流首先冲坏结构变形缝表层涂料或嵌缝材料，水流继续向变形缝内侵入，遇止水受阻，当止水强度高止水效果好时，水流无法再向下侵入，在止水以上缝内形成较大水压力，将结构表层混凝土冲裂掀起，混凝土冲移后，在结构表面会继续发生破坏。这种破坏一般发生在缝面平整度差、嵌缝材料强度低及缝周边配筋不合理等情况。顶托破坏 ［图 4.3-9（b）］ 中，初始破坏的模式与侵入相同，同样在高速水流作用下，水流冲坏变形缝嵌缝材料和止水，继续向底板渗透，在底板下部形成较大的扬压力，将结构混凝土折断或整体掀起，这种模式破坏力强，后果严重，容易发生底板连续的掀起。这种破坏一般发生在止水效果差、锚筋设置不合理等情况。

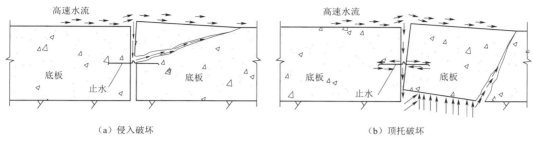

图 4.3 - 9 高速水流变形缝破坏简图

防止结构缝发生破坏的主要措施是有效阻止高速水流从结构缝中入侵。董箐水电站最高气温超过 40℃，最低气温 0℃左右，由于温差较大，如果采取无缝宽变形缝设计，可能会导致混凝土裂缝较多。根据结构变形缝破坏原理，在收集类似工程经验基础上，开展传统结构变形缝改进研究，从材料、止水型式、排水等方面分析，提出了一种新型变形缝的结构型式，新型水工结构变形缝在传统结构变形缝的基础上对表面抗冲磨材料、嵌缝材料、止水结构、底部排水等方面进行了改进。

新型变形缝结构从表层到底部包括①环氧砂浆，长度约 5cm；②高黏性、高强度硫化密封橡胶，长度约 10cm；③止水铜片；④黏在止水铜片上的 SR 止水条；⑤变形缝内嵌入 2cm 厚的 L600 低发泡聚乙烯闭孔塑料板；⑥在变缝缝底部的中空排水盲材；⑦包裹在中空排水盲材外面的土工布。在变形缝内嵌入 2cm 厚的聚乙烯闭孔塑料板，简化了施工程序，在靠近过水面的变形缝中为环氧砂浆嵌缝，以保证过水表面的平整度和嵌缝材料强度，环氧砂浆下部为高黏性、高强度的硫化橡胶充填，在提高了该部分嵌缝材料强度的同时，还形成了高速水流渗入变形缝中的第一道防线。同时，在变形缝中的铜片止水上复合SR 止水条，使水流渗入变形缝中的第二道防线更加可靠。另外，在变形缝底部地基上为塑料盲材设置排水暗沟，以排走渗水，避免因渗水形成反向的渗水压力，导致高速水流水工建筑物的破坏。因此该结构具有安全可靠、施工方便等优点。新型变形缝结构见图 4.3 - 10。

新型变形缝的环氧砂浆、硫化橡胶及嵌缝材料 L600 低发泡聚乙烯闭孔塑料板等材料，铜片止水根据承受水头大小选择不同的厚度。环氧砂浆技术性能指标、环氧砂浆配方、硫化橡胶技术性能指标、嵌缝材料 L600 低发泡聚乙烯闭孔塑料板指标、排水盲材指

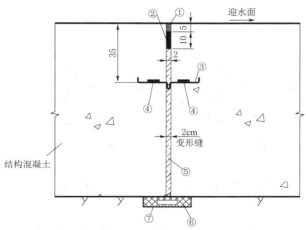

①—环氧砂浆；②—硫化密封橡胶；③—止水铜片；④—SR 止水条；
⑤—乙烯闭孔塑料板；⑥—中空排水盲材；⑦—土工布

图 4.3 - 10 新型变形缝结构图

标、土工布指标分别见表 4.3－4～表 4.3－9。

表 4.3－4　　　　　　　　　　　　环氧砂浆技术性能指标建议表

技 术 性 能	指标	技 术 性 能	指标
抗压强度/MPa	18	延伸率/%	20～40
与水泥砂浆黏结强度/MPa	2	龄期/d	28

表 4.3－5　　　　　　　　　　　　　环氧砂浆配方建议表

组成材料	比例（重量比）	备　注	组成材料	比例（重量比）	备　注
618 环氧树脂	100	主剂	GJ－915 固化剂	64	柔性固化剂
聚硫橡胶	20	增弹剂	石英粉	700	填料
MA 固化剂	15	潮湿水下环氧固化剂	砂	2100	细骨料

注　此配方仅供参考，施工单位应通过试验选择适合潮湿环境下使用、并达到力学特点要求的配比。

表 4.3－6　　　　　　　　　　　　　硫化橡胶技术性能指标表

技术指标	密度/（g/cm³）	表干时间/h	黏结强度/MPa	伸长率/%	耐温性/℃
指标值	1.6±0.1	≤24	≥2	≥180	－55～120

表 4.3－7　　　　　　　　　　嵌缝材料 L600 塑料闭孔板指标表

技术性能	指标	检 验 标 准
密度/（kg/m³）	120±5	《泡沫塑料及橡胶 表观密度的测定》（GB/T 6343—2009）
吸水率/%	≤7	《塑料吸水性试验方法》（GB/T 1034—1998）
弹性模量/MPa	1.5±0.5	《硬质泡沫塑料压缩试验方法》（GB 8813—88）
抗冻性	无变化	《水工混凝土试验规程》（SL 352—2006）
抗渗性	≥0.6	
抗拉强度/MPa	≥1.2	《塑料弯曲试验方法》（GB 1042—79）

表 4.3－8　　　　　　　　　　　　　排 水 盲 材 指 标 表

材料类型	空隙率	抗压强度/MPa	压缩率	通水量/（m³/h）
中空矩形型	≥85.50%	≤0.194	≤20%	≤1.913

表 4.3－9　　　　　　　　　　　　　　土 工 布 指 标 表

材　料	渗透系数/（cm/s）	抗拉强度/（N/cm）		等效孔径
90g 无纺土工布（维纶纤维）	＞0.005	＞20（湿态）	＞25（干态）	Q_{90}＜0.075

3. 薄底板强锚固技术

泄槽底板经纵、横向结构变形缝切割，形成相对独立的结构单元，各单元之间无约束，不能提供相互制约的作用力，底板抗外压稳定主要靠混凝土自重和锚筋锚固。混凝土重量和锚筋锚固力都可以有效地抵消泄槽结构向上的荷载。针对董箐溢洪道分析了泄槽底板抗外压 7.5m 水头时的底板不同厚度与所需锚筋的关系，底板厚度为 1.0m、2.0m、3.0m 和 4.2m 时，达到设计稳定安全系数分别所需锚筋参数为Φ28 间排距 1.5m、Φ25 间排距 1.5m、Φ25 间排距 2m 及不需要锚筋。计算结果表明随着结构厚度的增加，锚筋参数减少并不明显，说明锚筋的作用效果比混凝土自重更有效，当底板厚为 4.2m 时不需要锚筋，但显然可实施性和经济性较差。

从结构安全和施工工艺方面分析，底板混凝土厚度大于 1m 以上时，很难一次浇筑完成，需要采取分展浇筑的方式，分层浇筑容易产生冷缝，不利于底板结构稳定。经综合分析比较，该工程泄槽底板采用厚度 1.0m 的薄混凝土结构，设置 Φ28 间排距 1.5m 的锚筋，单块底板混凝土要求一次浇筑完成，避免了冷缝等不利因素。另外，针对锚筋的结构型式及设置方式上也进行了专门研究。

溢洪道泄槽底板被结构变形缝分割成独立单元后，对于单独一块底板，周边均为变形缝，从结构受力角度分析，四周相对薄弱，所以，锚筋布置时，先在周边按 1.5m 等间距设置一圈，锚筋尽量靠近变形缝端面（该工程锚筋距变形缝边线 0.5m），底板中部再按设计间排距 1.5m×1.5m 梅花形布置，见图 4.3－11。这种布置方式可以保证变形缝四周都有同等的锚筋，避免了部分锚筋距变形缝较远而形成薄弱部位。为充分发挥锚筋的锚固作用，防止锚筋在混凝土锚固段被拨出，锚筋结构型式采用倒 "L" 形，并与底板表层钢筋焊接，锚筋结构型式见图 4.3－11（b）。

4. 变形缝配筋加强技术

结构缝位置钢筋布置比较困难，受止水阻挡，缝面钢筋不易封闭，容易在缝周边形成较大面积的素混凝土区，见图 4.3－12（a）。从结构受力方面分析，由于素混凝土区不受钢筋约束，素混凝土抗拉强度低，在高速水流冲击或高外水作用下，容易发生结构开裂或断裂破坏。

鉴于此，董箐水电站溢洪道在变形缝位置配筋进行了加强，在止水位置设置 "⎡" 形竖向钢筋，该型钢筋两端与表层钢筋焊接，由于迎水面钢筋距止水较近，表层钢筋不易弯折，将止水下部纵向钢筋进行弯折，通过这样调整钢筋型式，使变形缝端面素混凝土区得到加强，可以有效地防止变形缝位置结构破坏，见图 4.3－12（b）。

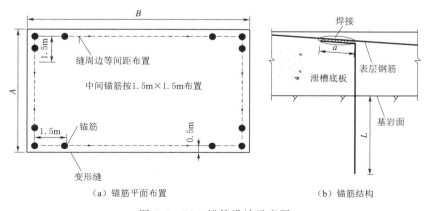

（a）锚筋平面布置　　　　　　　　（b）锚筋结构

图 4.3－11　锚筋设计示意图

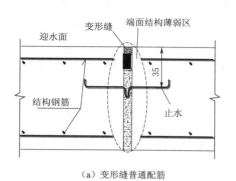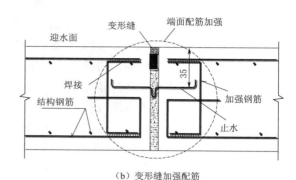

（a）变形缝普通配筋　　　　　　　　　　（b）变形缝加强配筋

图 4.3－12　变形缝位置配筋示意图（单位：cm）

5. 底板固结灌浆封孔技术

固结灌浆在底板结构混凝土上直接开孔，整个底板开孔较多，如果灌浆孔的封孔质量较差，影响泄槽底板的平整度，容易在孔口位置发生空蚀破坏。该工程对泄槽底板的固结灌浆孔封孔作了严格要求，从实际实施来看，效果较好。固结灌浆孔封孔方法为：待灌浆孔清理完毕后，采用水灰比为 0.5∶1 的浓浆液进行封孔，封孔灌注压力为该孔最大灌浆压力，灌注完成后，凿除孔内预埋管及水泥浆深 5cm，采用 C35 环氧砂浆抹平，抹平表面与原结构间的平整度控制在±5mm 内，封孔工艺见图 4.3－13。

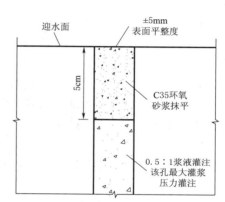

图 4.3－13　泄槽固结灌浆孔封孔处理示意图

4.3.3　适宜的抗冲磨混凝土防蚀

1. 抗冲耐磨混凝土性能要求

水电站建筑物的抗冲耐磨混凝土（龄期 28d，300 号以上）通常用于高速水流区、水流流态很差及结构应力复杂的部位，这些部位要求有较高的抗冲刷和耐磨损性能及整体高强度特性，且要求这些抗冲耐磨混凝土无裂缝。抗冲耐磨混凝土早期强度低，容易产生早龄期由寒潮或干缩等引起的裂缝，因此，选择适合工程特点的抗冲耐磨混凝土类型及其性能至关重要。

根据董箐水电站溢洪道的水力学特性、结构要求及实际施工条件，对抗冲耐磨混凝土的性能要求较为严格，具体如下。

（1）基本性能。强度为 $C_{90}45$（90d）、二级配、坍落度 5～7cm、抗渗 W10、抗冻 F100，需泵送的混凝土要求坍落度 14～16cm。

（2）抗冲蚀性能。抗冲磨强度为普通混凝土的 2～3 倍以上。

（3）变形性能。具有较高的极限拉伸值和较小的干缩变形，以减少和防止裂缝产生。

抗冲磨混凝土设计技术指标见表 4.3－10。

表 4.3 - 10		抗冲磨混凝土设计技术指标表			
强度等级	级配	抗渗等级（28d）	抗冻等级（28d）	坍落度/cm	强度保证率
$C_{90}45$	二级	W10	F100	5～7	90%

2. 抗冲磨材料选择

国内应用较多的抗冲磨材料有硅粉、铁钢砂、铁矿石骨料、纤维、HF 抗冲磨剂等。分述如下。

（1）硅粉。硅粉是高纯度的石英和碳在电弧炉中煅烧生产硅或硅铁合金时的副产品，是从飞逸出去的气体中回收的极细球形颗粒。

硅粉是一种高活性混合材料，呈淡灰至深灰色，与水拌和后的浆体呈黑色，掺入混凝土中，混凝土的颜色比未掺的颜色深。硅粉中绝大部分颗粒小于 $1\mu m$，平均粒径约 $0.1\mu m$。硅粉中 90%～96% 为二氧化硅。二氧化硅含量越高，其活性越大。

硅粉的颗粒极细，约为水泥平均细度的 1/100，比表面积很大，对水有较大的吸附作用。硅粉与水泥水化时析出的 CaO 产生水化反应，生成硅酸钙，从而可提高混凝土的抗压强度、抗冻融性、抗冲磨性。硅粉加入混凝土中，混凝土的黏性较大，给混凝土施工带来影响。

硅粉混凝土的早期干缩较大，如果早期养护措施不当，极易产生收缩裂缝。

（2）铁钢砂。铁钢砂一种褐色的矿物，其主要化学成分是 Fe_2O_3 和 SiO_2。在抗冲磨混凝土试验中可代替部分砂来提高混凝土的抗冲磨性能。但由于铁钢砂的细度模数大，混凝土的和易性差，施工性能不好，成本高，目前国内工程中应用较少。

（3）铁矿石骨料。用铁矿石代替部分混凝土粗骨料拌制的混凝土抗冲耐磨性能比用普通砂石拌制的混凝土要高，但是混凝土的用水量高，和易性差，施工性能不好，而且由于铁矿石自身比重较大，混凝土之间的黏聚性差。目前国内工程中应用较少。

（4）纤维。目前使用较多的纤维有聚丙烯纤维、聚丙烯腈纤维。纤维能在混凝土内部构成一种均匀的乱向支撑体系，在混凝土凝结过程中，当水泥基体收缩时，由于纤维这些微细配筋的作用而消耗了能量，可以抑制混凝土开裂的过程，有效提高混凝土韧性，提高了耐磨性和抗冲击能力等。但目前纤维在混凝土的应用中还存在着一些问题：一是有些纤维不易在混凝土中均匀分散而易缠绕成团，影响了混凝土的性能及和易性；二是具有较好增强效果的纤维价格较高，增加了混凝土的成本。

（5）HF 抗冲磨剂是一种与粉煤灰共掺，提高粉煤灰混凝土抗冲磨性能的专用耐磨剂。HF 混凝土，是由优质粉煤灰与 HF 抗冲磨剂按一定比例一同掺入普通混凝土中配制的综合性能优良的水工抗冲耐磨混凝土。

HF 混凝土黏聚性与保水性介于硅粉混凝土与普通混凝土之间，既克服了硅粉混凝土黏聚性太大不泌水的缺点，又改善了普通混凝土黏聚性差易泌水的性能；在和易性方面，由于粉煤灰的微集料效应，使粉煤灰混凝土的抗剪力显著减小，在外力作用下，易产生流动，因此在施工方面 HF 混凝土表现出了较大的优越性，易于振捣密实，易于出浆和收光抹面。

针对溢洪道的特殊性和对抗冲耐磨混凝土性能的要求，结合国内外抗冲耐磨材料的最新应用成果和董箐水电站实际情况，以掺 HF 抗冲耐磨剂为基础，选择了 4 种类型的抗冲耐磨混凝土进行对比试验研究，分别为：①基本混凝土配合比；②单掺 HF 配合比；③掺

HF 及 MgO；④掺 HF 及聚丙烯纤维。

3. 抗冲耐耐磨混凝土试验与选择

4 种抗冲耐磨混凝土的抗冲磨性能见表 4.3-11。

表 4.3-11　4 种抗冲耐磨混凝土的抗冲磨性能表

配合比编号	混凝土类型	90d 抗冲磨性能		抗压强度/MPa	
		磨损率/%	抗冲磨强度 $f_a h$ /（kg/m²）	28d	90d
K-1	基准混凝土	3.41	8.1	42.2	53.5
K-2	单掺 HF 1.8%	1.56	18.5	43.7	53.0
K-3	HF 1.8%+MgO	1.49	19.2	40.0	53.6
K-4	HF 1.8%+聚丙烯纤维	1.45	19.8	41.2	52.5

由表 4.3-11 可知各类抗冲耐磨混凝土的性能有较大的差别，简述如下：

（1）掺 HF 冲磨剂后混凝土的抗冲磨强度相比基准混凝土提高较多，表明掺 HF 冲磨剂后可较大幅度提高混凝土的抗冲磨能力。

（2）单掺 HF、掺 HF+MgO、HF+聚丙烯纤维 3 种混凝土相比，抗冲磨性能和抗压强度基本相当，掺 HF+聚丙烯纤维的混凝土抗冲磨强度最高，说明掺聚丙烯纤维对混凝土的抗冲磨能力有一定提高。

（3）掺 MgO 和聚丙烯纤维在一定程度上增加了工程投资和施工工序，施工工艺较复杂，经济性略差。

鉴于 4 种混凝土的力学性能，综合考虑施工工艺和经济性，董箐水电站选择单掺 HF1.8% 的抗冲耐磨混凝土。经现场试验调整，董箐水电站实际实施 HF 抗冲耐磨混凝土配合比见表 4.3-12。

表 4.3-12　董箐水电站实际实施 HF 抗冲耐磨混凝土配合比表

掺和料类别	水胶比	砂率/%	石子级配	材料用量/（kg/m³）						减水剂/%	引气剂	坍落度/cm	含气量/%	抗压强度/MPa		
				水	水泥	粉煤灰	砂	石子	HF					7d	28d	90d
F15%+HF 1.8%	0.38	36	二级配	120	268.4	47.4	712	1276	1.8%	0.4	0.3×10⁻⁴	5~7	3~4	35.7	43.7	53.0

4. 抗冲耐磨混凝土应用情况

根据董箐水电站溢洪道水力学特性，在流态紊乱、流速较大区设置了抗冲耐磨混凝土材料。董箐水电站溢洪道抗冲耐磨混凝土设置在易发生空化的溢流堰体表面、水流紊乱的泄槽收缩段、经常处于淹没或半淹没状态的潜堰、出口消能工段表面等部位。董箐水电站溢洪道抗冲耐磨混凝土设置见图 4.3-14。

HF 粉煤灰混凝土虽有较好的施工性能，但和普通混凝土相比，仍具有如下特殊的施工特性。

（1）在相同水胶比的条件下，HF 粉煤灰混凝土的用水量较高，导致混凝土绝热温升略高，需要十分重视表面保温和保湿措施，防止内外温差过大，或混凝土遭受冷击而产生裂缝。

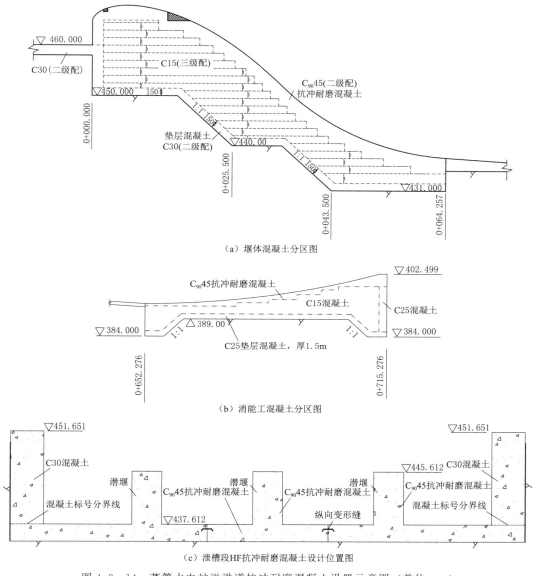

图 4.3-14 董箐水电站溢洪道抗冲耐磨混凝土设置示意图（单位：m）

（2）由于 HF 粉煤灰混凝土用水量相对较高，其干缩值在同龄期条件下比普通混凝土也要大。特别是在薄板条件下，失水干缩更快，因此必须加强保湿，防止早期失水干缩太快，导致混凝土表面裂缝。

（3）HF 粉煤灰混凝土通常用于泄水建筑物表面，厚度不大，但表面钢筋一般较多，须保证浇筑质量，确保结构安全。

经运行检查，溢洪道使用 HF 粉煤灰混凝土的部位完好、正常，表面十分平整。表明 HF 粉煤灰抗冲耐磨混凝土在抗冲刷、抗空蚀方面达到了预期的要求。

4.4 消能防冲区安全防护

4.4.1 概述

常见的水电站工程泄洪消能方式主要有挑流消能、底流消能及面流消能等,在堆石坝和拱坝工程中,通常采用挑流消能。拱坝工程中,为了保护坝体基础,在坝后设置了混凝土护底的消力池,一般都在大坝下游修建二道坝,形成一定初始消能水深,如东风、二滩、小湾、溪洛渡、锦屏一级等。堆石坝工程中,消能区距坝相对较远,常采用护坡不护底的型式,如洪家渡、天生桥一级、水布垭、糯扎渡、努力克列、奥罗维尔等,该种型式适用于泄洪水流归槽条件好、地形较开阔的工程中。

根据工程枢纽布置的需要,董箐水电站溢洪道消能防冲区选择在左岸下游的坝坪沟与主河道交汇处,与通常拱坝和堆石坝消能防冲区都不完全相同,形成了独具特色的消力池防冲布置(图 4.1-1),防护对象为坝坪沟内防冲区上游约 1000 万 m^3 的堆渣场和坝坪沟两岸坡。

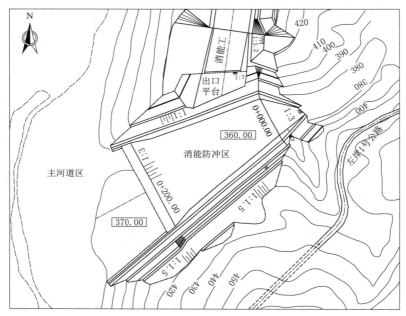

图 4.4-1 消能防冲区平面布置图(单位:m)

该区域地形较为狭窄,平均宽 50~80m,覆盖层厚 1.0~6.7m,两侧基岩以 T_2b^2 层砂岩与泥岩互层为主,下伏基岩强风化带深 4.5~13.55m,弱风化带深 8.15~20.00m,总体防冲条件较差。消能防冲区与泄洪水流和主河道流向均是大角度相交,水流条件较差,消能防冲区内水流流态复杂。为此采用动床试验研究了防冲区不护底方案的冲刷情况,采用定床试验研究了防冲区护底方案的冲击压力,评价了两种方案的安全影响,选择了防冲区护底方案为工程实施方案,并对实施方案进行了安全稳定分析评价。

4.4.2 防冲区布置方案研究

1. 不护底方案

不护底方案布置方式为：防冲区底面开挖至高程 353.00m，两岸采用混凝土护坡。为了研究不护底方案的可行性，采用动床试验进行模拟研究。动床模拟的局部冲刷时间模型为 6h 以上，观察冲坑已稳定，无散粒料从坑内冲出。

在库水位 488.10m（流量 $9577m^3/s$）工况下，当下游水位为 400m.00 时，冲坑最深点高程为 345.00m（图 4.4-2），相对深度 8m；当下游水位为 385.00m 时，冲坑最深点高程为 336.00m（图 4.4-3），相对深度 17m。

在库水位 490.70m（流量 $11478m^3/s$）工况下，当下游水位为 400.00m 时，冲坑最深点高程为 341.00m（图 4.4-4），相对深度 12m；当下游水位为 387.93m 时，冲坑最深点高程为 331.00m（图 4.4-5），相对深度 22m。

上述试验成果表明，在相同上游水位条件下，下游水位低时冲坑深度大。在相同下游水位条件下，上游水位高时冲坑深度大。冲坑深达 17～22m，会对两岸边坡造成不利影响，因此，不推荐采用不护底方案。

2. 护底方案

护底方案的布置见图 4.4-6。与不护底方案相比，开挖高程由 353.00m 抬高到 358.50m，减少开挖工程量约 10 万 m^3。防冲区底部采用 1.5m 厚的钢筋混凝土，边坡采

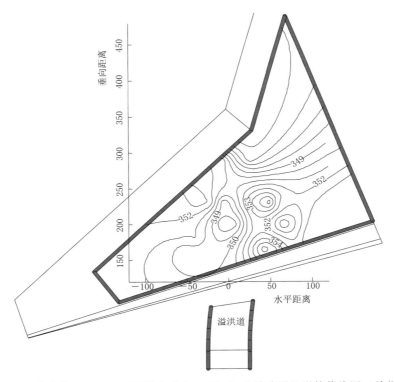

图 4.4-2　库水位 488.10m（下游水位 400.00m）下游冲刷地形等值线图（单位：m）

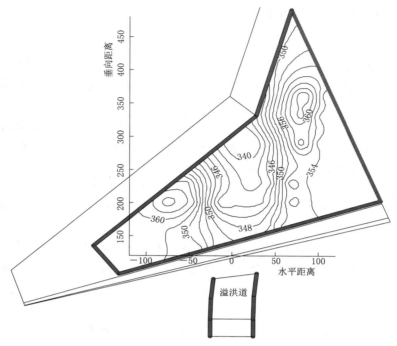

图 4 4 - 3　库水位 488.10m（下游水位 385.00m）下游冲刷等值线图（单位：m）

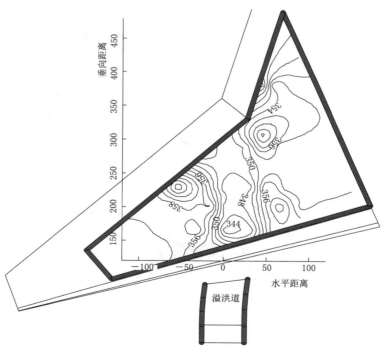

图 4.4 - 4　库水位 490.70m（下游水位 400.00m）下游冲刷等值线图（单位：m）

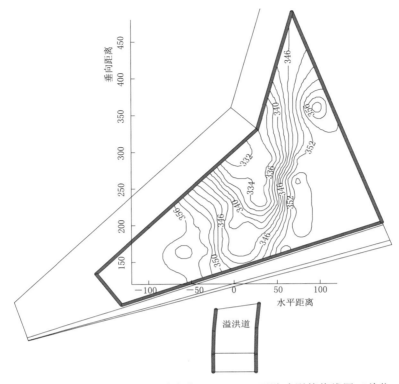

图 4 4-5 库水位 490.70m（下游水位 387.93m）下游冲刷等值线图（单位：m）

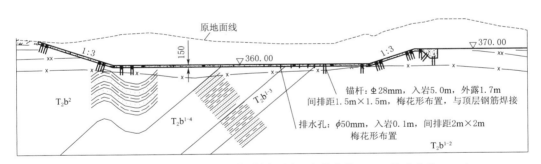

图 4.4-6 护底方案消力池结构纵剖面图（高程单位：m；尺寸单位：cm）

用 1.0m 厚的钢筋混凝土，底部设置排水孔及抗抬锚杆。为使防冲区有一定的初始水深，以便在初始泄洪时有一定的水垫厚度抵抗水流冲击力，将防冲区结构体型设置为中间低两端高的"凹"型消力池型式，凹槽底部高程为 360.00m，出口高程为 370.00m，凹槽内初始水垫厚度为 10m。

对消力池护底方案进行了定床试验，观测了消力池的动水压力：董箐库水位 490.70m、龙滩蓄水位 375.00m 时对应的溢洪道出口河道水位 387.93m，冲击区域动水压力最小值为－1.6m（比静水压力低 1.6m）水柱，最大值为 5.5m 水柱，大范围内冲击动压在 2m 水柱左右；在库水位 488.10m、泄洪流量 9533m³/s 时下游水位 385.00m，冲击区域动水压力最小值为－2m（比静水压力低 2m）水柱，最大值为 4.7m 水柱，大范围内冲击动压为 1～2m 水柱；下游水位 400.00m 时，动水压力很小，在渲泄设计流量时最大动水压力为 3.2m 水柱，在渲泄流量 9533m³/s 时，最大动水压力为 1.7m 水柱。试验表明"凹"型消力池结构体型，有效地保护了消能防冲结构的安全。

综上所述，消力池布置采用护底方案，其结构纵剖面见图 4.4-6。

3. 实施方案细部结构

消力池混凝土底板上直接设置排水孔和结构变形缝，排水孔直径 ϕ50mm，间排距 2.0m，结构变形缝宽 2.0cm，缝内不设止水。结构混凝土厚度为 1.0～1.5m，底板厚度相对较薄，薄底板的主要目的是保证混凝土竖向能一仓浇筑完成，能避免分仓浇筑引起的层间结构冷缝缺陷。结构锚杆采用加密加长设计，锚杆直径 Φ28，间排距 1.5m，结构型式为"Γ"形，外露段伸至结构表层钢处并与表层钢筋焊接牢固。

4.4.3　防冲区稳定分析

1. 失稳模式分析

工程消力池平底板结构的失稳形式通常是单个板块的局部失稳，其破坏过程主要经历三个阶段。

（1）板块间的伸缩接缝部分或全部止水破坏。造成的主要原因有：水流的冲击与来流挟带砂石颗粒和杂物的磨损碰撞作用，脉动压力长期、反复地对止水片的交变作用等。

（2）脉动压力波通过板块止水破坏的接缝处钻入板块底面接缝层中，并沿缝隙层迅速传播开来，导致板块上不断地受到剧烈、强大的脉动上举力作用。在长期作用下，板块底面缝隙层不断地被扩张和贯通，最终导致板块整体或部分和基岩分割开来，其锚筋整体或部分与基岩松动而失去作用。

（3）与基岩脱离的板块，在水流脉动上举力作用下，其失稳过程是一个随机振动过程，板块的起动过程特征与板块所受的脉动上举力特征密切相关。板块的失稳方式主要有浮升和翻转两种，见图 4.4-7（a）还有部分失稳的形式有断裂破坏和劈裂破坏，见图 4.4-7（b）、（c）。

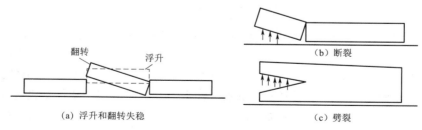

图 4.4-7　消力池底板的破坏形式示意图

结合董箐工程细部结构分析，消力池的可能失稳模式主要为浮升然后翻转失稳，其不利工况为：泄洪关闭闸门时，消力池内水位下降，导致底板扬压力的外水不能及时排出，外水对底板的顶托浮升。

消能防冲工程稳定分析工况按洪水标准 100 年一遇（$P=1\%$），其上游水位 490.00m，下泄流量 $Q=10100\text{m}^3/\text{s}$，下游水位为 386.29m。底板外水水头取值考虑 4 孔全开泄洪时，外水水位与池内水位同高，即为 386.29m。底板上的时均压力按闸门关闭后下泄流量对应的消力池内水位。关闭不同孔数闸门时消力池水位及水头见表 4.4-1。

表 4.4-1　　　　　关闭不同孔数闸门时消力池水位及水头表

突然关闭闸门数	消力池内水位/m	池内水头/m	外水水位/m	外水水头/m
0	386.29	26.29	386.29	27.79
1	383.47	23.47	386.29	27.79
2	380.65	20.65	386.29	27.79
3	377.82	17.82	386.29	27.79
4	375.00	15	386.29	27.79

2. 稳定计算分析

消力池底板稳定计算分析采用下式进行计算：

$$\psi\gamma_0 S \leq R/\gamma_d \tag{4.4-1}$$

式中：S 为作用效应函数；ψ 为设计状况系数；γ_0 为结构重要性系数；R 为抗力效应函数；γ_d 为结构系数。

设计状况系数 ψ 取 0.85，结构重要性系数 γ_0 取 1.0，结构系数 γ_d 为 1.05。

在底板上的作用力有脉动压力和扬压力，脉动压力取模型试验平均值 3.0m 水柱，分项系数 1.3；扬压力按表 4.1-1 外水水头取值，分项系数 1.0。

在底板上的抗力有混凝土自重、底板上的时均压力和锚杆锚固力，混凝土自重按 1.5m 厚计算，分项系数 0.95；底板上的时均压力近似按表 4.1-1 消力池内水头取值，分项系数 0.95；锚杆锚固力按锚杆直径 Φ28 间排距 1.5m 计算，分项系数 1.0。

不利工况计算成果见表 4.4-2。

表 4.4-2　　　　　　　　　不利工况计算成果表

闸门关闭数量/孔	脉动压力/（kN/m²）	扬压力/（kN/m²）	混凝土自重/（kN/m²）	时均压力/（kN/m²）	锚杆锚固力/（kN/m²）	作用力 $\psi\gamma_0 S$/kN	抗力 R/γ_d/kN
1 孔	38.26	272.62	35.63	218.73	84.70	264.25	322.91
2 孔	38.26	272.62	35.63	192.45	84.70	264.25	297.88
3 孔	38.26	272.62	35.63	166.07	84.70	264.25	272.76
4 孔	0.00	272.62	35.63	139.79	84.70	231.73	247.73

从上述计算结果可以发现，闸门关闭 1 孔和同时关闭 2 孔时，消力池底板的抗浮稳定安全裕度较高，当 3 孔或 4 孔同时关闭时，消力池底板的抗浮稳定安全裕度减小，表明闸门的运行方式对消力池的安全有着重要影响。

当然，上述计算是基于闸门关闭时，消力池内水位随流量减小快速降低，且未考虑消力池底板排水孔的排水作用。事实上，消力池内水位随流量下降需要一定的时间，消力池内水位降低过程中，存在内外水压差，排水设施必会发挥相应作用，因此，消力池底板的

安全裕度比计算值要大，消能防冲工程的安全性是有保障的。

4.5　小结

（1）董箐水电站溢洪道水力学指标在同类工程中居前列，具有中高水头泄水建筑物的共性，以"坝料需求、环境友好、水力安全"为核心，围绕溢洪道的体型设计、流道关键技术及消能防冲设计等方面开展研究，体现了"经典面板坝"布置的设计思路，充分利用溢洪道开挖料筑坝，达到挖填平衡的最优供需关系，符合节能、环保、经济的发展要求。在溢洪道体型与水力设计、超宽泄槽掺气技术、泄槽底板防冲抬技术、抗冲蚀及消能设计等方面有所创新和发展。

（2）在传统的掺气坎体型中，通过在掺气坎底部埋设掺气钢管，将空气引至泄槽中部，达到泄槽中部掺气的目的，解决了宽大泄槽高速水流中间部位掺气难的问题，经董箐水电站溢洪道泄水检验，掺气效果良好，新的掺气坎体型可以提高水流 20% 以上的掺气浓度，达到了消除空蚀的效果。

（3）在研究高速水流特性及水工建筑物传统变形缝薄弱环节的基础上，提出了一种高速水流水工建筑物变形缝结构。该结构在变形缝中嵌入一定长度的高黏性、高强度的硫化橡胶，并在表层嵌入环氧砂保护，底部设置排水，能有效地防止高速水流的侵入和及时排泄外水，保障了溢洪道底板的安全运行。

（4）科学地提出了抗冲耐磨混凝土在泄洪工程中的应用分区。泄水建筑在高速水流或水流紊乱状态下极易发生空蚀破坏，诸多工程因此失事，通过全面分析溢洪道的流速、流态，科学地提出了在极易发生空蚀的堰面、收缩段、消能工等部位采用抗冲耐磨混凝土，可以有效地防止混凝土结构的空蚀破坏，极大地提高了泄水建筑物的安全性能。

（5）董箐水电站溢洪道建成后汛期在高水位时经历多次泄洪，最大泄量约 $3000\mathrm{m}^3/\mathrm{s}$，经泄洪检验，溢洪道堰面、泄槽底板、边墙、消能工及消能池结构等运行良好。泄洪过程中，闸门操控灵活，泄槽水流流态平稳、掺气明显，消能工挑流水舌落点适中，消力池消能效果明显、边坡及底板结构稳定，基于董箐水电站研究的泄洪安全控制技术应用良好。

第 5 章

高尾水变幅水电站厂房

5.1 技术背景

董箐水电站的下游为红水河的龙滩水电站库区，在决策董箐电站时，龙滩水电站已于 2001 年开工，当时计划于 2007 年首台机投产发电，但龙滩水库的正常蓄水位尚未最终确定。国家对龙滩水电站建设的批复意见为："龙滩水电站远景设计规模的正常蓄水位为 400.00m，总装机容量 5400MW；近期建设规模的正常蓄水位为 375.00m，总装机容量 4200MW。"鉴于此，董箐水电站发电厂房及其水轮发电机组的设计条件具有不确定性，需要与龙滩水电站水库的远景设计正常水位和近期建设正常蓄水位相适应。董箐水电站坝址的河底高程为 363.00m，枯期河水位高程为 365.00m，当龙滩水电站正常水位 375.00m 时，董箐水电站坝址淹没 10m 以上，当龙滩水电站正常蓄水位 400.00m 时，董箐水电站坝址淹没 35m 以上，同时，龙滩水电站水库具有年调节性能，死水位 330.00m/340.00m（近期/远景），年际有较大的水库消落深度，相应的水头可供董箐水电站利用。在上述前提下，研究提出了"近期与远景相结合，最大限度利用水能资源，减少重复投资，发挥电站最大效益"的总体设计思路，由此带来了高尾水变幅条件下机组选型适应性和厂房结构适应性等一系列技术问题。

1. 高尾水变幅条件下机组选型适应性问题

通过对国内外 40 多座装有大型混流式水轮机的电站参数进行了统计，发现大多数电站水轮机稳定运行的水头变幅 $H_{max}/H_{min} < 1.65$、$H_{max}/H_p < 1.16$、$H_{max}/H_r < 1.2$、$H_{min}/H_p > 0.64$；水头变幅较大的国内外大、中型水电站的水头参数和比值见表 5.1-1。

表 5.1-1　水头变幅较大的国内外大、中型水电站的水头参数和比值

电站名称	P/MW	D_1/m	H_{max}/m	H_r/m	H_{min}/m	H_{min}/H_r	H_{max}/H_r	H_{max}/H_{min}
三峡	710	10.42	113	80.6	71	0.881	1.402	1.592
大古力Ⅲ	600	9.296	108.2	86.9	67	0.771	1.245	1.615
依泰普	715	8.4506	126.7	112.9	82.9	0.734	1.122	1.53
五强溪	248	8.3	60.9	44.5	36.24	0.814	1.37	1.68
吐库鲁依	368	8.15	67.6	60.8	45	0.74	1.112	1.5
岩滩	307.1	8	68.5	59.4	37	0.622	1.153	1.85
克拉斯诺亚尔斯克	508	7.5	100.5	93	76	0.817	1.081	1.32
塔贝拉	444.6	7.15	135.6	117.3	49.4	0.421	1.156	2.745
列维尔斯托克	467	7.01	130.2	126.8	110	0.867	1.027	1.184
古里Ⅱ	610	6.99	146	130	110	0.846	1.123	1.315

续表

电站名称	P/MW	D_1/m	$H_{\max}/\text{m}$	H_r/m	$H_{\min}/\text{m}$	$H_{\min}/H_r$	$H_{\max}/H_r$	$H_{\max}/H_{\min}$
二滩	561	6.257	189.0	165.0	135.0	0.82	1.15	1.4
麦卡	444	6.096	182.9	170.7	127.0	0.743	1.07	1.44
龙羊峡	326.5	6	150	122	76	0.622	1.25	1.974
李家峡	408.2	6	135.6	122	114.5	0.938	1.11	1.184
小浪底	310	6	141.7	112	67.91	0.606	1.265	2.09
天生桥 I	310	5.775	143	110.7	83	0.750	1.292	1.723
隔河岩	306	5.734	121.5	103	80.7	0.783	1.18	1.506

龙滩水电站正常蓄水位 400.00m 时，董箐电站最大水头 124.5m，最小水头 81m，加权平均水头 95.6m；龙滩水电站正常蓄水位 375.00m 时，董箐水电站最大水头 124.5m，最小水头 106m，加权平均水头 117.3m。董箐水电站远景的 $H_{\max}/H_{\min}$、$H_{\max}/H_p$、$H_{\max}/H_r$、$H_{\min}/H_p$ 水头比值分别为 1.537、1.302、1.324、0.847，远景 $H_{\max}/H_{\min}$ 已接近统计的最高值，而 $H_{\max}/H_p$、$H_{\max}/H_r$ 两项比值指标超过统计值。

国内外大型混流式水轮机组因水头变幅过大而出现振动、叶片裂纹现象，有的甚至在试运行期间或运行初期就出现叶片裂纹和稳定性问题，从而引起设备停机事故，带来巨大的经济损失。巴基斯坦的塔贝拉水电站在运行初期水轮机组就发生异常振动、转轮叶片出现裂纹，进而引起机组被迫停机检修的事故。国内的小浪底、大朝山、岩滩、五强溪、潘家口等水电站水轮机转轮叶片均出现裂纹，小浪底首台机组在运行初期就发生大轴抖动并伴有异常噪声，经过 1000 多小时运行后发现 13 个叶片全部出现裂纹等问题；岩滩机组运行水头高于设计水头、负荷低于额定功率的 85% 运行区时，由于水压脉动、机组振动等因素，引起厂房楼板剧烈共振，使电气设备发生误动作无法安全运行；潘家口电站机组在 75～85m 水头下运行时，机组振动、空蚀、噪声十分严重，12 年里尾水管锥管曾 8 次被撕裂，转轮 14 个叶片中有 11 个在靠近下环处产生裂纹，空蚀坑深度 20～25mm。可见，高水位变幅对水轮机组的结构安全和稳定运行有着重要影响。

2. 高尾水变幅厂房结构适应性问题

董箐水电站厂房承受的最大作用水头为 60.65m，相当于挡水建筑物的中型大坝，而厂房结构因为要满足机电设备的布置要求，挡水结构不可能像重力坝一样设计成大体积混凝土结构，只能设计为薄壁墙体结构，而且由于厂房尾水水位较高，厂房基底的扬压力也相应较高，从而加大了厂房整体结构、下游挡水结构设计难度和风险。

从国内已建的水电站厂房来看，在高尾水作用下厂房容易在结构缝、止水、混凝土部位产生渗漏，如龙羊峡、宝珠寺、万安、长洲、近尾洲、万家寨等水电站厂房都发生过漏水和渗水现象，产生的原因有混凝土抗渗等级低、止水失效、混凝土的膨胀或干缩变形、混凝土浇筑层间施工缝等。厂房漏水、渗水让厂内变得潮湿，容易腐蚀机电设备，缩短设备的寿命，而且影响混凝土自身的耐久性，给厂房结构运行带来安全隐患。因此，研究适应高尾水变幅的厂房结构型式、混凝土材料、止水型式及混凝土的分层分块，具有重要的意义。

5.2 基于高尾水变幅条件下水头利用及水轮机选型

5.2.1 水头利用研究

水头利用主要研究下游龙滩水电站水库运行（近期/远景）特性和董箐水电站水头（近期/远景）特性，在此基础上选择合理的装机容量，确定董箐水电站额定水头。

1. 下游龙滩水电站水库运行（近期/远景）特性

（1）龙滩水电站水库近期运行特点。龙滩水电站水库近期按正常蓄水位 375.00m 运行时，其水库运行方式为：汛期 5—6 月运行时预留防洪库容 50 亿 m³，相应防洪限制水位为 359.30m；7 月防洪限制水位提高到 369.20m，以后可允许蓄至正常蓄水位运行。龙滩水库具有年调节性能，水库一般在 8 月底 9 月初蓄到正常蓄水位 375.00m，10—11 月维持在正常水位运行，12 月至次年 5 月水库水位逐渐消落，一般年份 5 月初水库水位消落到 350.00m，遭遇来水偏枯或者连续枯水段，水库水位消落到 350.00m 以下，直到死水位 330.00m。根据历年径流资料，龙滩水库正常蓄水位 375.00m 时逐月平均水位见表5.2-1。

表 5.2-1　　　　　　龙滩水库正常蓄水位 375.00m 逐月平均水位表　　　　单位：m

年份	1 月	2 月	3 月	4 月	5 月	6 月	7 月	8 月	9 月	10 月	11 月	12 月
1951	367.80	363.70	358.70	353.00	353.20	357.90	364.30	372.10	375.00	375.00	375.00	372.90
1952	367.40	362.70	358.70	353.00	354.70	359.30	363.10	370.90	375.00	375.00	374.60	370.90
1953	366.30	362.00	357.50	353.00	354.40	359.00	364.10	370.70	373.70	374.70	374.40	371.30
1954	364.90	361.00	355.00	349.50	352.10	357.10	364.30	372.10	375.00	375.00	374.90	371.50
1955	367.10	363.40	358.90	353.00	352.60	357.30	363.30	372.10	375.00	375.00	375.00	372.90
1956	367.70	362.70	358.40	353.00	354.70	359.30	364.10	371.90	375.00	375.00	374.70	370.80
1957	365.70	360.30	356.20	351.10	348.30	354.70	364.30	372.10	375.00	375.00	373.30	370.20
1958	365.20	360.00	356.20	349.80	343.60	342.20	345.90	360.70	372.90	375.00	374.40	370.20
1959	365.30	360.20	356.00	352.30	354.10	359.00	364.30	375.00	375.00	375.00	374.50	370.40
1960	365.20	360.40	355.80	348.80	345.60	352.20	362.80	371.90	374.70	374.50	373.60	370.00
1961	365.20	360.80	355.70	351.60	354.70	359.30	363.70	371.60	375.00	375.00	375.00	372.90
1962	368.50	363.70	358.90	353.00	352.00	356.60	364.30	372.10	375.00	375.00	374.50	370.50
1963	366.40	361.30	352.50	348.20	347.10	342.00	346.60	359.60	365.10	365.60	363.70	360.20
1964	354.10	345.00	335.30	331.00	330.00	336.30	354.50	370.10	375.00	375.00	375.00	372.70
1965	367.50	362.90	358.60	353.00	353.70	358.30	364.30	372.10	375.00	375.00	375.00	372.90
1966	368.00	363.40	358.90	353.00	352.60	357.60	364.30	375.00	375.00	375.00	375.00	372.50
1967	367.90	362.90	358.00	353.00	352.90	357.90	364.30	375.00	375.00	375.00	375.00	372.90
1968	367.90	363.00	358.90	353.00	352.60	357.60	364.30	372.10	375.00	375.00	375.00	372.90
1969	367.40	362.70	358.70	353.00	353.70	358.40	364.30	372.10	375.00	375.00	373.30	370.00

年份	1月	2月	3月	4月	5月	6月	7月	8月	9月	10月	11月	12月
1970	365.70	360.30	355.80	352.10	351.00	356.40	364.30	372.10	375.00	375.00	374.70	372.50
1971	367.90	363.20	358.70	353.00	353.40	358.00	364.30	372.10	375.00	375.00	375.00	372.90
1972	368.10	363.40	358.70	353.00	354.30	359.00	361.40	363.20	369.00	375.00	375.00	372.90
1973	368.50	363.70	358.70	353.00	354.10	358.70	364.10	372.00	375.00	375.00	375.00	372.40
1974	367.80	362.90	358.00	353.00	353.20	357.80	364.30	372.10	375.00	375.00	374.80	371.10
1975	366.70	363.40	358.30	352.80	353.70	358.40	362.90	369.20	372.50	373.40	373.90	371.10
1976	365.70	361.40	353.50	346.80	348.50	355.40	364.30	372.10	375.00	375.00	375.00	372.80
1977	367.60	362.90	358.10	352.40	352.40	357.10	364.30	372.10	375.00	375.00	375.00	372.90
1978	367.40	362.60	358.60	353.00	354.40	359.00	364.30	372.10	375.00	375.00	375.00	372.80
1979	367.70	362.90	358.10	353.00	353.30	358.20	364.30	372.10	375.00	375.00	374.50	370.60
1980	365.80	360.30	356.10	352.30	352.80	358.20	364.30	372.10	375.00	375.00	374.30	370.40
1981	365.80	360.60	355.30	352.10	353.10	357.80	363.80	371.60	375.00	375.00	375.00	372.80
1982	367.70	363.10	358.70	353.00	353.80	358.40	363.80	371.60	375.00	375.00	375.00	372.90
1983	368.10	363.40	358.70	353.00	354.70	359.30	364.30	371.40	375.00	375.00	375.00	372.90
1984	368.30	363.50	358.70	353.00	354.60	359.20	364.30	372.10	375.00	375.00	374.30	370.60
1985	366.10	361.90	357.60	353.00	354.40	359.10	364.30	372.10	375.00	375.00	374.80	371.40
1986	366.90	362.60	357.60	352.90	352.50	356.70	364.30	372.10	375.00	375.00	375.00	372.90
1987	367.40	362.60	358.70	353.00	350.00	348.00	357.20	372.10	375.00	375.00	374.30	371.60
1988	367.00	362.70	357.90	353.00	351.80	356.30	363.50	371.50	375.00	375.00	374.30	370.10
1989	365.70	360.30	355.90	351.30	349.40	355.60	364.00	371.00	373.80	374.00	370.60	363.20
1990	353.50	341.50	333.80	331.30	330.40	344.80	364.00	372.10	375.00	375.00	374.80	371.20
1991	366.30	362.30	357.90	352.90	351.70	356.30	364.30	372.10	375.00	375.00	374.90	372.10
多年平均	366.30	361.30	356.40	351.20	351.30	355.90	362.70	371.00	374.40	374.70	374.30	371.30

由表 5.2-1 可看出，在龙滩 41 年的系列中，有 37 年水库运行达到正常蓄水位，水库蓄满率为 88.1％；由逐月水位统计情况，龙滩在正常蓄水位运行的概率为 17.65％，相当于平均每年有 2.1 个月的时间在 375.00m 水位运行。

（2）龙滩水电站水库远景运行特点。龙滩水电站水库远景按正常蓄水位 400.00m 运行时，其水库运行方式为：汛期 5—6 月运行时可预留防洪库容 70 亿 m^3，相应防洪限制水位为 385.40m；7 月防洪限制水位提高到 393.30m，以后可允许蓄至正常蓄水位运行。在汛期，由于要预留防洪库容，库水位较低；在枯期，利用汛期的蓄水发电，库水位往往较高。龙滩水库正常蓄水位 400.00m 时具有多年调节性能，一般情况下，水库水位在 400.00（正常蓄水位）～380.00m（消落水位）之间运行，来水较枯的年份，水库水位适当消落到 380.00m 以下，满足发保证出力的要求，只有遭遇连续枯水年，水库调用多年调节库容进行补偿调节，水库水位消落到死水位 340.00m。经对龙滩逐月平均水位统计，水库水位 95％以上在 370.00m 以上运行，少数年份水位消落到 340.00m。根据历年径流资料，龙滩水库逐月平均水位见表5.2-2。

表5.2-2 龙滩水库逐月平均水位表 单位：m

年份	1月	2月	3月	4月	5月	6月	7月	8月	9月	10月	11月	12月
1951	394.00	389.90	385.60	382.10	381.70	384.40	389.80	397.10	400.00	400.00	400.00	398.20
1952	394.00	388.50	385.00	382.30	382.70	385.40	388.50	395.80	400.00	400.00	400.00	397.40
1953	393.00	389.10	384.40	380.20	381.80	385.10	388.70	393.80	397.10	399.20	399.80	397.80
1954	393.90	390.20	384.80	378.60	374.90	379.40	389.70	397.10	400.00	400.00	400.00	397.40
1955	392.50	388.80	384.90	380.30	379.30	382.90	388.50	395.50	399.90	400.00	400.00	398.20
1956	393.90	388.50	384.70	380.50	381.50	385.40	388.50	395.80	400.00	400.00	399.90	397.20
1957	392.80	389.10	385.00	381.00	379.60	382.80	389.80	397.10	400.00	400.00	399.90	397.40
1958	393.10	389.10	385.00	380.80	376.80	373.50	374.60	383.30	393.90	398.50	399.20	397.50
1959	393.50	389.50	385.60	381.60	382.40	385.40	389.70	397.00	400.00	400.00	399.90	397.30
1960	392.90	389.00	385.00	380.90	378.60	379.80	387.40	396.80	399.50	399.40	399.70	397.80
1961	393.90	388.40	382.40	379.80	381.90	384.60	387.70	395.00	400.00	400.00	400.00	398.20
1962	394.60	390.50	386.30	382.30	380.30	383.00	389.80	397.10	400.00	400.00	399.90	397.10
1963	392.70	387.40	379.90	376.10	376.50	372.70	373.50	380.80	383.80	383.10	380.50	376.40
1964	370.90	363.20	353.50	344.80	340.50	344.30	357.50	380.40	397.10	400.00	400.00	398.10
1965	393.80	388.50	384.80	382.00	382.00	384.70	389.80	397.10	400.00	400.00	400.00	398.20
1966	394.40	389.50	385.30	381.50	380.70	384.00	389.80	397.10	400.00	400.00	400.00	397.70
1967	392.60	388.60	384.30	380.20	380.80	383.90	389.80	397.10	400.00	400.00	400.00	398.20
1968	394.30	389.40	385.60	382.20	382.20	384.90	389.80	397.10	400.00	400.00	400.00	398.20
1969	394.10	388.60	384.90	381.30	380.40	383.90	389.80	397.10	400.00	400.00	399.60	396.60
1970	392.80	389.40	385.00	381.10	380.20	382.70	389.30	397.10	400.00	400.00	400.00	398.00
1971	394.10	389.30	385.30	381.70	381.10	383.30	389.80	397.10	400.00	400.00	400.00	398.20
1972	394.50	390.70	385.50	381.10	382.70	385.40	387.00	388.80	393.70	399.20	400.00	398.20
1973	394.60	390.20	386.10	382.30	382.40	385.10	389.70	397.00	400.00	400.00	400.00	397.60
1974	392.50	388.60	384.80	380.20	380.20	383.80	389.80	397.10	400.00	400.00	400.00	397.40
1975	392.50	388.70	384.80	380.30	380.30	383.90	387.50	391.10	394.70	397.60	398.30	397.10
1976	392.90	386.40	378.70	371.60	370.10	378.20	389.50	397.10	400.00	400.00	400.00	398.20
1977	393.80	388.60	385.00	381.90	381.10	384.00	389.80	397.10	400.00	400.00	400.00	398.20
1978	394.00	388.60	385.10	381.30	381.40	385.00	389.80	397.10	400.00	400.00	400.00	398.20
1979	393.80	388.30	385.00	382.10	381.80	384.70	389.80	397.10	400.00	400.00	399.90	397.30
1980	392.90	389.00	384.90	381.00	381.10	384.10	389.60	397.10	400.00	400.00	399.70	397.00
1981	392.90	389.00	384.90	381.10	381.20	383.30	388.30	394.10	398.50	400.00	400.00	398.20
1982	393.70	389.90	385.30	380.90	382.10	384.80	388.80	396.00	399.90	400.00	400.00	398.20
1983	394.30	389.70	385.90	382.30	382.50	385.20	388.90	396.20	400.00	400.00	400.00	398.20

年份	1 月	2 月	3 月	4 月	5 月	6 月	7 月	8 月	9 月	10 月	11 月	12 月
1984	394.50	389.70	385.50	382.10	382.70	385.40	389.80	397.10	400.00	400.00	399.70	397.10
1985	392.90	389.20	385.20	380.90	381.90	385.10	389.80	397.10	400.00	400.00	400.00	397.40
1986	392.50	388.90	385.10	380.40	374.90	376.60	387.90	397.10	400.00	400.00	400.00	398.20
1987	394.10	388.60	385.00	381.00	378.40	379.00	386.40	397.10	400.00	400.00	399.90	397.50
1988	392.40	388.70	384.60	380.20	378.70	381.80	387.70	395.10	400.00	400.00	399.80	397.00
1989	392.80	389.10	384.90	380.80	378.80	382.00	388.20	392.00	393.80	393.20	389.20	382.90
1990	374.90	365.80	357.30	348.10	342.40	352.30	373.60	386.80	390.90	393.30	393.30	394.40
1991	393.00	389.70	385.70	381.40	375.90	378.50	389.30	397.10	400.00	400.00	399.90	397.50
多年平均	392.47	387.85	383.33	379.08	378.20	381.13	387.14	394.81	398.60	399.10	399.00	396.76

由表 5.2-2 可看出，在龙滩水库 41 年的系列中，有 34 年水库运行达到 400.00m 正常蓄水位，水库蓄满率为 83%，蓄满的时间一般在 8 月底 9 月初，每年的 9—11 月水库水位维持在 400.00m，龙滩水库在正常蓄水位运行的概率为 20.5%，相当于平均每年有 2.5 个月的时间在 400.00m 水位运行。

（3）下游龙滩水电站水库运行特性分析。董箐水电站多年平均流量 398m³/s，对应的厂坝址天然水位为 367.38m，发电引用流量为 934m³/s，对应的厂坝址天然水位为 369.15m。下游龙滩水电站受大量移民安置和耕地淹没影响，要实现远景正常蓄水位 400.00m 运行的难度较大，预测在较长时期内按正常蓄水位 375.00m 运行，在该种运行方式下，年内水位约 7 个月时间在董箐水电站坝址天然水位 369.15m 以下，由此可见有较大的水头资源可供董箐水电站利用。

2. 董箐水电站水头（近期/远景）特性分析

董箐水电站上游"龙头"水库——光照水电站，其调节库容 20.37 亿 m³，具有不完全多年调节性能，董箐水电站建成后，与上游光照水电站同步运行，光照水电站额定引用流量为 866m³/s，董箐水电站额定引用流量为 934m³/s，区间平均流量为 137m³/s。董箐水库水位过程特点为：枯水期光照至董箐坝址区间来流量相对较小，需董箐水库调蓄区间流量的库容不大，约 500 万 m³，因此枯水期董箐水库一般维持在高水位运行，一般在 489.00m 左右；6—9 月光照汛期以拦蓄为主，虽然下泄流量较为均匀，但光照—董箐坝址区间仍有较大的来流量，根据光照、董箐丰、平、枯代表年日平均流量统计，区间最大日平均流量为 1646m³/s，根据光照、董箐典型日逐时发电流量计算，需调节库容 1.08 亿 m³，相应消落水位为 485.00m，因此，董箐水电站汛期 6—9 月水库水位稍低，一般在 485.00～490.00m 之间变化。

（1）董箐水电站近期水头特性分析。根据历年径流资料，考虑董箐水库水位过程特点，汛期 6—9 月平均水位 487.50m，10 月至次年 5 月平均水位 489.50m，水头损失按 2m 计，董箐水电站水头特性（龙滩水电站 375.00m）见表 5.2-3，董箐水电站利用水头分布统计表（龙滩水电站 375.00m）见表 5.2-4。

表 5.2－3　　　　　考虑龙滩水电站月平均水位变化的董箐水电站
水头特性表（龙滩水电站 375.00m）　　　　　　单位：m

年份	1月	2月	3月	4月	5月	6月	7月	8月	9月	10月	11月	12月
1951	119.60	123.70	122.10	122.00	120.90	118.70	116.00	113.40	110.50	112.50	112.50	114.60
1952	120.00	121.00	122.10	122.00	120.90	118.70	116.00	114.50	110.50	112.50	112.80	116.50
1953	121.20	121.00	122.10	122.00	120.90	118.70	116.00	114.80	111.83	112.80	113.00	116.20
1954	122.60	121.00	122.10	122.00	120.90	118.70	116.00	113.40	110.50	112.60	112.60	115.90
1955	120.40	124.10	122.10	122.00	120.90	118.70	116.00	113.40	110.50	112.50	112.50	114.60
1956	119.80	121.00	122.10	122.00	120.90	118.70	116.00	113.50	110.50	112.50	112.80	116.70
1957	121.80	121.00	122.10	122.00	120.90	118.70	116.00	113.40	110.50	112.50	113.30	117.30
1958	122.20	121.00	122.10	122.00	120.90	118.70	116.00	112.60	110.50	112.50	113.10	117.20
1959	122.20	121.00	122.10	122.00	120.90	118.70	116.00	113.40	110.50	112.50	113.00	117.00
1960	122.30	121.00	122.10	122.00	120.90	118.70	116.00	113.50	110.80	112.90	113.90	117.50
1961	122.30	121.00	122.10	122.00	120.90	118.70	116.00	113.90	110.50	112.50	112.50	114.60
1962	119.00	123.70	122.10	122.00	120.90	118.70	116.00	113.40	110.50	112.50	113.00	117.00
1963	121.10	121.00	122.10	122.00	120.90	118.70	116.00	116.50	120.37	121.80	123.70	121.50
1964	120.90	121.00	122.10	122.00	120.90	118.70	116.00	115.30	110.50	112.50	112.50	114.80
1965	120.00	121.00	122.10	122.00	120.90	118.70	116.00	113.40	110.50	112.50	112.50	114.60
1966	119.40	124.30	122.10	122.00	120.90	118.70	116.00	113.40	110.50	112.50	112.50	115.00
1967	119.60	121.00	122.10	122.00	120.90	118.70	116.00	113.40	110.50	112.50	112.50	114.60
1968	119.70	121.90	122.10	122.00	120.90	118.70	116.00	113.40	110.50	112.50	112.50	114.60
1969	120.00	121.00	122.10	122.00	120.90	118.70	116.00	113.40	110.50	112.50	113.30	117.40
1970	121.80	121.00	122.10	122.00	120.90	118.70	116.00	113.40	110.50	112.50	112.80	114.90
1971	119.60	124.30	122.10	122.00	120.90	118.70	116.00	113.40	110.50	112.50	112.50	114.60
1972	119.40	124.10	122.10	122.00	120.90	118.70	116.00	122.30	116.53	112.50	112.50	114.60
1973	119.00	123.70	122.10	122.00	120.90	118.70	116.00	113.50	110.50	112.50	112.50	115.10
1974	119.60	121.00	122.10	122.00	120.90	118.70	116.00	113.40	110.50	112.50	112.70	116.30
1975	120.80	124.10	122.10	122.00	120.90	118.70	116.00	116.30	112.96	114.15	113.50	116.40
1976	121.70	121.00	122.10	122.00	120.90	118.70	116.00	113.40	110.50	112.50	112.50	114.70
1977	119.90	121.00	122.10	122.00	120.90	118.70	116.00	113.40	110.50	112.50	112.50	114.60
1978	120.00	121.00	122.10	122.00	120.90	118.70	116.00	113.40	110.50	112.50	112.50	114.70
1979	119.80	121.00	122.10	122.00	120.90	118.70	116.00	113.40	110.50	112.50	113.00	116.90
1980	121.60	121.00	122.10	122.00	120.90	118.70	116.00	113.40	110.50	112.50	113.20	117.10
1981	121.70	121.00	122.10	122.00	120.90	118.70	116.00	113.80	110.50	112.50	112.50	114.70
1982	119.70	124.40	122.10	122.00	120.90	118.70	116.00	113.80	110.50	112.50	112.50	114.60
1983	119.40	124.10	122.10	122.00	120.90	118.70	116.00	114.15	110.50	112.50	112.50	114.60
1984	119.20	123.90	122.10	122.00	120.90	118.70	116.00	113.40	110.50	112.50	113.10	116.90

续表

年份	1 月	2 月	3 月	4 月	5 月	6 月	7 月	8 月	9 月	10 月	11 月	12 月
1985	121.40	121.00	122.10	122.00	120.90	118.70	116.00	113.40	110.50	112.50	112.60	116.10
1986	120.60	121.00	122.10	122.00	120.90	118.70	116.00	113.40	110.50	112.50	112.50	114.60
1987	120.10	121.00	122.10	122.00	120.90	118.70	116.00	113.40	110.50	112.50	112.60	115.90
1988	120.50	121.00	122.10	122.00	120.90	118.70	116.00	114.00	110.50	112.50	113.20	117.30
1989	121.80	121.00	122.10	122.00	120.90	118.70	116.00	114.50	111.67	113.50	116.90	123.30
1990	120.90	121.00	122.10	122.00	120.90	118.70	116.00	113.40	110.50	112.50	112.70	116.30
1991	121.10	121.00	122.10	122.00	120.90	118.70	116.00	113.40	110.50	112.50	112.50	115.30
平均	120.60	121.80	122.10	122.00	120.90	118.70	116.00	114.10	111.10	112.80	113.20	116.10

表 5.2 - 4　　　　　董箐水电站水头分布统计表（龙滩水电站 375.00m）

水头/m	<110.5	110.5～117.3	117.3～120	120～124.5
权重/%	7.3	40.57	12.37	39.76

　　近期龙滩水电站按正常蓄水位 375.00m 运行时，董箐水电站最大利用水头 124.5m，最小利用水头 106m，加权平均利用水头 117.3m。根据统计，大于加权水头的概率为 52.13%。龙滩水电站按 375.00m 运行时，1—4 月由水库供水以满足发保证出力的要求，水库水位消落较低，而此时段董箐水电站的下泄流量较小，因此这几个月董箐水电站的水头均超过了 120m。虽然龙滩水电站在 5—6 月受防洪限制水位 359.30m 的控制，但由于 5—6 月来水较大，天然水位较高，因此，此时段董箐水电站的水头接近加权水头。

　　（2）董箐水电站远景利用水头特性分析。根据历年径流资料，考虑董箐水电站水位过程特点，汛期 6—9 月平均水位 487.50m，10 月至次年 5 月平均水位 489.50m，水头损失按 2m 计。董箐水电站水头特性（龙滩 400.00m）见表 5.2 - 5，董箐水电站水头分布统计表（龙滩 400.00m）见表 5.2 - 6。

表 5.2 - 5　　　　　考虑龙滩水电站逐月平均水位变化的董箐水电站

水头特性表（龙滩水电站 400.00m）　　　　　单位：m

年份	1 月	2 月	3 月	4 月	5 月	6 月	7 月	8 月	9 月	10 月	11 月	12 月
1951	93.50	97.60	101.90	105.40	105.80	101.10	95.70	88.40	85.50	87.50	87.50	89.30
1952	93.50	99.00	102.50	105.20	104.80	100.10	97.10	89.80	85.50	87.50	87.50	90.10
1953	94.50	98.40	103.10	107.30	105.70	100.40	96.80	91.70	88.50	88.30	87.70	89.70
1954	93.60	97.30	102.70	108.90	112.60	106.10	95.80	88.40	85.50	87.50	87.50	90.10
1955	95.00	98.70	102.60	107.20	108.20	102.60	97.00	90.00	85.70	87.50	87.50	89.30
1956	93.50	99.00	102.50	107.00	106.00	100.10	97.00	89.70	85.50	87.60	87.50	90.30
1957	94.70	98.40	102.50	106.50	107.90	102.70	95.70	88.40	85.50	87.50	87.60	90.10
1958	94.40	98.40	102.50	106.70	110.70	112.00	110.90	102.20	91.60	89.00	88.30	90.00
1959	94.00	98.00	101.90	105.90	105.10	100.10	95.80	88.50	85.50	87.50	87.60	90.20

年份	1 月	2 月	3 月	4 月	5 月	6 月	7 月	8 月	9 月	10 月	11 月	12 月
1960	94.60	98.50	102.50	106.60	108.90	105.80	98.10	88.70	86.00	88.10	87.80	89.70
1961	93.60	99.10	105.10	107.70	105.60	100.90	97.80	90.50	85.50	87.50	87.50	89.30
1962	92.90	97.10	101.20	105.20	107.20	102.50	95.70	88.40	85.50	87.50	87.60	90.40
1963	94.80	100.10	107.60	111.40	111.00	112.90	112.00	104.70	101.70	104.40	107.00	111.10
1964	116.60	124.30	122.10	122.00	120.90	118.70	118.00	105.20	88.40	87.50	87.50	89.40
1965	93.70	99.00	102.70	105.50	105.50	100.80	95.70	88.40	85.50	87.50	87.50	89.30
1966	93.10	98.00	102.20	106.00	106.80	101.50	95.70	88.40	85.50	87.50	87.50	89.80
1967	94.90	98.90	103.20	107.40	106.70	101.60	95.70	88.40	85.50	87.50	87.50	89.30
1968	93.20	98.10	101.90	105.30	105.30	100.60	95.70	88.40	85.50	87.50	87.50	89.30
1969	93.40	98.90	102.60	106.20	107.10	101.60	95.70	88.40	85.50	87.50	87.90	90.90
1970	94.70	98.10	102.50	106.40	107.30	102.80	96.20	88.40	85.50	87.50	87.50	89.50
1971	93.40	98.20	102.20	105.80	106.40	101.30	95.70	88.40	85.50	87.50	87.50	89.30
1972	93.00	96.80	102.00	106.40	104.80	100.10	98.50	96.70	91.80	88.30	87.50	89.30
1973	92.90	97.30	101.40	105.20	105.10	100.40	95.80	88.50	85.50	87.50	87.50	89.90
1974	95.00	98.90	102.70	107.30	107.30	101.70	95.70	88.40	85.50	87.50	87.50	90.20
1975	95.00	98.80	102.70	107.20	107.20	101.60	98.00	94.40	90.80	89.90	89.20	90.40
1976	94.60	101.10	108.80	115.90	117.50	107.30	96.00	88.40	85.50	87.50	87.50	89.30
1977	93.70	98.90	102.50	105.60	106.40	101.50	95.70	88.40	85.50	87.50	87.50	89.30
1978	93.50	98.90	102.50	106.20	106.10	100.50	95.70	88.40	85.50	87.50	87.50	89.30
1979	93.70	99.20	102.50	105.40	105.70	100.90	95.70	88.40	85.50	87.50	87.60	90.20
1980	94.60	98.60	102.60	106.50	106.40	101.50	95.90	88.40	85.50	87.50	87.80	90.50
1981	94.60	98.50	102.60	106.40	106.30	101.30	97.20	91.40	87.00	87.50	87.50	89.30
1982	93.80	97.60	102.20	106.60	105.40	100.70	96.70	89.50	85.60	87.50	87.50	89.30
1983	93.20	97.80	101.60	105.20	105.00	100.30	96.60	89.30	85.50	87.50	87.50	89.30
1984	93.00	97.80	102.00	105.40	104.90	100.20	95.70	88.40	85.50	87.50	87.80	90.40
1985	94.60	98.30	102.30	106.60	105.60	100.40	95.70	88.40	85.50	87.50	87.50	90.10
1986	95.00	98.60	102.40	107.10	112.60	108.90	97.60	88.40	85.50	87.50	87.50	89.30
1987	93.40	98.90	102.50	106.50	109.10	106.50	99.10	88.40	85.50	87.50	87.60	90.00
1988	95.10	98.80	102.90	107.30	108.80	103.70	97.80	90.40	85.50	87.50	87.70	90.50
1989	94.70	98.40	102.60	106.60	108.70	103.50	97.30	93.50	91.70	94.30	98.30	104.60
1990	112.60	121.70	122.10	122.00	120.90	118.70	111.90	98.70	94.60	94.50	93.30	93.10
1991	94.50	97.80	101.80	106.10	111.60	107.00	96.20	88.40	85.50	87.50	87.60	90.00
平均	95.00	99.60	103.70	107.50	108.10	103.50	98.10	90.70	86.90	88.40	88.50	90.70

表 5.2 - 6　　　　　　董箐水电站水头分布统计表（龙滩水电站 400.00m）

水头/m	<87.5	87.5~94	94~95.6	95.6~108	108~124.5
权重/%	6.69	36.1	4.67	45.44	7.1

远景龙滩水电站按正常蓄水位 400.00m 运行时，董箐水电站最大水头 124.5m，最小水头 81m，加权平均水头 95.6m。根据龙滩水电站逐月平均水位结合董箐水库水位过程进行统计，大于加权水头的概率为 52.54%。董箐水电站最大水头发生在 5 月，由于龙滩水电站消落到死水位的概率较小，因此董箐水电站出现最大水头的概率较小。董箐水电站最小水头出现在 9 月，由于 9 月龙滩水电站水位基本都能达到 400.00m，因此，出现低水头的概率相对较大。

3. 装机容量选择

装机容量选择的思路为"远近结合，最大程度利用水能资源，减少重复投资，发挥梯级发电最大效益"，同时考虑与上游梯级电站的发电引用流量和装机台数基本协调匹配。当时在建的上游光照水电站引用水流量为 866m³/s，区间平均流量为 137m³/s，董箐水电站的引用流量应在 900m³/s 左右；在龙滩水电站正常蓄水位 375.00m 时，董箐水电站汛期运行水头达 116m，即使在龙滩水电站正常蓄水位 400.00m 时，董箐水电站汛期运行水头也达 100m；如果在龙滩水电站正常蓄水位 400.00m 原则下选择装机容量宜在 720MW 左右，此时对应的引用流量为 878m³/s 左右，低于这个装机容量则流量应用不充分，高于这个装机容量则差额投资财务内部收益率低于 8%；在基于龙滩水电站正常蓄水位 400.00m 时董箐水电站装机容量 720MW 的前提下，在龙滩水电站近期正常蓄水位 375.00m 时，考虑增大发电机容量到 760~9200MW 时，各装机容量方案间的差额投资财务内部收益率均大于财务基准收益率 8%，说明以龙滩水电站 400.00m 为基础拟定的装机容量 720MW 基本方案增大发电机容量都是经济可行的。从上下游梯级流量协调的角度，只有扩机成 840MW、880MW、920MW 三个方案是相适应的；在替代电站法经济比较中，装机容量越大的方案总费用现值越低；在有效电量差额投资比较中，装机容量 840MW 方案与 880MW 方案间的差额投资财务内部收益率也大于财务基准收益率 8%，说明 840MW 方案与 880MW 方案相比，投资大的 880MW 方案较优。装机容量 880MW 方案与 920MW 方案间的差额投资财务内部收益率小于财务基准收益率 8%，说明 880MW 方案与 920MW 方案相比，投资小的 880MW 方案较优。由补充单位电能投资分析表明，880MW 与 920MW 方案相比，补充单位电能投资近期为 2.02 元/（kW·h），远景为 2.54 元/（kW·h），大于贵州同期在建水电平均水平，相比之下，880MW 方案较为有利。综上，在考虑梯级引用流量匹配、电力电量平衡、电量吸纳及电能质量、龙滩水库运行方式、远近结合、经济指标等多方面因素情况下，董箐水电站选择装机容量为 880MW，远景额定水头相应额定出力 720MW，设计水平年为 2018 年，水量利用率 96%，最大限度利用了水能资源。

4. 额定水头选择

董箐水电站额定水头的选择应结合龙滩水电站水库近期按正常蓄水位 375.00m 运行、远景按正常蓄水位 400.00m 运行的实际，并根据龙滩水库近期特征水位、远景特征水位的变化来确定。水轮发电机组选择研究拟定以龙滩水库近期库水位375.00m为依据，同时兼顾龙滩远景库水位400.00m运行。针对董箐水电站高尾水变幅的特点，提出以下3个方案的机组研究设想，①方案一：近期、远景机组采用同一转轮、同一转速；②方案二：近期、远景机组采用同一转速，远景更换转轮；③方案三：近期、远景机组采用同一转轮，远景改变转速。

方案一加权平均效率值相对较高，投资相对较省；方案二远景更换转轮投资较大；方案三远景改变转速对发电机的改造难度较大，经综合技术经济比较，认为方案一是最优方案。因此，董箐水电站额定水头选择，是基于近期、远景机组采用同一转轮、同一转速的机型开展工作。

根据龙滩水电站正常蓄水位375.00m、400.00m时董箐水电站水头变幅特点，按水头保证率的高低拟定3个额定水头（近期、远景）方案，分别为108/94m、110/96m、112/98m，3个方案的相关指标见表5.2-7。

表5.2-7　　　　　　　　　　　额 定 水 头 比 较 表

项　　　目	单位	方案一	方案二	方案三
装机容量	MW		880	
最大水头（近期）/（远景）	m		124.5/124.5	
平均水头（近期）/（远景）	m		117.3/95.6	
最小水头（近期）/（远景）	m		106/81	
额定水头（近期）/（远景）	m	108/94	110/96	112/98
水头保证率	%	98	95	92
机组台数	台	4	4	4
单机容量（近期）/（远景）	MW	220/180	220/180	220/180
单机额定流量（近期）/（远景）	m³/s	231.3/217.7	227/213.2	223.1/209.5
转轮直径	m	5.00	4.95	4.90
额定转速	r/min	166.7	166.7	166.7
水轮机安装高程	m	359.60	359.30	359.00
水轮机额定点效率（近期）	%	91.5	91.7	91.8
水轮机额定点效率（远景）	%	91.0	90.9	90.5
加权平均效率（近期）	%	90.04	90.35	90.60
加权平均效率（远景）	%	89.77	89.52	88.87
多年平均电量（近期）	亿 kW·h	30.26	30.35	30.42
方案间电量差值	亿 kW·h		+0.09	+0.07
多年平均电量（远景）	亿 kW·h	24.88	24.69	24.49
方案间电量差值	亿 kW·h		-0.19	-0.2
相关投资	万元	117624	117498	117373
方案间相关投资差值	万元		-126	-125

（1）转轮直径。对应 3 个额定水头方案，转轮直径分别为 5.00m、4.95m、4.90m，水轮机单机重量分别为 821t、801t、781t。随着额定水头的抬高，转轮直径和水轮机重量呈减少趋势。上述各方案在水轮机制造难度上，同属一等级，通过对运输条件的调查，各方案的转轮尺寸均不构成运输的制约条件。

（2）额定转速。由于所拟定的额定水头方案差别仅 2m，因此 3 个方案的额定转速均为 166.7r/min，各方案水轮机主要运行区域效率均较高，对相应额定水头方案的水轮机来说，都属最佳转速。

（3）水轮机安装高程。3 个方案的安装高程分别为 359.60m、359.30m、359.00m，为了尽量利用近期水能，设计尾水位按 1 台水轮机额定流量对应的天然尾水位确定，安装高程差别不大。

（4）稳定性分析。水轮机的水头变幅与机组振动有比较密切的关系，一般来说，水头变幅大的电站容易出现高水头小负荷区域的振动问题。对国内外多座装有大型混流式水轮机的电站参数进行了统计，发现大多数水头变幅 H_{max}/H_{min} 都小于 1.65；H_{max}/H_p 都小于 1.16；H_{max}/H_r 都小于 1.2；H_{min}/H_p 都大于 0.64。董箐水电站近期/远景水头比值分析见表 5.2-8。

表 5.2-8　　　　　　　　董箐水电站近期/远景水头比值分析表

水头比值	H_{max}/H_{min}	H_{max}/H_p	H_{max}/H_r	H_{min}/H_p
近期	1.175	1.061	1.153	0.904
远景	1.537	1.302	1.153	0.847

由表 5.2-8 可以看出，董箐水电站近期水头变幅小，额定水头各方案的 4 项比值均远小于统计值，机组均在较高效率区运行，通过设置大轴中心孔补气，运行稳定性不存在问题；远景水头总体 H_{max}/H_{min} 并不算大，但 H_{max}/H_p 超过统计值，为安全起见，需要预留强迫补气接口。

（5）电量效益。根据长系列径流调节成果，对选定的丰、平、枯代表年，计算代表年逐月水头情况下水轮机单机预想出力，确定开机台数和水轮机平均出力，查各方案运转特性曲线得出水轮机平均效率，按所查真机效率考虑水轮机出力不得大于相应水头预想出力，计算电站日平均出力，统计各方案丰、平、枯代表年发电量。相应各方案近期发电量分别为 30.26 亿 kW·h、30.35 亿 kW·h、30.42 亿 kW·h，远景发电量分别为 24.88 亿 kW·h、24.69 亿 kW·h、24.49 亿 kW·h。随着额定水头抬高，近期龙滩水电站水位为 375.00m 时，电量在增加；远景龙滩水电站水位为 400.00m 时，电量在减少。

（6）容量效益。从各方案近期最小水头 106m 对应的受阻容量看，分别为 5.3MW、10.1MW、13.9MW，受阻容量占单机容量的比重较小，根据对近期水头特性分析，董箐水电站 92% 以上的水头都大于 110.5m，电站在最小水头运行的机会较少，因此，额定水头各方案的容量效益基本一致。各方案在 94m 水头相应的出力均能达到 720MW，最小水头相应的出力均为 143.7MW，因此，远景的容量效益没有差别。

（7）投资分析。各方案间的转轮直径仅相差 0.05m，方案间额定流量相差约 4m³/s。随着额定水头抬高，额定流量略有减少，但差别不大，因此引水系统及厂房投资差别不大。随着额定水头的抬高，水电站机电设备投资亦随额定水头的抬高有所减少，但方案间投资差别不大。总体来看，随着额定水头抬高，相关的投资呈递减的趋势，从节省投资的角度，额定水头越高越有利。

综上，各方案转轮直径相当，额定转速相同，电量效益差异不大，容量效益基本一致，投资差异不大，额定水头的选择主要取决于机组稳定性，近些年来，由世界一些著名生产厂家制造的大型机组，在运行中都发生了不同程度的振动和裂纹，造成电站运行后投入大量的人力、物力、财力等进行机组的检修和维护，给电站的安全稳定运行带来很多麻烦和附加的经济损失，因此，机组的稳定运行对于电站运行是第一位的，选择稍低的额定水头有利于机组的稳定，推荐董箐水电站近期额定水头108m对应出力为880MW，远景额定水头94m对应出力为720MW，能满足董箐水电站近期、远景水头变化的要求。

5.2.2 水轮机的适应性和对策研究

1. 水能参数

龙滩水电站库水位按近期375.00m和远景400.00m运行时，董箐水电站的水能参数见表5.2-9。

表5.2-9 龙滩水电站库水位按近期375.00m和远景400.00m方案
运行时董箐水电站的水能参数表

序号	项 目	单位	近期接龙滩375.00m	远景接龙滩400.00m
1	正常蓄水位	m	490.00	490.00
2	死水位	m	483.00	483.00
3	调节性能		日	日
4	装机容量	MW	880	880
5	单台机组出力	MW	220	180
6	装机台数	台	4	4
7	多年平均年电量	亿kW·h	30.26	24.88
8	年利用小时数	h	3439	3273
9	保证出力	MW	172.0	140.0
10	最大水头	m	124.5	124.5
11	最小水头	m	106	81
12	加权水头	m	117.3	95.6
13	额定水头	m	108	94
14	大于额定水头频率	%	99	65.6
15	大于加权水头频率	%	57.4	41.6

2. 水轮机参数选择

董箐水电站水库正常蓄水位为490.00m，死水位为483.00m，水轮机运行水头范围为81~124.5m，水头变幅为43.5m，此水头段适合的水轮机最佳型式为混流式水轮机。近几年来，随着社会经济的发展以及对外技术的交流，国内部分制造厂与国外制造公司的技术合作，我国水轮机设计、制造水平有了很大的提高，但由于早几年在水轮机的选择上，强调高参数、高指标，随着机组容量和尺寸增大，机组相对刚度不断降低，机组振动和转轮裂纹时有发生。许多试验研究及运行现况表明，这主要与流道内水流不稳定因素有关，这些情况使人们认识到单纯追求高比转速、强调高能量指标来选择水轮机的不足之处。

（1）比转速及比速系数的选择。比转速是反映机组的参数水平和经济性的一项综合参数。提高水轮机比转速的主要途径有提高额定水头时的单位转速或提高水轮机的使用单位流量和效率。随着比转速的提高，机组的尺寸可以做得更小，从而降低机组造价，提高经济效益。但比转速过高在技术上存在一定的难度和风险，根据国内外水力设计的经验，对于某水头段的水轮机，最优单位转速和单位流量的搭配不在合适范围内时，最优效率和平均效率都将随比转速的提高而有所降低，不稳定运行范围也有可能扩大。提高混流式水轮机的使用单位流量，还将增加电站挖深，从而导致电站土石方开挖量和水下建筑物造价的增加。董箐水电站水轮机的比转速及比速系数参照国内外已建的与董箐水电站水头相近和机组相似的大、中型水电站水轮机的主要参数范围进行选择，没有追求高参数。

（2）单位转速和单位流量的选择。单位转速的选择应考虑和单位流量进行最佳匹配以满足高效、稳定运行的要求。选用较高的单位转速，可以提高机组的转速，从而可以减小发电机的尺寸和重量；选用较大的单位流量，可以减小水轮机的尺寸和重量，这对于大型水轮发电机组有较大的经济效益。但单位转速和单位流量的提高又受到水轮机转轮强度、空化和运行稳定性等许多条件的限制，而且模型转轮各参数之间应该有合理的匹配关系，才能获得较好的综合性能指标。同时在低单位转速（对应高水头）区域，易产生振动问题。董箐水电站近期水头 106～124.5m，水头变幅不大，但远景水头 81～124.5m，水头变幅相对较大，最大水头和最小水头的比值为 1.537，特别是最大水头和额定水头的比值为 1.353，并考虑近期水轮机额定出力 224.5MW 和远景 183.7MW 的变化，董箐水电站水轮机模型转轮最优单位转速选择不宜过高。模型转轮最优单位流量的选取，直接影响水轮机的加权平均效率和机组在小负荷运行的稳定性。董箐水电站开发的任务是"以发电为主，航运次之"。董箐水电站不论近期还是远景，加权因子分布在 60%～100% 额定负荷较重，并且在此负荷段分布较均匀。因此，模型转轮最优单位流量应为限制单位流量的65%～85%。

（3）机组额定转速选择。机组方案采用"近期、远景机组采用同一转轮、同一转速"，机组的转速有二档可供选择，即 150r/min 和 166.7r/min。如采用 150r/min 转速方案，机组的最优单位转速应适当降低，以保证机组将来投运时，避开转轮叶片的背面脱流区，达到稳定运行的需要，其优点在于比转速参数较为稳妥，有利于机组稳定性。对于166.7r/min 转速方案，水轮机在高水头运行区域，具有较高的效率，且可以很好地避开转轮叶片的背面脱流区，机组投资较省，随着三峡左右岸转轮及洪家渡等高水头变幅转轮的开发，国内外水轮机制造企业均有一定措施来保证机组的安全和运行稳定性。因此选择机组转速为 166.7r/min。

（4）水轮机效率。水轮机效率是评价水轮机能量特性的重要指标，直接影响电站的发电效益。随着计算机技术在水力设计中的应用，水轮机的模型效率近几年有了很大的提高，国外水轮机的模型最高效率已达 95.2%。水轮机的效率提高，一方面是得益于水力设计水平的提高，另一方面是由于水轮机模型转轮叶片采用数控加工，尾水管和蜗壳中使用了特殊涂层，使尾水管和蜗壳中的水力损失有一定程度的降低，从而使水轮机的效率有一定的提高。对于董箐水电站，由于近期与远景的水头变动较大，运行概率在各负荷较为分散，模型水轮机的最高效率应尽可能提高，但运行稳定性仍是第一考虑要素。参考董箐水电站建设前国内投产或已通过业主单位模型验收后水轮机真机计算最大效率值，董箐水电站模型水轮机最高效率暂定为不低于 93.3%，额定点效率暂定为不低于 90%。

（5）尾水管压力脉动。目前，国内外已建的大、中型混流式电站原型水轮机尾水管压力脉动值大都在 $4\%\sim10\%$，考虑到董箐水电站的水头范围，确定董箐水电站水轮机尾水管压力脉动值为 $\Delta H/H\leqslant8.0\%$，额定负荷时 $\Delta H/H\leqslant4\%$。

（6）空化系数的选择。对于一个水电站而言，若选取较大的装置空化系数，即选择较低的水轮机安装高程，加大了电站的挖深，造成土建工程量相应增加，加大了电站兴建时的一次性投资，但可以减少水轮机投运后的检修次数和运行维护费用；同时采用较大的吸出高度，可以减少水轮机的压力脉动值，对提高水轮机安全稳定运行大有益处。反之，选取较小的装置空化系数，可以减少电站的挖深，进而减少电站的一次投资，以利于电站早日兴建运行，但机组投运后需要相对增加检修和运行维护费用。通过水轮机比转速的选择，空化系数已基本确定。在大型水轮机的设计选型上看，已经从过去只重视临界空化系数，转化为既重视临界空化系数也关注初生空化系数，所以在模型转轮的空化试验中，先通过传统方法求出临界空化系数，再通过对转轮叶片空化的观察，进一步确定初生空化系数，这样可以更好地选择机组的安装高程。

综上所述，通过参照国内外已建的与董箐水电站水头相近和机组相似的大、中型水电站水轮机的主要参数范围来选择，以考虑机组运行稳定性为主，推荐的董箐水电站水轮机基本参数如下：

1）比转速：$n_s=204.1\sim226.9\mathrm{m\cdot kW}$。

2）比速系数：$K=2121\sim2358$。

3）模型最优单位转速：$n'_{10}=68\sim75\mathrm{r/min}$。

4）模型最优单位流量：$Q'_{10}=620\sim800\mathrm{L/s}$。

5）模型最高效率：$\eta_{M\max}\geqslant93.3\%$。

6）模型限制工况点单位流量：$Q_{11}=950\sim1050\mathrm{L/s}$。

7）模型限制工况点效率：$\eta=88.0\%\sim91.0\%$。

8）模型限制工况点临界空化系数：$\sigma_m=0.08\sim0.12$。

9）装置空化系数：$\sigma_s=0.12\sim0.20$。

10）额定工况点单位转速：$n'_1=72\sim80\mathrm{r/min}$。

11）导叶相对高度：$(0.25\sim0.275)D_1$。

12）导叶分布圆直径：$(1.11\sim1.14)D_1$。

13）尾水管高度：$>2.8D_1$。

3. 高尾水变幅对水轮机稳定运行的影响分析

水轮机吸出高度对空化的影响可以用装置空化系数与水轮机模型临界空化系数的比值

K 来表示。国内制造企业研究发现，在 $K=1$ 时在靠近水轮机下环处叶片的空蚀破坏最严重，随着 K 的增加，空化破坏逐渐减弱，当 $K=2.0\sim2.5$ 时，空蚀基本上完全消失。另外，较大的 K 值，还可以减小尾水管压力脉动值。董箐水电站的 K 值在 $1.5\sim1.67$ 之间，基本避免了空蚀，同时也控制了尾水管压力脉动值。

因此，当水轮机在大负荷且尾水位较低时，吸出高度足够，就不会对水轮机的稳定运行产生影响。随着吸出高度的减小（K 值的增加），尾水管压力脉动会有所减小。但当吸出高度减小到一定程度（一般为 -8.0m 以下）时，水轮机自然补气将受到明显的影响。

董箐水电站在近期运行时，设计尾水位按 1 台水轮机额定流量对应的天然尾水位确定，1 台水轮机额定流量对应的尾水位为 366.58m，按留有一定安全裕度的原则，确定安装高程为 359.60m，吸出高度为 -7.0m。董箐水电站在远景运行时，尾水位变幅约 36m，在按近期选择水轮机安装高程的条件下，最小吸出高度约为 -42m；虽然如此小的吸出高度在常规混流式水轮机中并没有遇到，但在抽水蓄能式机组中很常见，例如：天荒坪电站吸出高度 -70m、广州抽水蓄能电站吸出高度 -70m，十三陵抽水蓄能电站吸出高度 -56m，这些电站没有由于吸出高度小对水轮机稳定运行产生不利的影响。

另外，吸出高度的大小可能影响水轮机的水推力和主轴密封及检修密封强度等。考虑到董箐水电站为常规尾水管，没有尾水隧洞，再加上采用顶盖均压排水管的措施，吸出高度的大小对水轮机水推力的影响较小。经研究，在尾水位高程为 388.70m 情况下，迷宫环间隙为 2 倍正常间隙，并且在无节流片的情况下，平衡管进口压力为 0.37MPa，流量为 1.6m³/s，水推力为 5840kN；迷宫环间隙为正常间隙（1 倍时），在有节流片的情况下，平衡管进口压力为 0.37MPa，流量为 0.89m³/s，水推力为 2510kN。在尾水位高程为 400.00m 情况下，平衡管在达到转轮进口压力和尾水管出口压力平衡时，流量也发生变化，迷宫环间隙为 2 倍正常间隙，并且在无节流片的情况下，平衡管进口压力为 0.59MPa，流量为 1.51m³/s，水推力为 0（向上）；迷宫环间隙为正常间隙（1 倍时），在有节流片的情况下，平衡管进口压力为 0.47MPa，流量为 0.65m³/s，水推力为 1510kN。

为保证水轮机主轴密封及检修密封的安全、可靠性，应在水轮机结构设计中按吸出高度的大小采取措施，并适当提高主轴密封及检修密封的备压。

综上，当选择了合理的安装高程后，高尾水变幅不会影响董箐水电站水轮机的稳定运行。

4．提高机组运行稳定性的措施

水轮机的水力振动问题是一个比较复杂的问题，在水轮机的水力计算方面如何能比较有效地预防振动的发生是一项世界性的研究课题。

近年来的研究表明，水轮机涡带与两个基本因素有关：一是运行工况；二是空化系数。水轮机压力脉动也与上述两个基本因素有关，国内外关于上述两个基本因素的研究也比较普遍。但是，这些研究多半是针对一些已经发生了水轮机振动的电站进行的。如：巴基斯坦的塔贝拉水电站、国内的岩滩水电站等。应该说，这只是研究的一方面，而另一方面的工作则应该是将如何预防机组振动问题贯穿于水轮机叶片的研究设计阶段之中。

水轮机转轮水力设计及参数选择对水轮机的稳定性有最直接的影响。为改善水轮机稳定性，采取了以下几个主要方法。

（1）合理选择水轮机设计参数，不片面追求高能量指标参数。通过优化设计和采取一些有效措施，适当扩大机组的稳定运行范围和减小稳定运行范围内的水力脉动幅值。

（2）合理设计转轮，改善转轮内的流态，尤其在偏离最优工况时应适当减少转轮出口环量，可以改善水轮机的压力脉动和空化性能。

（3）适当提高水轮机的装置空化系数，削弱尾水管涡带的破坏作用。

（4）合理设计尾水管形状，适当加长锥管段的高度。

（5）避免水力振源引起的共振现象，若机组某部件的固有频率与水力振源频率一致，应该设法改变部件的形状以期改变水力振源频率或某部件的固有频率。

（6）大轴中心孔补气，必要时采用强迫补气，衰减水流的压力脉动和破坏作用。

（7）避振运行。根据电站实际情况，考虑模型流态成像观测给出的稳定运行范围，避开可能产生振动的区域运行。

5. 水轮机转轮防止裂纹的措施

近几年来，随着比转速的提高和单机容量的增大，无论是从国外引进的机组，还是国内生产的机组，都不同程度地发生了转轮裂纹，为确保转轮叶片及其他部件不产生裂纹，在电站的水轮机转轮的设计制造中采取以下综合措施。

（1）水力方面措施。尽量减低水轮机运行工况范围内相对压力脉动值；尽量避免在叶道涡发展线之内水轮机小负荷运行；设计中考虑避免在小负荷时涡带频率与尾水管固有频率发生共振；采用可使叶片卡门涡能量降至很小的出水边形状。

（2）机械设计方面措施。控制转轮的静应力水平在 100MPa 以内；叶片出水边与上冠、下环交接处进行局部加厚，并对叶片与上冠、下环交接处的圆根半径进行优化；控制动应力的幅值，使压力脉动控制在较小的范围内，避免转轮在水下与水力激振频率发生共振；进行详细的疲劳强度分析评估，使转轮在服役期内有较高的安全余量。

（3）材质、制造工艺方面措施。转轮叶片采用优秀的材料铸造，保证叶片材质；叶片采用数控加工，并用高精度静平衡装置进行整体转轮的静平衡，以减少由于翼型和重量偏差引起的水力和机械不平衡；采用同材质焊接，以提高焊接接头的许用应力水平，并尽量减少残余应力的幅值；上冠、下环按铸件质量标准进行 PT/UT 探伤，对于焊接区域采用更高一级的探伤验收标准进行检查，以确保焊接质量；制订能很好控制焊接过程中残余应力和变形的焊接工艺规程，焊后残余应力的水平还将通过残余应力的测量检验。

6. 水轮机的适应性及对策研究结论

综合各种统计规律并考虑到水轮机技术的发展，推荐董箐水电站水轮机采用近期、远景综合考虑统一开发的方式，即机组采用同一转轮、同一转速。通过选择合理的水轮机设计参数，适当提高水轮机的装置空化系数，采用设置顶盖均压排水管、大轴中心孔补气、预留强迫补气、防止转轮裂纹等措施，解决了董箐水电站高尾水位变幅条件下水轮机的适应性问题。

5.2.3 实施运行效果

1. 获得了近期运行的发电效益

根据近期 2014—2018 年实际运行水位和发电量统计情况，董箐水电站实际运行水头为 112.62～122.05m，平均水头 118.2m，略高于按近期运行设计的加权平均水头 117.3m，说明设计选择的水头是合适的。年发电量为 24.8 亿～34.5 亿 kW·h，年平均电量为 30.38 亿 kW·h，略超设计多年平均发电量近期 30.26 亿 kW·h，经过几年实际运行验证了装机容量的合理性，也最大限度地获得了近期运行的发电效益。

2. 实测机组振动满足要求

根据贵州电力科学试验院对机组进行的振动区试验结果，单机发电出力在 140MW 以上时机组处于稳定区，此时出力是额定出力的 63.6%；单机发电出力在 80～140MW 区间机组部分处于临界区，此时出力是额定出力的 36.3%～63.6%；单机发电出力低于 80MW 时大部分处于振动区；各机组在界限上略有差异，但变化不大。经过试验实测，总体上机组运行满足水轮机基本技术条件规定的在 45%～100% 机组功率区间稳定运行的要求。

实际运行中也对机组在不同负荷下的振摆值进行了实测，带 80MW 低负荷运行时的振摆值要大于额定负荷下运行时的振摆值，但都满足水轮发电机基本技术条件的规定。

5.3　适应高尾水变幅的厂房结构

5.3.1　厂房结构研究

5.3.1.1　厂房设计总体思路

为合理利用水能资源，获得更大的经济效益，减少工程重复性投资，就需要厂房结构既能满足近期龙滩水电站水位的运行，也能适应远景龙滩水电站水位的运行。因此，提出了董箐水电站厂房分期建设的设计思路。具体思路为：厂房按尾水高程 400.00m 设计，高程 375.00m 建设，共分两期进行。一期建设按龙滩水电站正常蓄水位 375.00m 进行厂区枢纽布置、厂房布置、进厂交通、通风及采光等方面设计，厂房防洪高程按近期校核洪水标准确定为 391.00m，厂区枢纽布置和厂房布置应预留出二期建设的空间，但厂房的整体抗滑、抗浮、基底应力及下部挡水结构能满足龙滩正常蓄水位达到 400.00m 时的要求；二期建设按龙滩正常蓄水位 400.00m 进行厂区内外交通、大件吊运、防渗排水、通风及采光等方面设计，厂房二期在一期建设的基础上改造与加高防洪墙至高程 403.50m 进行防洪。

5.3.1.2　控制厂房结构安全的因素

董箐水电站厂房承受的最大水头为 60.65m，相当于挡水建筑物的中型大坝，而厂房结构因为要满足机电设备的布置要求，挡水结构不可能像重力坝一样设计成大体积混凝土结构，只能设计为尺寸相对小的薄壁墙体结构，而且由于厂房尾水水位较高，厂房基底的扬压力也相应较高，从而加大了厂房整体结构、下游挡水结构设计难度和风险。同时，在高尾水变幅作用下，机组运行会产生强烈的振动，影响厂房机电设备基础结构安全。另外，在高尾水作用下，薄壁墙体挡水的厂房结构，会因混凝土的温度裂缝、施工缝和抗渗等级低等方面原因产生漏水、渗水现象，从而腐蚀机电设备和影响厂房结构安全。因此，在下游尾水变幅和高尾水位作用下，厂房整体结构稳定、下部挡水墙结构、强振动机电设备基础结构和混凝土材料防裂、抗渗等是控制厂房结构安全的主要因素。

5.3.1.3　高尾水地面厂房结构研究现状

我国已建高尾水的地面厂房中，尾水作用水头超过50m的有三峡、乌江渡、大化、岩滩、五强溪、漫湾、葛洲坝等水电站，其中大化水电站尾水水头高约78.08m。在高尾水作用下，厂房结构形式多样，北京院工程经验丰富的徐家诗对50m以上的10余座水电站厂房结构特点及工程措施进行了专门的整理、分析和研究，详见表5.3-1。

表 5.3-1　尾水水头在50m以上的水电站厂房结构特点及相应的工程措施

电站名称及总容量/MW	尾水压力/m	厂房型式	主、副厂房结构型式	减少扬压力的工程措施	挡水结构型式
三峡18200（26台×700MW）	约60.9	坝后背管型式	尾水位以下，主、副厂房为全封闭整体结构，现浇厚楼板（5层），尾水门设在扩散段中间	厂基端部设齿槽、廊道，厚底板，作帷幕和排水，尾扩顶板承受垂直水压力，以增抗力矩，提高稳定性，加大厂房基底宽度，减小厂房基底应力	全封闭整体结构挡水（尾水副厂房为5层现浇厚楼板整体结构）
葛洲坝2715（19台×125MW+2台×170MW）	约54.53	河床式	母线层以上主厂房为排架结构，以下为厚墙板整体结构，机组缝两边墩及两中隔墩伸至蜗壳层顶，连接下游墙与胸墙为一体，以增加刚度	尾水管底板采用整体结构，板厚4.0m以上，扩散段加长，顶板作用垂直水压，以增加抗力矩，提高稳定性，加大厂基宽度，减小基底应力	尾水胸墙挡水，胸墙外扩散段延长15m，顶板上直接作用垂直向下的水压力，增加了抗力矩，提高了厂房的稳定性
漫湾1500（6台×250MW）	56.5	坝后式厂前挑流	主厂房墙、拱顶厚4～5m以上，尾水副厂房与主厂房为整体全封闭结构，副厂房各层楼板为刚性连接	厂基固结灌浆，尾水管整体结构，板厚近6m，尾水端部设齿槽廊道，作帷幕、排水	主、副厂房整体全封闭结构挡水，机组缝两侧边设剪力墙
乌江渡630（2台×210MW）	62.1	坝后式厂前挑流	主厂房上游墙，拱顶厚5m，无尾水副厂房，尾水墩与下游墙体连为实体混凝土结构，与上游墙及顶拱构成全封闭整体结构	尾水管出口增设止水体，其下作灌浆帷幕，尾水管采用整体式厚板（近4m厚）底板设排水措施，高洪水时进行抽排，以减小扬压力	实体双胸墙挡水，尾水平台宽7.4m，平台以上作用31.5m水头，增加垂直水压和抗力矩，以提高厂房的稳定性
水口1400（7台×200MW）	51.02	坝后式	主厂房上游为厚墙，下游水轮机层（高程11.00m）以上为排架，主副厂房间为排架结构，机组缝两侧及二中墩伸至发电机层，起剪力墙作用	尾水管底板采用整体式结构，板厚2.0m以上，厂房基底加宽，尾水管扩散段加长较多，减小了厂房基底应力，增加了厂房稳定性	尾水胸墙挡水，机组缝两侧墩及二中墩伸至发电机层，胸墙与下游墙连接为一体，以提高整体刚度
五强溪1200（5台×240MW）	50.85	坝后背管型式	主厂房发电机层（高程66.80m）以上为排架结构，机组缝两侧边墩及二中隔墩伸至母线层（高程62.00m），将尾水挡水墙与厂房下游墙连成一体，起剪力墙作用，增加其刚度	尾水管采用整体式底板，板厚3.5m，尾水管长度加长较多，加大了厂房基础宽度，厂房中间底部增设了检修、排水廊道，减小了地基应力和基础扬压力	扩散段顶板蜗壳层以下不设置下游副厂房，设剪力墙，连接主厂房下游墙及尾水胸墙为一体，以增大该部位的刚度

电站名称及总容量/MW	尾水压力/m	厂房型式	主、副厂房结构型式	减少扬压力的工程措施	挡水结构型式
安康 800（4 台×200MW）	55.15	坝后式	主厂房水轮机以上，上、下游均为 1.8m 厚墙，水轮机层以下不设置下游尾水副厂房，为大体积混凝土结构，尾水挡水墙与厂房下游墙联合挡水；机组缝侧边墩伸至水轮机层，将下游墙与胸墙连成一体，以提高该部位的刚度	尾水管采用整体式，板厚 2.5m，尾水管端部设齿槽、廊道，廊道中设帷幕、排水，厂房上游侧底板设排水廊道、尾水管边墩、中墩底部打排水孔，设暗排水，以减小厂房底板扬压力	尾水胸墙结构挡水，尾水副厂房水轮机层以下设剪力墙，并连接厂房下游及尾水胸墙以提高其刚度，水轮机层以下不设置下游副厂房，回填混凝土以增加迎水面垂直荷载及抗力矩，提高厂房稳定性。水轮机层以上主、副厂房间通过简支楼板连接
大化 400（4 台×100MW）	72～78.08	河床式	厂房为全封闭结构，尾水位最高时，水位高于发电机层 40m，高于厂顶 9.2m，中控室、保护室等布置在厂顶副厂房中，主变、母线、出线架等布置在尾水平台与厂房屋顶平台上，机组缝侧边墩及二中隔墩伸至尾水平台顶，相当于剪力墙与下游墙连成整体，以增加整体刚度	采用整体式尾水管厚底板，尾水管端部设齿槽，且扩散段加长较多，增加了厂基宽度，扩散段顶板长 24.9m，无尾水副厂房，直接承受垂直水作用，增加了抗力矩，减少了厂房基底的应力	厂房胸墙结构挡水（主厂房下游墙），机组缝侧边墩及两中隔墩伸至尾水平台顶部（剪力墙），大大增加了该部位的刚度；尾水扩散段加长较多，顶板直接承受垂直水压荷载（迎水面），增加了较大的抗力矩，提高了稳定安全度
岩滩 1210（4 台×302.5MW）	62.86	坝后式	主厂房上游侧为厚墙，下游为吊车排架柱、钢屋架、胸墙结构挡水，主、副厂房通过简支楼板连接，厂顶公路直通安装间顶部进厂，尾水副厂房水轮机层以下用实体混凝土填实，以增加抗力矩，提高稳定性，安装间进厂门高程按 2 年一遇洪水考虑，进厂门设钢闸门挡水	肘管底板厚 5m，扩散段分 3 孔，采用 1m 厚分离式底板	尾水管扩散段顶板水轮机层以下基本为实体混凝土，以上为挡水结构，主、副厂房间通过楼板简支连接，主厂房不直接承受尾水压力
喜河 180（3 台×60MW）	52.1	河压式	主厂房下游侧为 2.0m 厚墙，上游为坝体，屋顶采用钢屋架大形屋面，胸墙挡水，最底层副厂房位置回填混凝土，增加了迎水面荷载和抗力矩，提高了厂房的稳定性；水轮机层下设剪力墙，连接下游墙及尾水胸墙，以增加该部位的整体刚度	尾水扩散段适当加长，采用整体式 2.5m 厚的底板，墩尾增设帷幕灌浆和排水，边、中墩底板面设暗排水，渗水排至厂坝间排水廊道，排水廊道中打深排水孔，以减小扬压力	尾水胸墙结构挡水，剪力墙伸至水轮机层，增大了胸墙结构底部的刚度，加长了扩散段的长度；加大厂基的宽度，减少了厂房基底的应力；底层副厂房位置回填混凝土，增加了向下的垂直荷载和抗力矩，大大提高了厂房的稳定性

注　三峡水电站最终实施的厂房最大作用水头为 60.9m。

高尾水作用下厂房结构研究的重点是如何减小厂房基底扬压力，如何提高厂房竖向抵抗力和抵抗力矩，如何设置尾水管底板结构形式改善基底应力，以及如何考虑下游挡水结构体系，从而解决厂房的整体抗滑、抗浮、基底应力及下部挡水墙结构问题。

从上述已建 10 余座厂房结构来看，提高厂房整体稳定可采取的措施有：①增加大体积混凝土结构尺寸和重量，如五强溪、安康等水电站，下游副厂房层数减少，回填实体混凝土，增加厂房竖向抵抗力荷载；②厂房下游增设帷幕和排水孔，降低基底扬压力，如三峡、乌江渡等水电站；③整体式尾水管底板结构和延长尾水管长度，增加基底面积，并利用延长的尾水管增加上部水荷载抵抗力，如葛洲坝、大化等水电站；④厂房基底端部设置齿槽，增加厂房抗滑稳定，如三峡、安康等水电站。当然，除上述措施外，还可考虑在受拉区设置锚索，基底增设抗滑键等措施，以提高厂房整体稳定。

对于高尾水作用下的尾水挡结构，除大化水电站外，都是单独设置尾水挡墙结构。不同的是，尾水挡墙与主厂房和下游副厂房形成联合系统挡水结构体系，还是尾水挡墙与下游副厂房形成独立下游挡水结构体系，如三峡、漫湾等水电站采用的是联合系统挡水结构体系；而安康、岩滩等水电站采用是独立下游挡水结构体系，主厂房与下游副厂房间通过楼板简支连接，主厂房不直接承受尾水压力。

5.3.1.4 董箐水电站厂房采用的结构型式

经过对已建工程厂房结构形式的类比，结合董箐水电站厂房的布置方式及结构计算，研究提出了系列适应董箐水电站高尾水变幅的厂房结构形式，其结构特点如下。

1. 厂房分缝采用两台机组段上分下连结构

机组段永久缝的间距一般为 20～30m，经论证后可放宽到 40～50m。董箐水电站厂房边机组段间距为 22m，边机组段（1号机组）在考虑左侧挡水结构后长度已达 39.48m，如果采用一机一缝的结构型式，厂房分缝基本符合规范要求，但在高尾水双向水压的作用下，加长边机组段的基底应力仍不能满足规范要求。综合结构受力分析、地基岩体特性等，为提高厂房的整体稳定性，水轮机层以下大体积混凝土采用两机一缝的分缝结构形式，两台机组段间水轮机层以下大体积混凝土连接为整体结构，竖向抵抗荷载增加，基础的长度也增加，能有效改善基底应力。而厂房上部框排架结构分缝，考虑到厂房机电设备荷载较大且运行存在振动等多方面因素，仍然采用水轮机层以上一机一缝的结构形式。因此，在不增加其他工程处理措施的前提下，巧妙地通过调整厂房分缝结构，将机组段间水轮机层以下大体积混凝土连接为整体结构，就能达到增加基础面积和增加竖向抵抗荷载目的，有效提高了厂房的抗滑性能，改善了厂房基底应力，节省了工程投资。

2. 适应强振动和快速安装的大型机电设备基础结构

水轮发电机在运行过程中预埋螺栓易因机组运行的振动导致螺栓松动，从而引起机电设备故障或事故，例如，俄罗斯的萨扬·舒申斯克水电站发生的水淹厂房事故，主要原因就是水轮机顶盖螺栓松动而引起的。董箐水电站厂房在高尾水变幅作用下，机组运行会产生强烈的振动，为有效保证强振动机电设备预埋螺栓结构安全可靠，并实现预埋螺栓的快速、准确的定位，研发了适应强振动和快速安装的大型机电设备基础结构，获国家发明专利，其结构见图 5.3-1。在厂房建筑工程施工时，将该结构和预埋螺栓整体埋入混凝土中，水轮发电机组安装时，该结构能够实现预埋螺栓与设备的快速和准确定位，水轮发电机组安装完成后，通过该结构对预埋螺栓进行灌浆固定，避免强烈振动引起螺栓松动，能够适应高尾水变幅下强振动的机组运行工况。

3．整体式尾水管底板及加长尾水管扩散段结构

为使厂房抗滑、抗浮及基底应力满足要求，尾水管底板采用整体式结构，板厚 3.5m，扩散段向下游挡墙外延长约 8m，尾水管顶板作用垂直水压，以增加抗力矩，提高厂房整体稳定性，同时加大了厂房基础的宽度，改善了基底应力。

4．整体框架式下游挡水结构

为提高厂房下游挡水结构的承载能力和变形能力，经计算分析，采用尾水闸墩、尾水挡墙、主厂房下游墙组成的整体框架式联合挡水结构。尾水闸墩边墩厚 3.05m、4.45m，中墩厚 2m，尾水挡墙厚度随挡水高度变化采用变厚度墙体结构，厚度从墙底 5m 变化为墙顶 2m，主机间下游墙底部厚 3m，墙顶厚 1.3m，尾水挡墙与主厂房下游墙之间采用肋墙、厚板或梁连接起来，形成整体框架式的挡水结构。同时，为降低尾水对挡水结构的影响，增加竖向抵抗荷载，将尾水管顶部实体混凝土回填至高程 369.30m，使厂房重心偏向迎水面，提高了厂房整体稳定性和挡水结构的刚度。

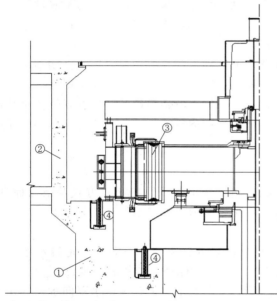

①—机墩；②—风罩；③—发电机；④—大型机电设备基础结构

图 5.3-1　获得国家发明专利的大型机电设备基础结构

5．整体的墙、墙肋、厚底板框架周边挡水结构

为使厂房周边墙、底板能承受较大的渗透水压力，将厂房周边结构设计成厚墙、板结构，墙厚 2.5m，底板厚 2.5～3.5m，并沿墙长度方向及结构缝两侧设宽 1m 厚的混凝土剪力墙肋，以减少墙、板的跨度，最终形成墙、墙肋、厚底板共同承受外水压力的整体框架结构。

5.3.1.5　厂房结构计算分析

1．厂房整体稳定及基底应力计算

考虑到董箐水电站厂房既要满足下游龙滩水电站近期低正常蓄水位的运行，又要保证龙滩水电站远景达到高正常蓄水位时厂房结构安全，在进行厂房整体稳定及基底应力计算时，分别计算了龙滩水电站正常蓄水位 375.00m 和 400.00m 两种情况下的厂房稳定情况，计算成果分别见表 5.3-2 和表 5.3-3。龙滩水电站正常蓄水位 400.00m 时的计算边界，是根据厂房总设计思路，对应董箐水电站厂房二期防洪墙等结构加高后计算结果。

表 5.3-2　龙滩水电站正常蓄水位 375.00m 时厂房整体稳定及基底应力计算结果汇总表

机组段	计算工况	抗滑稳定系数 K_c	抗浮稳定系数 K_f	厂房基底应力/MPa			
				不计扬压力		计入扬压力	
				σ_{max}	σ_{min}	σ_{max}	σ_{min}
1号、2号联合机组段	正常运行	4.94> [3.0]	1.77> [1.1]	2.73< [σ] =4.5	0	1.14< [σ] =4.5	0
	非常运行	4.73> [2.5]	1.73> [1.1]	2.7< [σ] =4.5	0	1.14< [σ] =4.5	0
	机组检修	4.63> [2.5]	1.63> [1.1]	2.56< [σ] =4.5	0	1.21< [σ] =4.5	0
	机组未安装	4.08> [2.5]	1.37> [1.1]	2.24< [σ] =4.5	0	1.0< [σ] =4.5	0
	地震情况	4.35> [2.3]	1.68> [1.1]	2.79< [σ] =4.5	0	1.43< [σ] =4.5	0
安装间段	正常运行	5.13> [3]	1.27> [1.1]	0.84< [σ] =4.5	0.01	0.55< [σ] =4.5	0
	非常运行	5.10> [2.5]	1.24> [1.1]	0.85< [σ] =4.5	0	0.56< [σ] =4.5	0
	地震情况	4.67> [2.3]	1.27> [1.1]	0.92< [σ] =4.5	0	0.63< [σ] =4.5	0

注　表中抗滑稳定系数及基底最小应力计算结果为考虑厂房后侧岩面阻滑力后的值。

表 5.3-3　龙滩水电站正常蓄水位 400.00m 时厂房整体稳定及基底应力计算结果汇总表

机组段	计算工况	抗滑稳定系数 K_c	抗浮稳定系数 K_f	厂房基底应力/MPa			
				不计扬压力		计入扬压力	
				σ_{max}	σ_{min}	σ_{max}	σ_{min}
1号、2号联合机组段	正常运行	3.32> [3.0]	1.58> [1.1]	3.05< [σ] =4.5	0	1.47< [σ] =4.5	0
	非常运行	3.21> [2.5]	1.56> [1.1]	3.09< [σ] =4.5	0	1.49< [σ] =4.5	0
	机组检修	3.11> [2.5]	1.73> [1.1]	2.82< [σ] =4.5	0	1.20< [σ] =4.5	0
	地震情况	2.89> [2.3]	1.64> [1.1]	3.43< [σ] =4.5	0	1.69< [σ] =4.5	0
安装间段	正常运行	3.27> [3]	1.26> [1.1]	1.55< [σ] =4.5	0	0.90< [σ] =4.5	0
	非常运行	2.83> [2.5]	1.24> [1.1]	1.47< [σ] =4.5	0	0.84< [σ] =4.5	0
	地震情况	2.72> [2.3]	1.27> [1.1]	1.55< [σ] =4.5	0	0.92< [σ] =4.5	0

注　表中抗滑稳定系数及基底最小应力计算结果为考虑厂房后侧岩面阻滑力后的值。

从表 5.3-2 和表 5.3-3 的计算成果来看，受下游尾水水位影响，远景厂房整体稳定的各项指标均小于近期情况，厂房安装间段的抗滑、抗浮稳定系数要小于机组段间计算成果，但均能满足规范要求；1号、2号联合机组段采用上分下连的分缝结构后，在双向水压作用下，抗滑稳定的控制工况为地震作用工况，最小值为 2.89，大于规范允许值 2.3；抗浮稳定的控制工况为校核尾水非常运行工况，最小值为 1.56，大于规范允许值 1.1；基底应力在考虑厂房后侧岩面阻滑力后均未出现拉应力，最大应为 3.43MPa，出现在地震工况，小于地基允许承载力 4.5MPa。

2. 尾水闸墩及尾水挡墙结构计算

尾水闸墩结构计算按龙滩水电站正常蓄水位 400.00m 所对应的厂房下游水位进行计算。

（1）结构力学法计算。考虑尾水闸墩与尾水挡墙按整体结构型式共同承受下游尾水压力，并将闸墩与尾水挡墙简化成"T"形截面的计算模式，水压力作用的宽度为闸墩与尾水挡墙壁连成的"T"形截面的翼缘板计算宽度。计算取一个标准机组段（2号机组段），由于高程369.30m以下为大体积混凝土，考虑作为尾水闸墩与尾水挡墙的固定端。下游副厂房和主机间下游墙的作用在计算中不予考虑，作为尾水闸墩及尾水挡墙结构安全的富裕。经计算，受力最大断面高程369.30m闸墩竖向配筋为2排 $\Phi32@120$mm，下游挡水墙水平配筋为 $\Phi32@150$mm，抗裂计算 $M_s=1836$kN·m $\leqslant5430$kN·m，满足规范要求。

（2）有限元法计算。为保证尾水闸墩与尾水挡墙的结构安全，采用 Super CAD 三维有限元软件进行了计算，竣工验收阶段又采用 Abaqus 软件三维有限元进行了复核，两种有限元软件计算闸墩、挡墙应力和变形规律基本一致，Abaqus 三维有限元计算成果如下。

1）计算模型。取一个标准机组段（2号机组段）尾水闸墩及尾水挡墙建立分析模型，模型边界上部取尾水平台高程，下部从尾水闸墩底板以下取1倍尾水闸墩高度的基岩，上、下游侧岩基取1倍尾水闸墩高度，为简化模型建立，只截取了厂房下游墙以下结构，计算模型选取闸墩右边墙的底板处为原点，横河向为 X 轴方向，顺河向为 Y 轴方向，竖直方向为 Z 轴方向，计算模型大部分为8节点六面体单元，局部采用楔形体过渡，模型总节点数57857，总单元数48648，结构整体网格模型和局部放大网格模型见图5.3-2和图5.3-3。

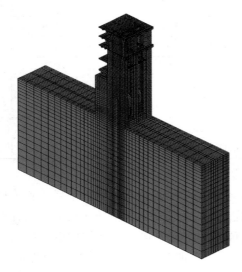

图5.3-2　结构整体网格模型图

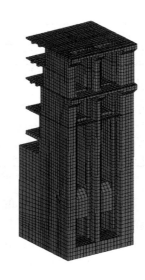

图5.3-3　结构局部放大网格模型图

2）计算成果。应力计算成果：三维有限元计算得出的应力见图5.3-4和图5.3-5。

变形计算成果：三维有限元计算的变形情况见图5.3-6～图5.3-9。

应力配筋计算成果：采用应力图形面积对闸墩及尾水挡墙配筋进行了复核，尾水闸墩的最大拉应力为2.31MPa，出现在断面高程369.30m的中墩墩头部位，沿应力路径得出中墩竖直向拉力为 1.63×10^4kN，竖向总受拉钢筋面积为52667mm²；尾水挡墙沿应力路径单宽竖直向拉力为479kN，竖向单宽受拉钢筋面积为1358mm²；闸墩及尾水挡墙的水平配筋均因受拉区与截面高度比值小于 $2/3$，且截面边缘的最大拉应力小于 $0.5f_t$，可不配置受拉钢筋或仅配置适量的构造钢筋。

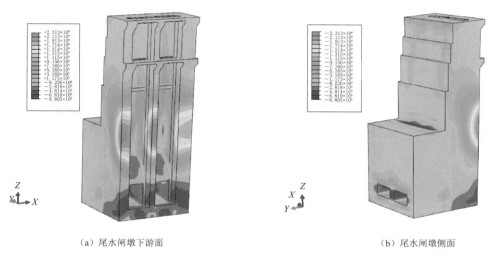

（a）尾水闸墩下游面　　　　　　　　　　　　（b）尾水闸墩侧面

图 5.3－4　最大主拉应力图（单位：Pa）

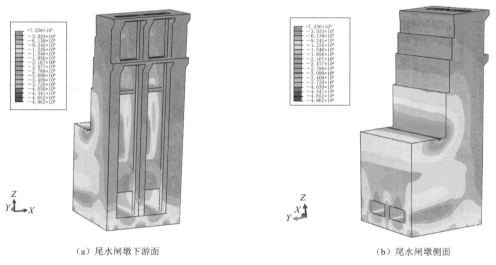

（a）尾水闸墩下游面　　　　　　　　　　　　（b）尾水闸墩侧面

图 5.3－5　最小主压应力图（单位：Pa）

3）结论。从三维有限元计算结果来看，尾水闸及尾水挡墙结构最大的拉应为 2.31MPa，发生在尾水闸墩的中部外侧墩头，拉应力不大，可通过配置钢筋解决；最大压应力为 4.9MPa，位于挡水墙内侧与下部大体积混凝土拐角处，小于混凝土抗压强度；最大位移部位在结构顶部，最大位移值为 13.2mm，小于按排架柱计算的柱顶允许位移值 18mm。

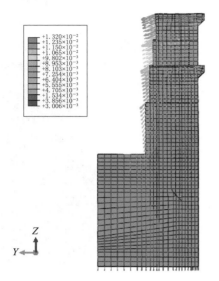

图 5.3-6　变形矢量图（单位：m）

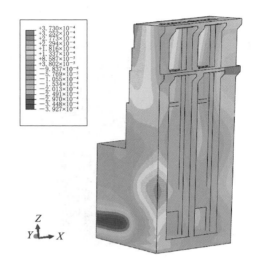

图 5.3-7　X 方向位移图（垂直水流向，单位：m）

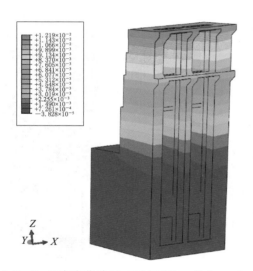

图 5.3-8　Y 方向位移图（顺水流向，单位：m）

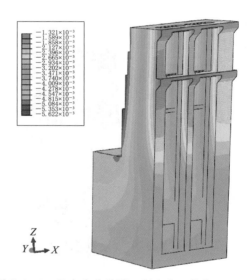

图 5.3-9　Z 方向位移图（竖直向，单位：m）

　　综合上述，尾水闸墩及尾水挡墙结构计算，尾水闸墩及尾水挡墙经过承载能力极限状态计算和正常使用极限状态验算，均能满足规范要求，并通过三维有限元法计算，采用应力配筋对结构力学法的配筋成果进行复核，闸墩应力配筋计算钢筋面积要远小于结构力学法计算配筋面积。可见，对于大体积的非杆件体系的混凝土结构，在传统结构力学法计算的基础上，采用有限元法进行复核，能够优化结构配筋，依据结构受拉区域能够更加有效的配置受力钢筋。

5.3.2 厂房混凝土结构的防裂、抗渗研究

1. 研究背景

水电工程蓄水发电后，随着水库水位和尾水水位的逐渐加高，厂房混凝土结构容易在设计和施工质量薄弱环节、结构缝止水、混凝土分缝等部位出现渗漏现象，厂房漏水和渗水使厂内变得潮湿，影响机电设备的正常运行，也影响混凝土自身的耐久性，给厂房运行带来安全隐患。

国内有资料记载，水电站厂房出现渗漏现象的就达 20 多座。例如，龙羊峡水电站在 1999 年进行检查时，厂房高程 2455.00m 层、水车廊道、漏油泵楼梯间、阀门室等多处出现渗漏现象；宝珠寺水电站厂房，在 1998 年 6 月组投产发电运行几年后，尾水平台、高程 491.50m 层 10kV 室上游墙面、电缆廊道、伸缩节室、尾水排水廊道变形缝等部位，存在严重的渗漏问题；长洲水利枢纽下闸蓄水后，出现了 20 多处不同程度的渗水和漏水，沿防洪墙、伸缩缝、边墙、下游墙、施工缝等部位渗水较为普遍；株洲航电枢纽首台机组发电后，厂房水轮机井周边混凝土及交通廊道伸缩缝产生局部渗水和漏水现象；大顶子山航电枢纽工程，厂房高程 93.50m 操作廊道、交通廊道、高程 92.00～121.50m 电梯井墙壁施工缝和结构缝等部位，出现不同程度的渗漏水现象；万安水电站，自 1993 年 5 月水库蓄水以来，厂房伸缩缝、高程 52.00m 灌浆廊道、高程 53.10m 交通廊道、高程 58.65m 交通过道、安装间高程 85.00m 平台、高程 85.00m 上游风道及发电机层上游墙面等部位，都出了不同程度的漏水，严重的地方出现了"水帘洞"现象；小山水电站厂房下游墙横、纵向出现大面积渗水，严重危及空压机及消防设备的安全运行。由此可见，水电站厂房混凝土结构渗漏是相对普遍的，但是由于种种原因，很多出现渗水和漏水的工程未被报道。

总结分析上述出现渗水和漏水的工程，渗漏原因主要为混凝土结构自身的内在原因和外部原因。混凝土结构自身的内在原因主要体现在：①混凝土强度、抗渗、抗冻等级低，水力劈裂作用引起混凝土产生渗漏；②混凝土结构缝的止水设计不当或止水失效，沿止水部位渗漏；③混凝土结构分缝和施工分缝不合理，结构应力和变形过大而引起渗漏；④混凝土分层、分块设计不合理，混凝土内部水化热过高，内外温差大，温度应力引起混凝土开裂而产生渗漏。外部原因则有混凝土振捣不密实、养护不及时、施工产生冷缝、模板不平整、止水焊接不严、温控措施控制不到位、冻融损伤等。

水电站厂房中，对于厂房水轮机层以下大体积混凝土的温控防裂研究相对较多，而对于厂房挡水和涉水部位混凝土结构的防裂、抗渗往往被忽视，如果厂房下游尾水水位或地下水位较高，混凝土施工质量又存在缺陷，就很容易在厂房下游挡水墙体、涉水墙体和底板、止水、混凝土分缝等部位产生漏水和渗水。

2. 防裂、抗渗混凝土材料试验及应用

（1）混凝土材料性能及防裂、抗渗指标。混凝土是由水、水泥、砂、石混合而形成的多相复合脆性材料，混凝土在硬化过程中会产生水化热温升和体积变形，当混凝土从其水化时最高温度逐步降到稳定温度过程中，混凝土体积变形受到约束时，就会产生温度应力，从而使混凝土产生裂缝。影响混凝土材料防裂、抗渗的因素主要有混凝土水化热温

升、极限拉伸、抗拉强度、弹性模量、徐变变形、自身体积变形、线膨胀系数、干缩变形、抗渗及抗冻等级等方面。

为提高厂房混凝土的防裂、抗渗性能，重点考虑了以下几个方面：①结合厂房结构的配筋情况，尽可能采用大级配混凝土，减少水泥用量，降低绝热温升；②提高混凝土抗拉强度或极限拉伸值；③降低混凝土收缩变形，或将收缩变形转变为微膨胀变形；④提高混凝土的抗渗、抗冻等级；⑤考虑掺入粉煤灰，以降低水泥用量、水灰比，减少混凝土干缩变形。

综合厂房混凝土的力学特性、电站尾水作用水头和所在地气温情况，提出了高尾水作用下厂房混凝土的 4 项防裂、抗渗指标，见表 5.3-4。

表 5.3-4　　　　　　　　　　　　厂房混凝土设计防裂抗渗指标

强度等级	级配	抗渗等级（28d）	抗冻等级（28d）	极限拉伸值（28d）	干缩变形值（28d）
C25	二级	＞W10	＞F100	＞1×10^{-4}	＜220×10^{-6}
C25	三级	＞W10	＞F100	＞1×10^{-4}	＜220×10^{-6}
C20	二级	＞W10	＞F100	＞0.85×10^{-4}	＜220×10^{-6}

（2）材料试验。混凝土材料试验是通过研究拌制混凝土的水泥用量、骨料粒径大小、用水量以及掺和料的种类、数量，提出不同级配下的混凝土配合比，然后通过混凝土试验得出混凝土的相应指标，对比试验数据和设计指标结果，得出适宜董箐水电站厂房防裂、抗渗要求的混凝土配合比及相应设计指标。

通过对混凝土掺和料性能的研究和分析，MgO 水化时能产生体积微膨胀作用，聚丙烯纤维能提高混凝土的抗拉和限裂性能，防水剂能提高混凝土抗渗性能。董箐水电站厂房进行了以下 6 组试混凝土防裂、抗渗混凝土试验：①C25 二级配混凝土＋MgO；②C25 二级配混凝土＋MgO＋聚丙烯纤维；③C25 二级配混凝土＋MgO＋渗透结晶型防水剂；④C25二级配混凝土＋MgO＋高效复合防水剂；⑤C25 三级配混凝土＋MgO＋渗透结晶型防水剂；⑥C20 二级配混凝土＋聚丙烯纤维。

混凝土材料试验配合比见表 5.3-5，力学性能试验指标见表 5.3-6，抗冻性试验成果见表 5.3-7，抗渗性试验成果见表 5.3-8，干缩变形试验成果见表 5.3-9。

表 5.3-5　　　　　　　　　　　厂房防裂抗渗混凝土材料试验配合比

编号	混凝土等级	级配	水胶比	砂率/%	单位材料用量/（kg/m³）					掺　和　料				引气剂/（×10^{-4}）	减水剂/%	坍落度/cm
					水	水泥	粉煤灰	砂子	石子	MgO/%	聚丙烯纤维/（kg/m³）	防水剂/%				
												P型	W型			
①	C25	二	0.47	37	130	221.3	55.3	734	1259	3				0.3	0.75	5~7
②	C25	二	0.47	37	134	228.1	57	727	1248	3	0.9			0.2	0.75	5~7
③	C25	二	0.47	37	130	221.3	55.3	734	1259	3		0.8		0.2	0.4	5~7
④	C25	二	0.47	37	130	221.3	55.3	734	1259	3			0.8	0.1	0.2	5~7
⑤	C25	三	0.47	33	118	200.9	50.2	673	1377	3		0.8		0.3	0.4	5~7
⑥	C20	二	0.5	38	131	209.6	52.4	758	1246		0.9			0.2	0.75	5~7

表 5.3－6　　　　　　　　　　　厂房防裂抗渗混凝土力学性能试验结果

配合比编号	抗压强度/MPa			轴心抗拉强度/MPa			极限拉伸值/（×10⁻⁴）			抗压弹模/GPa		
	7d	28d	90d	7d	28d	90d	7d	28d	90d	7d	28d	90d
①	24.0	34.0	41.0	1.62	2.74	3.18	0.72	0.95	1.04	30.8	37.5	41.5
②	23.5	32.0	39.6	1.72	2.88	3.32	0.75	0.99	1.09	30.5	37.0	40.2
③	24.6	34.3	41.5	1.68	2.76	3.22	0.73	0.96	1.06	31.2	38.0	42.0
④	22.8	33.0	40.0	1.60	2.70	3.10	0.70	0.94	1.02	30.6	37.2	41.5
⑤	23.3	34.6	41.8	1.66	2.72	3.16	0.71	0.94	1.03	31.6	38.8	42.6
⑥	18.5	27.3	34.8	1.55	2.30	2.88	0.68	0.87	0.96	28.0	35.2	38.5

表 5.3－7　　　　　　　　　厂房防渗防裂及常规混凝土的抗冻性试验结果

配合比编号	相对动弹性模量/%					重量损失/%					抗冻等级（28d）
	25 次	50 次	75 次	100 次	125 次	25 次	50 次	75 次	100 次	125 次	
①	97.2	95.3	93.2	91.6	87.5	0.25	0.53	0.81	1.10	1.41	＞F100
②	97.0	94.8	92.6	91.0	87.0	0.29	0.62	0.90	1.15	1.50	＞F100
③	97.3	95.1	93.6	92.0	88.0	0.22	0.50	0.76	1.02	1.36	＞F100
④	96.9	94.6	92.2	90.6	86.2	0.30	0.56	0.85	1.10	1.45	＞F100
⑤	97.0	94.5	93.2	91.2	87.0	0.26	0.55	0.80	1.06	1.40	＞F100
⑥	96.2	92.8	90.6	88.2	83.5	0.38	0.72	0.95	1.26	1.72	＞F100

表 5.3－8　　　　　　　　　　厂房混凝土的抗渗性试验结果

配合比编号	水压力/MPa	试件渗水高度/cm	抗渗等级（28d）
①	1.2	3.5～8.6	＞W10
②	1.2	3.3～9.2	＞W10
③	1.2	1.0～3.0	＞W10
④	1.2	1.5～4.0	＞W10
⑤	1.2	2.0～3.5	＞W10
⑥	1.2	5.5～10.2	＞W10

表 5.3－9　　　　　　　　　　厂房防渗防裂混凝土的干缩变形试验结果

配合比编号	干　缩　变　形/（×10⁻⁶）									
	1d	3d	7d	14d	28d	60d	90d	120d	150d	180d
①	36	72	114	165	206	258	292	313	326	333
②	33	70	108	163	203	255	286	310	322	330
③	35	74	116	168	210	262	294	312	330	340
④	34	72	110	164	208	260	290	314	324	336
⑤	30	67	105	152	200	251	280	302	318	325
⑥	40	81	120	176	226	274	306	328	342	348

材料试验结果表明，6组试验中，各个配合比的力学性能基本能满足设计要求，抗冻等级满足 F100 要求，抗渗等级满足 W10 要求，极限拉伸值为 $0.87×10^{-4}～0.99×10^{-4}$，接近或超过了设计的指标要求，28d 干缩变形值除第⑥组（C20 二级配混凝土＋聚丙烯纤维）略大外，其余均小于 $220×10^{-6}$ 的要求，相比之下掺 MgO＋渗透结晶型防水剂的混凝土试件渗水高度在 $1.0～3.0cm$，其抗渗性能较好；掺入聚丙烯纤维后极限拉伸值大，早期的干缩变形值小，有利于控制混凝土的早期干缩变形。

（3）防裂、抗渗混凝土应用。在防裂、抗渗混凝土材料试验研究的基础上，综合厂房结构钢筋配置和混凝土浇筑情况，董箐水电站厂房防裂、抗渗混凝土按如下方式实施：①尾水管底板采用掺入聚丙烯纤维的二级配防裂、抗渗混凝土；②厂房下游挡水墙、左端挡水墙和涉水部位墙体等，采用掺入 MgO＋渗透结晶型防水剂的组合外掺料的三级配防裂、抗渗混凝土；③副厂房底板、安装间底板等采用掺入 MgO＋渗透结晶型防水剂的组合外掺料的二级配防裂、抗渗混凝土。方式①的作用是有效控制厂房基础约束区厚底板混凝土的早期干缩变形和温度裂缝；方式②、③的作用是有效减小厚墙体的混凝土自身的水化热和干缩变形，减少温度裂缝，简化混凝土施工的温控程序，提高混凝土防裂、抗渗性能。

3. 止水设计

结构缝止水是厂房结构设计中非常重要的环节，结构虽小却藏着大学问，合理的止水设计是防止厂房外水内渗和内水外渗的安全保障，具有十分重要的意义。

对于厂房结构止水设计，规范没有明确而详细规定止水的材料和形式等内容。通过对董箐水电站止水材料的概算单价分析，止水铜片的单价为橡胶止水的 3～5 倍，选用止水铜片增加的工程投资仅为厂房建筑工程投资的 0.07%。综合考虑厂房的最大作用水头、止水材料的使用寿命和抗老化等因素，为确保在高尾水作用下结构缝止水系统的效果，结构缝采用两道止水，迎水面第一道为止水铜片，第二道为橡胶止水。止水铜片厚度 1.2～1.5mm，单边埋入混凝土的长度约为 19cm，止水铜片埋入基岩 50cm，为有效防止水流沿止水片的绕渗并延长渗径，在每边止水上粘贴 50mm×6mm（宽×厚）复合橡胶板；橡胶止水为 651 型橡胶止水。另外，为有效防止混凝土分缝面的渗水，在迎水和涉水墙体的水平分缝处设置遇水膨胀止水条；在尾水管扩散段顶板的一期、二期混凝土分界面的竖向施工缝设置一道 651 型橡胶止水，有效防止水流沿施工缝面渗入厂房水轮机层及廊道层。

4. 严格控制混凝土分层分块

水电站厂房混凝土结构尺寸大、孔洞多、体形和受力条件复杂，合理的分层分块是削减温度应力，防止或减少混凝土产生裂缝，保证混凝土施工质量和结构整体性的重要措施。为此，对董箐水电站厂房混凝土浇筑层厚和浇筑块进行控制。

（1）根据结构特点、形状及应力情况进行分层分块，分缝避开应力集中、结构薄弱部位。

（2）严格控制厂房混凝土浇筑层厚，避免因混凝土体积过大引起内部的温度升高产生较大温差，从而使混凝土开裂。尾水管底板基础约束区混凝土分层厚度为 1～1.29m，同时由于尾水管底板面积较大，在顺水流分向设置施工缝，防止竖直施工缝张开后向上向下继续延伸，采取错缝分块的结构型式；尾水管顶板部位大体积混凝土，根据结构要求分层厚度为 1～2.6m；考虑到墩墙侧面可以散热，尾水闸墩及左端墙大体积混凝土的分层厚度为 1.8～3m；安装间、副厂房底板等基础约束区混凝土分层厚度为 1.5m；厂房周边墙体、主机间上下游墙体以及副厂房内墙体，厚度仅为 1～3m，混凝土体积相对不是太大，分层厚度根据楼板结构布置情况，分层厚度为 1.2～4.2m。

此外，由于尾水管顶板混凝土体积较大，为有效防止混凝土产生裂缝，结合尾水管顶板施工期的受力条件分析，在尾水管顶板上游侧高程 352.40m 和下游侧高程 353.20m 设置 Φ25@20cm 的纵、横限裂钢筋。

5.3.3 厂房结构监测情况

5.3.3.1 监测设计

1. 概述

为了掌握厂房建成后在高尾水作用下的安全工作状况，以及通过观测数据积累了解厂房建筑物运行工作状态，及时有效地进行预测、预报，在厂房内部布置了监测仪器对结构的应力、变形、渗透水压力等进行观测。监测断面布置钢筋计、应变计以监测厂房结构应力应变，布置测缝计以监测混凝土和基岩面接触缝的开合度，布置渗压计以监测厂房基础、周边墙体与基岩接触面的渗透水压力，布置观测墩以监测厂房结构较大的变形。

2. 监测仪器布置

（1）渗压计布置。为监测厂房基础渗透压力分布，在整个厂房段选取 2 个横监测断面和 1 个纵监测断面，2 个横监测断面分别沿厂房 1 号、3 号机中心线在不同高程布置渗压计，上游侧高程 349.20m 以上布置 2 支，高程 349.20m 以下布置 3 支；纵监测断面在高程 370.00m 以下布置 3 支，渗压计具体布置情况见表 5.3－10。

表 5.3－10　　　　　　　　　　厂房渗压计布置情况表

断面名称及断面位置	仪器名称	仪器编号	仪器高程/m	仪 器 位 置 桩 号	
1－1 剖面 （厂横 0＋000.00）	渗压计	P_{CF1-1}	341.38	厂纵 0－022.00	厂横 0＋000.00
		P_{CF1-2}	337.88	厂纵 0－006.90	
		P_{CF1-3}	341.88	厂纵 0＋000.00	
		P_{CF1-4}	354.80	厂纵 0＋011.00	
		P_{CF1-5}	365.80	厂纵 0＋027.75	
2－2 剖面 （厂横 0＋044.00）	渗压计	P_{CF2-1}	341.38	厂纵 0－022.00	厂横 0＋044.00
		P_{CF2-2}	337.88	厂纵 0－006.90	
		P_{CF2-3}	341.88	厂纵 0＋000.00	
		P_{CF2-4}	354.80	厂纵 0＋011.00	
		P_{CF2-5}	365.80	厂纵 0＋027.75	
3－3 剖面 （厂纵 0＋000.00）	渗压计	P_{CF3-1}	358.10	厂纵 0＋000.00	厂横 0－020.00
		P_{CF3-2}	334.88		厂横 0＋082.00
		P_{CF3-3}	361.10		厂横 0＋105.00

（2）测缝计布置。为监测混凝土和基岩面接触缝的开合度，分别沿厂房 1 号、3 号机中心线在不同高程各布置 3 支测缝计，测缝计具体布置情况见表 5.3－11。

表 5.3－11　　　　　　　　　　　厂房测缝计布置情况表

断面名称及断面位置	仪器名称	仪器编号	仪器高程/m	仪器位置桩号	
1－1 （厂横 0＋000.00）	测缝计	J_{CF1-1}	341.88	厂纵 0－022.00	厂横 0＋000.00
		J_{CF1-2}	344.00	厂纵 0＋006.00	
		J_{CF1-3}	368.00	厂纵 0＋032.50	
2－2 （厂横 0＋044.00）	测缝计	J_{CF2-1}	341.88	厂纵 0－022.00	厂横 0＋044.00
		J_{CF2-2}	344.00	厂纵 0＋006.00	
		J_{CF2-3}	368.00	厂纵 0＋032.50	

（3）锚杆应力计布置。为结合渗压计、测缝计一起监测分析厂房渗透压力和接触缝开合度的大小，分别沿厂房 1 号、3 号机中心线在不同高程各布置 5 支锚杆应力计，锚杆应力计具体布置情况见表 5.3－12。

表 5.3－12　　　　　　　　　　　厂房锚杆应力计布置情况表

断面名称及断面位置	仪器名称	仪器编号	仪器概略高程/m	仪器位置桩号	
1－1 （厂横 0＋000.00）	锚杆应力计	R_{MCF1-1}	341.88	厂纵 0－024.00	厂横 0＋000.00
		R_{MCF1-2}	340.00	厂纵 0－003.40	
		R_{MCF1-3}	348.00	厂纵 0＋006.00	
		R_{MCF1-4}	365.00	厂纵 0＋023.00	
		R_{MCF1-5}	386.50	厂纵 0＋034.50	
2－2 （厂横 0＋044.00）	锚杆应力计	R_{MCF2-1}	341.88	厂纵 0－024.00	厂横 0＋044.00
		R_{MCF2-2}	340.00	厂纵 0－003.40	
		R_{MCF2-3}	348.00	厂纵 0＋006.00	
		R_{MCF2-4}	365.00	厂纵 0＋023.00	
		R_{MCF2-5}	386.50	厂纵 0＋034.50	

（4）钢筋计、三向应变计组、表面观测墩布置。为监测框架式下游挡水结构的应力、应变、变形大小，在 2 号机组段的尾水闸墩及尾水挡墙布置 4 支钢筋计，主机间下游墙布置 1 支钢筋、1 组三向应变计组、1 个表面观测墩；在 4 号机组段的尾水闸墩及尾水挡墙布置 4 支钢筋计、1 个表面观测墩。钢筋计、三向应变计组和表面观测墩具体布置情况见表 5.3－13。

表 5.3－13　　　　　　厂房钢筋计、三向应变计及表面观测墩布置情况表

断面名称及断面位置	仪器名称	仪器编号	仪器高程/m	仪器位置桩号	
2 号机组横剖面 （厂横 0＋022.00）	钢筋计	R_{CF1-13}	370.00	厂纵 0－024.450	厂横 0＋015.500
		R_{CF1-14}		厂纵 0－033.450	厂横 0＋022.000
		R_{CF1-15}	380.00	厂纵 0－024.450	厂横 0＋015.500
		R_{CF1-16}		厂纵 0－033.450	厂横 0＋022.000
		R_{CF1-17}	387.95	厂纵 0－011.500	

断面名称及断面位置	仪器名称	仪器编号	仪器高程/m	仪器位置桩号	
2号机组横剖面 （厂横 0+022.00）	三向应变计组	$S^3_{CF1-1\sim3}$	387.85	厂纵 0−011.000	厂横 0+022.000
	表面观测墩	IS_{CF1}	391.00	厂纵 0−034.650	厂横 0+022.000
4号机组横剖面 （厂横 0+066.00）	钢筋计	R_{CF2-13}	370.00	厂纵 0−024.450	厂横 0+059.500
		R_{CF2-14}		厂纵 0−033.450	厂横 0+066.000
		R_{CF2-15}	380.00	厂纵 0−024.450	厂横 0+059.500
		R_{CF2-16}		厂纵 0−033.450	厂横 0+066.000
	表面观测墩	IS_{CF2}	391.00	厂纵 0−034.650	厂横 0+066.000

5.3.3.2 监测成果

从 2009 年 8 月蓄水发电以来，厂房基础透压水头监测数据随发电尾水位的变化情况略有波动，至 2012 年 6 月基础渗压所测最大水头为 31.9m，蓄水后最大水头累计增加 17.7m；混凝土与基岩面的开合度较小，蓄水后略有波动，但变化不大，最大开合度为 1.61mm，厂房基础接缝开合度基本稳定；基础锚杆在厂横 0+0 断面拉应力较小，底部监测锚杆 R_{MCF1-1} 拉应力 9.3MPa，0+23 处锚杆 R_{MCF1-4} 压应力 −133.1MPa；厂房尾水闸墩及挡墙和主机间下游墙钢筋计最大拉应力为 12.8MPa，最大压应力为 −28MPa；三向应变计实测混凝土应变为 −103.9$\mu\varepsilon$～8.7$\mu\varepsilon$，水平位移和垂直沉降位移都不大，至 2012 年 6 月累积位移 5mm 左右。

5.3.4 厂房结构实施及运行情况

董箐水电站受下游龙滩水电站的影响，发电厂房尾水变幅较大，通过对龙滩水电站运行方式的合理分析，厂房采取分期建设的设计思路，采用了"两台机组段上分下连的分缝"等厂房结构形式，研究采用了掺入聚丙烯纤维的二级配防裂、抗渗混凝土，以及掺入 MgO+渗透结晶型防水剂的组合外掺料的二级配和三级配防裂、抗渗混凝土，有效地提高了混凝土的抗渗性能和减少了混凝土的干缩裂缝，9.7 万 m³ 三级配混凝土的应用，简化了施工温控程序，加快了施工速度，节省了工程投资。厂房从 2009 年 8 月蓄水发电以来，结构混凝土未产生裂缝和渗水现象，厂房渗压水头随发电尾水位变化略有波动，基础接缝开合度蓄水后略有波动，但开合度变化不大，厂房锚杆应力计、钢筋结构计、三向应变计及表面观墩等监测数据在规范允许范围内，厂房处于安全状态。

5.4 厂房后期加高与改造

5.4.1 后期加高与改造设计重点

根据董箐水电站厂房总体设计思路，一期建设时厂房的整体抗滑、抗浮、基底应力及下部挡水结构能满足龙滩水电站正常蓄水位达到 400.00m 时的要求，而后期的厂房加高和改造是在龙滩水电站正常蓄水位达到 400.00m 时，重点解决以下问题。

1. 厂房防洪

龙滩水电站正常蓄水位 400.00m 时，对应董箐水电站尾水设计洪水位为 401.86m（$P=0.5\%$），一期建设的厂房尾水平台、主变室及中控楼将位于尾水位以下，需利用厂房周边预留的有限空间设置防洪挡水墙，以解决厂房防洪问题。

2. 厂区内外交通及大件吊运

根据二期的防洪情况，在一期已建对外公路的基础上，需要重新规划一段进厂公路，公路高程高于下游洪水位高程。厂房二期设计防洪墙和进厂公路抬高后，厂外平台高程由 391.00m 升高至 403.50m，安装间装卸场及主变室位于平台高程以下 12.5m，需增设桥机解决运行期厂房检修的大件吊运问题。

3. 厂区排水

厂房后期加高和改建时，厂房防洪水位需提高 10m 左右，需重新研究和考虑厂内排水措施，以解决厂房的渗水问题。同时，厂后排水洞及压力钢管排水洞也位于下游水位以下，需考虑相应抽排措施，以解决厂区的排水问题。

董箐水电站厂房剖面图见图 2.2-3。

5.4.2　防洪墙设计

1. 防洪墙布置

由于厂房二期防洪尾水位比一期高约 13m，为解决好厂房二期建设时的防洪问题，在发电厂房四周加高挡水结构或增设防洪墙，具体如下。

（1）厂房后侧及右侧防洪墙。根据一期边坡开挖情况和厂房后侧及右侧 391 平台布置条件，厂房后侧及右侧平台宽度有限，但由于紧靠边坡，随高度增加，宽度也相应增加，适合布置衡重式挡墙。结合挡墙计算，在厂房 GIS 和中控楼的后侧布置顶宽 1.5m、面坡为竖直面、上墙背坡倾斜坡比 1∶0.4、下墙背坡倾斜坡度与厂后边坡坡度相同的衡重式挡墙，挡墙底部高程 389.50m，基础与平台同宽，衡重台高 5.5m，衡重台倒坡坡比与厂后边坡相同，衡重台上部回填碎石至高程 403.00m，上设 0.5m 厚混凝土底板，兼作厂后公路。装卸场和中控楼右侧平台相对较宽，布置顶宽 1.5m、面坡为竖直面、上墙背坡倾斜坡比 1∶0.4、下墙背坡倾斜坡度与厂右边坡坡度相同的衡重式挡墙，挡墙底部高程 389.50m，基础与平台同宽，衡重台高 4m，衡重台倒坡坡比与厂右边坡相同，衡重台上部回填碎石至高程 403.00m，上设 0.5m 厚混凝土底板，兼作厂右公路。

（2）厂房下游侧防洪墙。根据尾水门机布置及运行要求，并结合尾水闸墩及尾水挡墙的结构计算，将一期厂房主机间下游侧的尾水闸墩和尾水挡墙从 391.00m 加高至 403.50m，并将原主机间下游侧高程 391.00m 的排架柱改造为排架柱＋柱间墙（墙厚 1.3m）结构，在尾水挡墙与主机间下游墙之间高程 397.10m 和高程 403.50m 增设两层副厂房，形成尾水挡墙和主机间下游墙联合受力的下游防洪墙挡水结构；在安装间下游侧布置箱形挡水结构，箱形结构靠河床侧外墙为顶宽 2m、底宽 7.8m、墙高 10.5m，迎水面为垂直面，背坡为坡比 1∶0.569 的重力式挡墙，内墙利用原安装间下游侧高程 391.00m 的排架柱，改建为排加柱＋柱间墙（墙厚 1.5m）结构，内、外墙通过箱形结构底部宽 9.3m、厚 2m 的混凝土相连，内、外墙之间顶部设置板梁结构，兼作厂房下游侧交通。

（3）厂房左侧防洪墙。在厂房左端墙上部布置箱形挡水结构，箱形结构靠上游侧外墙为顶宽 2m、底宽 7.1m、墙高 10.5m，迎水面为垂直面，背坡为坡比 1：0.505 的重力式挡墙，内墙厚 1.5m，内、外墙通过箱形结构底部宽 8.6m、厚 2m 的混凝土相连，内、外墙之间顶部设置板梁结构，兼作厂房左侧交通。

2. 防洪墙计算

（1）重力式挡墙计算。厂房左端防洪墙与安装间下游防洪墙都为箱形结构，但主要挡水结构为外侧的重力式挡墙部分，内侧墙主要是用于设置上部交通桥。计算时只考虑重力式挡墙结构，而厂房左端墙上部重力式挡墙与安装间下游重力式挡墙的基础高程、挡墙高度和顶宽相同，底宽分别为 8.6m、9.3m，由于两处挡墙承受的外水压力相同，显然断面较小的厂房左端重力式挡墙较危险，因此，取左端重力式挡墙进行计算，重力式部分挡墙底宽 8.07m，计算成果见表 5.4－1。

表 5.4－1　　　　　　厂房左端重力式挡墙整体稳定及基底应力计算结果汇总表

荷载组合	抗滑稳定系数 K_c	抗浮稳定系数 K_f	抗倾覆稳定系数 K_0	挡墙基础应力/MPa	
				P_{max}	P_{min}
基本组合	9.69＞[3.0]	3.52＞[1.1]	1.80＞[1.5]	0.211＜[σ]=2.0	0.056＜[σ]=2.0
特殊组合Ⅰ（校核洪水）	8.57＞[2.5]	3.31＞[1.05]	1.60＞[1.3]	0.249＜[σ]=2.0	0.012＜[σ]=2.0
特殊组合Ⅱ（地震作用）	8.87＞[2.3]	3.52＞[1.05]	1.68＞[1.3]	0.240＜[σ]=2.0	0.027＜[σ]=2.0

计算表明，重力式挡墙的最小抗滑稳定系数为 8.57，最小抗浮稳定系数为 3.31，最小抗倾覆稳定系数为 1.6，基底最大压应力为 0.056MPa，小于地基承载力，未出现拉应力，且均满足《水工挡土墙设计规范》（SL 379—2007）和《混凝土重力坝设计规范》（DL 5108—1999）的相关要求。

（2）衡重式挡墙计算。厂房后侧和右侧均采用衡重式防洪挡墙，挡墙衡重台兼顾进厂交通，上部回填有石渣，计算结果见表 5.4－2。

表 5.4－2　　　　　　衡重式挡墙整体稳定及基底应力验算结果汇总表

挡墙位置	计算工况	抗滑稳定系数 Kc	抗浮稳定系数 K_f	抗倾覆稳定系数 K_0	挡墙基础应力/MPa	
					P_{max}	P_{min}
厂房后侧	基本组合	5.98＞[3.0]	6.674＞[1.1]	2.074＞[1.5]	0.483＜[σ]=2.0	0.289＜[σ]=2.0
	特殊组合Ⅰ（校核洪水）	5.552＞[2.5]	6.651＞[1.05]	1.954＞[1.3]	0.537＜[σ]=2.0	0.231＜[σ]=2.0
	特殊组合Ⅱ（地震作用）	5.536＞[2.3]	6.674＞[1.05]	1.926＞[1.3]	0.559＜[σ]=2.0	0.213＜[σ]=2.0
厂房右侧	基本组合	9.28＞[3.0]	8.455＞[1.1]	2.81＞[1.5]	0.469＜[σ]=2.0	0.015＜[σ]=2.0
	特殊组合Ⅰ（校核洪水）	8.714＞[2.5]	8.543＞[1.05]	2.657＞[1.3]	0.482＜[σ]=2.0	0.0003＜[σ]=2.0
	特殊组合Ⅱ（地震作用）	8.539＞[2.3]	8.455＞[1.05]	2.613＞[1.3]	0.49＜[σ]=2.0	−0.006＜−0.1

注　表中基础应力为负时表示拉应力。

从计算成果可以看出，无论是右侧还是后侧衡重式挡墙，抗浮、抗滑和抗倾稳定系数均满足《水工挡土墙设计规范》（SL 379—2007）和《混凝土重力坝设计规范》（DL 5108—1999）的相关要求，基本组合时基底未产生拉应力，地震特殊组合时，出现局部拉应力，最大值 0.006MPa，不大于 0.1MPa，也能满足规范要求。

5.4.3　进厂交通

为解决好二期进厂交通问题，综合地形地质、一期边坡开挖和枢纽布置等因素，在厂房左侧、后侧及右侧，结合防洪墙布置，将一期高程 391.00m 平台采用石渣回填至高程 403.50m（高于二期校核洪水尾水位 402.53m），形成二期进厂平台。在厂房下游侧增加布置一条公路与厂房右端回填平台相接作为二期进厂的主通道，同时利用大坝预留的高程 403.50m 公路与厂房左端相接作为厂房的二期进厂的辅通道。

5.4.4　设备吊运

经分析，二期建设时厂内最大件设备的吊运主要考虑为主变压器的更换，主变压器的运输重量为 145t，尺寸为 9m×4m（长×宽）。为解决二期厂内设备吊运问题，在一期装卸场上游中控楼右侧布置 17.6m 宽的吊物间，吊物间沿厂纵方向长 26.5m，其中：基础为 391.00m 平台区段长 14m，布置两根 2.3m×1.5m（长×宽）排架柱；基础为 403.50m 回填平台段长 12.5m，布置 4 根 2.3m×1m（长×宽）排架柱。排架柱上部布置 1 台 200t 台车，轨顶高程 412.45m。厂内设备从进厂公路到达 403.50m 平台后，经吊物间台车转运至高程 391.00m 再运至主变室或装卸场。

5.4.5　厂区排水

在一期防渗排水系统的基础上，二期建设主要考虑增设厂外排水和厂内排水措施。厂外排水措施是在厂房左端墙外侧设内部尺寸为 10m×6m×12.5m（长×宽×深）的集水井，通过设置在厂房后侧衡重式挡墙内 2m×2.9m（宽×高）的厂纵方向排水廊道，将 1 号～4 号排水洞及厂房排水洞来水引至该集水井，集中抽排流向下游。厂内排水是在二期挡墙内侧底部设置排水沟（局部埋花管）收集挡墙渗水并通过明管引至一期排水系统，在下游副厂房二期加高部分设置排水沟及排水管，将渗水引至一期厂内排水系统，最终引入渗漏集水井，集中抽排流向下游。

5.5　小结

（1）通过对上下游水资源的分析，在上游有光照"龙头"水库的调节下，明确了董箐水库库水位按高位运行的方式，充分考虑了下游龙滩水库水位近期及远景运行的特点，达到了最大限度利用水能资源，减少重复投资，发挥电站最大效益的目的。

（2）研究提出了近期与远景采用同一转轮、同一转速的水轮机组型式，分析了高尾水变幅对水轮机稳定运行的影响，采取了提高机组运行稳定性的措施和防止水轮机转轮裂纹的措施，解决了高尾水变幅条件下水头利用和机组的适应性问题。

（3）在厂房结构设计中，采用了按远景设计、按近期施工的分期建设思路，研究提出了上分下连的机组分缝结构型式和整体墙式框架、墙＋墙肋＋厚板式框架等结构型式，在混凝土内掺入 MgO 和 PSI－400 的组合外掺材料，提高了混凝土的防裂防渗性能，有效解决了高尾水变幅下厂房的整体稳定和挡水防渗等系列问题。

第 6 章

高面板堆石坝施工期水流控制

6.1 技术背景

施工期水流控制作为影响工程施工期安全度汛和建设工期的重要因素，在高面板堆石坝工程中具有重要作用。国内外已建多个工程的实践经验表明，提前规划好工程施工期的水流控制方案及施工导流程序，对保证工程施工期安全以及施工工期、规避工程施工期风险都有重要意义。

董箐水电站坝址位于下游龙滩水电站库区，属于"抢救性"开发工程，需要在下游龙滩水库蓄水前完成其水位影响范围以下的建设，建设工期极为紧张。另外，工程勘测设计工作周期短，工程区地质条件较复杂，工程在建设过程中的不可预见性因素较多。因此，在工程前期及实施阶段，针对工程施工期导流方案、导流建筑物布置及结构、大坝填筑施工方案、溢洪道快速施工以及下闸蓄水方案及风险控制等方面开展了较深入的研究工作，为保证工程安全度汛、按期发电提供了技术保障。

6.2 导流方案及导流建筑物

6.2.1 导流方案

结合董箐水电站工程特点，在可行性研究阶段针对大坝施工枯期导流方案、全年导流方案以及坝面过水方案开展了技术经济比较和论证。

1. 枯期导流方案

该方案采用低土石围堰抵御十年一遇枯期（时段：11月6日至次年5月15日）设计洪水，在围堰保护下，截流后第一个枯水期大坝填筑至挡时断面度汛，与下游全年挡水围堰共同形成大坝和厂房全年施工基坑。

该导流方案的优点是利用大坝填筑临时断面挡水度汛，上游围堰可采用枯期围堰，围堰规模小，工程量少，度汛费用省。该方案成立的前提条件是两条导流洞能按期通水过流、大坝在截流后第一个枯水期施工进度能达到挡水度汛的要求，大坝填筑强度较高，达到 60 万 m^3/月，对料源供应、大坝填筑交通以及仓面施工组织等方面要求较高。

2. 全年导流方案

该方案采用高围堰抵御十年一遇全年设计洪水，汛期大坝在围堰保护下施工，与下游全年挡水围堰共同形成大坝和厂房全年施工基坑，汛后大坝填筑超过围堰高程，由大坝挡水度汛。

该方案有以下优点：

（1）减轻了第一个枯水期大坝填筑压力，大坝度汛风险小。大坝填筑强度仅为 36.7 万 m^3/月，董箐水电站坝址两岸地形较缓，上坝道路容易布置，该强度很容易实现。

（2）改善了填筑初期备料压力。通过分析溢洪道开挖强度和右岸董箐灰岩料场开采强度，该方案可不需要前期备料，溢洪道和右岸董箐灰岩料场的开挖料可直接上坝，减少了二次转运，经济性较好。

（3）充分利用了第一个汛期施工时间，在保证总工期的情况下，降低了大坝填筑的后期施工强度。

（4）可保证厂房全年施工。由于该方案第一个汛期大坝不过水，保护厂房施工的下游围堰又是全年围堰，因此，厂房可在汛期施工，为并不富裕的厂房施工工期提供了保障。

该方案主要存在的问题是导流洞需要适当加长，以留有全年围堰布置的空间，另外，上游围堰工程量较大。

3. 坝面过水方案

该方案采用低土石围堰抵御十年一遇枯期设计洪水，截流后第一个枯水期大坝填筑高程低于上游围堰，汛期大坝坝面在保护下过流度汛。

该方案最大的优点是如果参与工程度汛的 2 号导流洞不能按期完工，在第一个汛前不能投入运行，工程汛期安全度汛也能得到保障，度汛风险较小。

但该方案缺点明显，一是坝面过水对坝体结构不利，一般面板堆石坝特别是高坝在设计上是不允许坝面过流的；二是坝面过流保护费用高；三是由于损失了一个汛期的施工时间，导致后期大坝填筑强度高；四是由于厂房也在大坝基坑内，坝面过流导致厂房损失一个汛期的施工时间，厂房施工工期将受到影响，首台机发电时间稍晚。

通过对上述 3 个方案的投资、度汛风险、工期影响等方面的综合比较，推荐枯期导流方案，即由低围堰挡枯期洪水、汛期由大坝临时断面挡水度汛，该方案导流工程投资最省，主要的风险来自大坝在截流后第一个枯水期施工面貌能否满足度汛要求。

4. 推荐方案施工导流程序

（1）第一年 4 月初至第二年 10 月底，进行左岸 1 号导流洞施工及两岸坝肩开挖，为第二年 11 月截流创造条件。右岸 2 号导流洞的施工安排在第一年 8 月至第三年 4 月底进行，在第三年汛期投入运行。导流洞施工期间利用原河床过流，导流洞全年施工，导流标准为全年 $P=10\%$ 频率洪水，相应洪峰流量为 6950m^3/s。

（2）第二年 11 月上旬至第三年 5 月 15 日（一枯），进行主河道截流、围堰堆筑及防渗灌浆施工、基坑排水、2 号导流洞施工、坝基开挖及坝体Ⅰ期填筑、趾板施工及厂房基坑开挖。该时段由 1 号导流洞过流，上下游围堰挡水，导流流量为 1650m^3/s。

（3）第三年汛期，进行岸坡趾板施工、坝体Ⅱ期填筑、厂房基坑开挖。该汛期大坝度汛标准为全年 $P=1\%$ 频率洪水，洪峰流量为 10100m^3/s，由坝体及下游围堰挡水、1 号和 2 号导流洞联合泄洪。

（4）第三年 11 月 6 日至第四年 5 月 15 日（二枯），完成大坝一期面板施工、进行坝体Ⅲ、Ⅳ期填筑。该时段导流标准为枯期 $P=10\%$ 频率洪水，相应导流流量为 1650m^3/s，由 1 号、2 号导流洞联合导流，上、下游围堰挡水。

（5）第四年汛期，完成坝体填筑。该汛期坝体度汛标准为全年 $P=1\%$ 频率洪水，洪

峰流量为 $10100\text{m}^3/\text{s}$，由坝体及下游围堰挡水、1 号和 2 号导流洞联合泄洪度汛。

（6）第四年 11 月 6 日至第五年 5 月 15 日（三枯），完成大坝二期面板施工，依次封堵 2 号导流洞封堵、1 号导流洞下闸，水库开始蓄水。

（7）第五年汛期，完成坝顶结构和三期面板施工，水库水位蓄至正常蓄水位。

6.2.2　导流建筑物布置

导流洞招标实施阶段，在可行性研究阶段推荐的枯期导流方案基础上，研究了"上游高围堰、大坝全年施工"方案，两个方案的导流建筑物布置主要区别在于上游围堰，上游围堰又影响导流洞特别是导流洞进口位置的选择，考虑到导流洞地质条件较差，按期截流施工工期较紧，同时可行性研究阶段推荐的导流方案对大坝在截流后第一个枯水期施工强度要求较高，通过对大坝在第一个枯水期施工面貌和施工强度的充分评估和论证，为降低大坝度汛风险，考虑适当加长导流洞，即在导流洞进口位置选择上考虑预留全年高围堰布置的空间，为工程后期采用高围堰方案的实施提供必要条件。工程选择土石围堰堰型，采用高围堰方案时，上游围堰堰顶高程 403.00m，最大堰高 41.0m，围堰底部最大横向布置长度约 158m，由此导致左右岸两条导流洞较可行性研究阶段长度增加了约 200m，增加的工程量和投资有限，但为工程实施阶段灵活调整导流方案创造了必要条件。

工程布置 2 条导流洞，导流建筑物平面布置见图 6.2-1，导流建筑物布置方面具有以下特点。

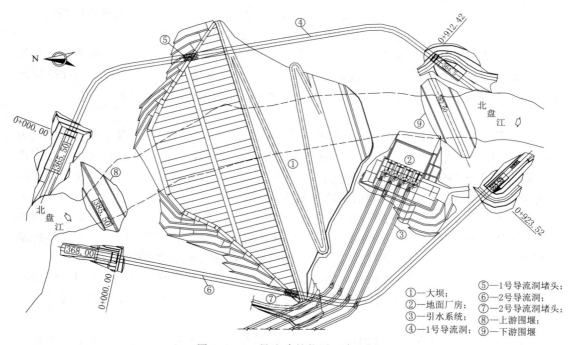

图 6.2-1　导流建筑物平面布置图

（1）导流洞分左右岸布置，左岸进场条件相比右岸更好，因此考虑利用左岸 1 号导流洞用于工程截流，右岸 2 号导流洞参与工程度汛，平面布置图上 2 条导流洞出口基本对称布置，利用水流对冲消能解决冲刷问题。

（2）2 条导流洞在布置高程上采用高低洞布置，用于前期截流的左岸 1 号导流洞为低洞（进口高程 366.00m），以降低工程截流难度，右岸 2 号导流洞为高洞，进口高程 368.00m。

（3）导流洞封堵程序上考虑在一个枯水期分开封堵，先封高洞（2 号导流洞），2 号导流洞封堵期可利用低高程的 1 号导流洞过流，降低 2 号导流洞封堵难度，由于 2 号导流洞封堵期间上游水位较低，进口仅设置叠梁门，降低了工程造价。

6.2.3 导流洞规模调整及结构优化

导流洞施工处于工程施工工期的关键线路上，参与工程截流的 1 号导流洞的施工进度决定了工程的截流时间，参与工程度汛的 2 号导流洞的施工进度则决定了工程在第一个汛期是否能够实现安全度汛。为有效保证导流洞施工工期，在导流洞规模、结构等方面进行了调整和优化。

6.2.3.1 导流洞规模调整

在工程前期设计阶段，导流洞断面设计为城门洞型，左右岸两条导流洞断面设计成一小一大型式，选定的导流洞断面尺寸为：1 号导流洞断面 15.0m×17.0m（宽×高），过流面积 237.1m²；2 号导流洞断面 17.0m×20.0m（宽×高），过流面积 316.4m²。该设计方案主要考虑了以下因素：①1 号导流洞断面小，工程量相对较小，施工工期短，可尽早完建，用于工程截流及截流后第一个枯水期过流；②2 号导流洞断面大，但施工工期相对 1 号导流洞可多 6 个月，在截流后的第一个汛前完成，参与工程度汛；②下闸封堵顺序为先封堵大断面导流洞，再封堵小断面导流洞，可降低 1 号导流洞挡水钢闸门建造难度和造价；③坝址左岸有交通到达，将小断面导流洞布置在左岸，施工条件好，可尽早施工，以保证截流工期。

在工程实施阶段，考虑到导流洞穿越地层为软硬相间的砂泥岩，过大的开挖断面不利于洞室施工期稳定，对 2 号导流洞规模进行了调整，并研究了 2 号导流洞断面尺寸调整后的大坝填筑强度，提出了加快大坝填筑、提高大坝填筑强度的措施，主要如下。

（1）减小 2 号导流洞断面尺寸，由 17.0m×20.0m（宽×高）调整为 15.0m×17.0m（宽×高），和 1 号导流洞规模相同。

（2）由于 2 号导流洞断面尺寸减小，截流后第一个枯水期大坝填筑强度增大，通过对填筑料源的分析，采取以下措施：一是提前开挖料场进行备料；二是增加料场开采工作面，加大两个料场的供料强度。

（3）调整大坝填筑料运输设备，取消原规划的 20t 自卸汽车，全部采用 32t 自卸汽车，以减小车流量，降低上坝道路的运输压力。

6.2.3.2 导流洞结构优化

1. 导流洞结构计算理论

董箐水电站导流洞具有断面大、封堵期承担外水水头高的特点，在可行性研究阶段，对隧洞结构进行了计算，导流洞堵头前洞段衬砌结构厚度为 200cm、150cm，导流洞堵头后洞段衬砌结构厚度为 100cm，导流洞最大开挖断面达到 19.0m×21.0m（宽×高），大断面的隧洞施工期稳定问题突出。

施工图阶段，采用"围岩'固结圈'承担外水压力"理论对导流洞结构进行了复核计算。该理论的基本思想为：隧洞一般均要进行固结灌浆，且在洞身开挖时，为了保证施工期的安全，均设置了一定数量的一次支护锚杆，当隧洞衬砌后，通过锚杆和固结灌浆，将围岩与衬砌连成了整体，形成了联合受力结构。围岩通过固结灌浆，一方面提高了围岩的完整性和变性模量，另一方面降低了围岩的渗透性，改变了水流在岩体中的渗透特性，有时，经过固结灌浆的围岩，会变为相对不透水层，此时还将外水压力作用于衬砌上，按面力计算，则是不正确的。通过锚杆联结衬砌与围岩，加大了衬砌与围岩接触面的黏结力，同时，锚杆还起到传递拉（压）应力的作用，使两者客观上成为整体的受力结构。外水仅作用于已固结灌浆的围岩周围，不会渗透到衬砌表面，围岩和衬砌共同承担外水压力。

通过对计算理论和计算方法的调整，导流洞堵头前大部分洞段衬砌厚度由 200cm、150cm 减小为 100cm、80cm，堵头后大部分洞段衬砌厚度由 100cm 减小为 60cm，减少了开挖量和衬砌工程量，缩短了施工工期，为工程按计划截流和安全度汛提供了条件。

2. 导流洞衬砌结构型式优化

为加快施工，减轻施工进度压力，在施工期根据导流洞开挖揭露的地质条件，对 1 号导流洞 0+389.00～0+600.00 桩号段顶拱及边墙衬砌型式进行了调整，缩短了导流洞施工工期，取得了预想的效果。主要措施有以下方面：

（1）取消顶拱钢筋混凝土衬砌和灌浆，改为钢格栅＋喷混凝土支护方式，钢格栅榀间距 50cm，喷 20cm 玄武岩矿物纤维混凝土（C25），封闭钢格栅，矿物纤维掺量为 1kg/m^3。

（2）减小边墙衬砌厚度，配筋由双层改为单层，取消固结灌浆。

3. 导流洞堵头段结构型式调整

为了保证堵头段受力好、结构安全，常规设计的导流洞堵头段衬砌型式为"瓶塞"结构，该结构施工时立模复杂，施工时间较长。施工图阶段，为加快施工进度，取消了导流洞堵头段内侧环向齿槽，将堵头段内侧断面设计成与其他洞段相同，在其过流面上设置环向键槽，封堵时将键槽盖板拆除，露出键槽，保证衬砌混凝土与堵头混凝土结合良好，该结构型式使堵头段能用钢模台车施工，加快了导流洞施工进度。

6.3　大坝填筑施工方案

董箐大坝填筑施工位于工程施工工期关键线路上，具有填筑工程量大、填筑强度高、填筑物料品种多等特点，为保证大坝施工工期，重点从大坝分期填筑、料源供应、运输交通、施工设备等方面进行了研究。

1. 大坝分期填筑

董箐大坝最大坝高 150.0m，大坝分期填筑方案重点考虑了以下因素：①在截流后第一个汛期通过设置临时挡水断面，尽量降低大坝Ⅰ期填筑强度，保证工程安全度汛；②钢筋混凝土面板施工时间按坝体沉降时间不少于3个月控制；③通过设置临时断面，保证面板混凝土浇筑与大坝填筑能同时施工；④工程发电极限水位为475.00m，从大坝安全和提前发电角度考虑，最后一期面板底高程设置在475.00m左右，可在工程蓄水发电后施工，以给顶部部分坝体预留足够沉降时间；⑤在考虑前述影响因素情况下，尽量做到大坝平起、均衡上升。

实施阶段的董箐大坝填筑施工共分Ⅴ期，面板施工分三期。Ⅰ期从截流后第二年1—5月，大坝填筑临时断面至高程424.00m，平均填筑强度为59.5万 m³/月；Ⅱ期从第二年6—11月，填筑大坝至高程445.00m，填筑强度为67.0万 m³/月；Ⅲ期从第三年2—6月，坝体填筑至坝顶，填筑强度为42.0万 m³/月；Ⅳ期（黏土铺盖和石渣盖重）从第三年3—5月，填筑强度为53.6万 m³/月；Ⅴ期（坝顶结构）在第四年完成。第二年12月至次年3月，施工一期面板至高程435.00m；第三年10—11月，施工二期面板至高程477.00m；第四年1—2月，施工三期面板至高程491.20m。坝体填筑分期见图6.3-1，大坝分期填筑特性见表6.3-1，面板混凝土施工特性见表6.3-2。

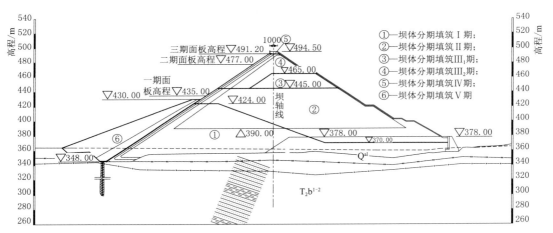

图 6.3-1 坝体填筑分期图（单位：m）

表 6.3-1 坝体分期填筑特性表

分期	施 工 时 段	填筑时间	填筑量 /万 m³	填筑强度 /（万 m³/月）	备 注
Ⅰ	2007 年 1 月 16 日至 5 月 31 日	4.5 个月	268	59.5	2007 年 5 月 31 日前达到抵御 100 年一遇洪水标准，相应填筑高程为 424.00m
Ⅱ	2007 年 6 月 1 日至 11 月 30 日	6 个月	402	67	
Ⅲ₁	2008 年 2 月 1 日至 3 月 31 日	2 个月	88	44	
Ⅲ₂	2008 年 4 月 1 日至 6 月 30 日	3 个月	124.5	41.5	
Ⅳ	2008 年 3 月 1 日至 5 月 15 日	2.5 个月	134	53.6	黏土铺盖和石渣盖重
Ⅴ	2009 年	1 个月	4	4	

表 6.3-2　　　　　　　　　　　面板混凝土施工特性表

分期	施　工　时　段	施工时间	施　工　范　围	工程量/m³	施工强度/(m³/月)	坝体预沉降时间
I	2007 年 12 月 1 日至 2008 年 1 月 31 日	2 个月	高程 348.00～400.00m	15366	7683	6.5 个月
	2008 年 2 月 1 日至 3 月 1 日	1 个月	高程 400.00～435.00m	13416	13416	3.5 个月
II	2008 年 10 月 1 日至 10 月 31 日	1 个月	高程 435.00～477.00m	16309	16309	3 个月
III	2009 年 1 月 1 日至 1 月 30 日	1 个月	高程 477.00～491.20m	5130	5130	6 个月

2. 大坝填筑料源及交通

在工程前期和施工图阶段，重点研究了右岸溢洪道料场的开挖方案和施工工期，结合大坝填筑全阶段供料方向，开展了大坝填筑交通专题研究工作，为解决董箐大坝高强度施工提供了必要条件，相关成果见第 2.3 节内容。

3. 冲击碾压施工技术运用

振动碾压技术的施工速度和碾压堆石的密实度已基本到了一个极限，压实度一般为 80%～90%，而冲击碾压实技术压实功能大，施工速度快（约为振动压实的 3～5 倍）。

（1）冲击碾压技术与振动碾压技术比较。振动碾压为低幅与高频交替运动，其振动频率为 25～30Hz，振幅一般仅为 2mm，其击振力为其自重的 2～3 倍，大小为 300～500kN，影响范围小，通过对薄层坝体填料（层厚一般为 0.4～1.6m）碾压 6～10 遍，可获得较好的压实效果；冲击碾压为高幅与低频交替运动，冲击碾碾压机的碾轮由 1 台轮式拖拉机以 10～15km/h 的速度沿地面拖曳，通过接触地面和交替抬高碾轮上的点再向下砸落到压实表面的方式来使碾轮旋转起来，这种方式产生了一系列高冲击、高振动的撞击力，其振幅高达 22cm，频率仅为 2Hz，有效压实深度为 1.5～2.5m，压实度可达 90%～105%。

（2）冲击碾压技术优势。

1）冲击能量大，作用深度大。冲击碾碾压机的最大影响深度可达 4～5m，有效加固深度根据填筑材料及质量要求的不同可以达 1～2m。

2）对填料的要求放宽。在同等含水量的情况下，冲击碾碾压机能较常规压实设备获得更大的压实度。填筑厚度加大，可以放宽对石料最大粒径的要求，降低爆破成本，同时对石料的级配要求也降低。

3）工效高。冲击碾碾压机运行速度达 12～15km/h，是常规振动碾的 3～5 倍，填筑厚度是常规振动碾的 3 倍左右，同时冲击碾碾压机调运灵活，不借助其他运输设备可在更大的场地范围内机动调运。

为提高施工速度，在董箐大坝实施过程中采用了冲击碾压实技术，冲击碾范围为排水堆石区纵上 0+018.94～纵上 0+025.52，高程 470.75～485.15m；砂泥岩堆石区纵上 0+020.04～纵下 0-053.28m，高程 464.60～485.15m。

排水堆石区及砂泥岩堆石区填筑体铺料厚度均为 1.2m，并加水 15%，先采用振动碾碾压 2 遍，以起到平整的目的，后采用冲击碾碾压 27 遍。根据"先慢后快、先轻后重"的碾压原则，首先使用 LICP-3 型冲击压实机以 10～12km/h 的速度冲压 5 遍左右，然后速度提高至 12～15km/h 继续冲压。

冲压过程中，每 5 遍之后进行高程检测，计算沉降量，沉降量计算以一个冲压施工路段为计算单元，取所有检测数据计算平均沉降量即可，当相邻两个检测单元的沉降量小于 1cm 时，可认为沉降已经收敛，基本达到冲击压实效果，停止冲压。

试验表明，冲击碾压后的大坝堆石体质量能满足设计要求，施工效率较传统的振动碾压技术有一定提高，该技术在董箐工程的成功运用对其他工程具有一定借鉴意义。

6.4　溢洪道堰面无裂缝快速施工

溢洪道施工工期是董箐工程的控制工期之一，在施工图阶段，为协调溢洪道开挖和大坝填筑的进度关系，尽可能保证溢洪道开挖料直接上坝，减少转运，延长了溢洪道开挖工期，导致其混凝土浇筑工期紧张，而溢流堰又是其施工的关键部位，施工难度大，施工质量要求高，通过对施工材料、施工方法和施工工艺的研究，提出了"溢洪道溢流面无裂缝快速施工技术"，该技术具有施工速度快，造价合理等优点，并能保证溢流面最佳流态曲线和混凝土质量，该项技术主要有以下几个方面内容。

（1）将"水泥裹砂"技术引进到混凝土拌和生产中来。"水泥裹砂"技术在喷混凝土中经常应用，为了减少拌和水泥和水用量，同时提高混凝土抗拉强度，在溢洪道堰面施工过程中引进了"水泥裹砂"技术。

（2）加入氧化镁和 HF 复合外加剂。常规混凝土在 28d 龄期内由膨胀转为收缩，是混凝土温度裂缝和干缩裂缝产生的主要成因，因此在拌和原材料中加入氧化镁微膨胀剂补偿混凝土收缩，有效地避免裂缝的出现；同时因溢流面为高速水流冲刷区，因此加入 HF 抗冲耐磨高效减水剂，作为混凝土强度补偿材料。

（3）控制混凝土入仓和封仓温度。常规混凝土浇筑施工中混凝土入仓通常都是温度升高的环节，不管是泵送入仓还是门塔机入仓，通常转运次数越多温度升的越高，在董箐水电站溢洪道堰面施工过程中采用"低温溜管"，使混凝土入仓过程中温度不升高或有降低趋势；同时在仓面内喷洒低温水雾，防止混凝土内部水分挥发，制造施工作业面局域低温小气候，使混凝土散热峰值有效地延后。

（4）整体关模代替拉模。溢流面多数工程采用拉模来组织施工。在该工程中采用了整体关模，其具有以下优点：①经多个工程对比研究，发现在所有工况条件相同情况下，整体关模裂缝数量发生概率明显少于拉模裂缝概率；②整体关模具有对混凝土保湿、隔热的作用，能有效地限制温度裂缝和干缩裂缝的发生；③整体关模下料的速度比拉模更快，大大减小了混凝土施工裂缝发生的概率。

（5）引进隔热保湿养护工艺。以往水工建筑物养护主要是采用麻袋片覆盖，之后淋撒冷水。由于董箐水电站溢流面施工正处春旱期间，水分挥发大，研究利用塑料薄膜将溢流面覆盖，为避免塑料薄膜被阳光照射而老化，在塑料薄膜上层覆盖麻袋片，在塑料薄膜与混凝土衔接面设置通水花管，管内通 10℃ 冷水，同时在麻袋覆盖层上喷洒水雾，制造局域低温小气候，使麻袋片处于湿润状态。这样既保证了混凝土内部水分充足，同时又有效地降低了混凝土温度。

（6）模拟实验混凝土散热曲线。估算出混凝土散热曲线峰值时间，合理、均衡地控制延缓混凝土散热时间，使混凝土散热峰值推迟到 7d 以后，这样混凝土达到了一定的抗拉强度，利用混凝土温度应力（干缩应力）低于混凝土抗拉强度，进而实现混凝土无裂缝施工技术研究。

6.5　汛期下闸蓄水及风险控制

在可行性研究阶段，董箐电站的下闸时间安排在 2010 年 3 月初，施工图阶段，根据工程实施进展情况，为彻底解决下游龙滩水库蓄水对董箐水电站导流洞下闸和封堵施工的影响，同时，为工程提前蓄水发电提高经济效益，研究了工程在 2009 年 8 月下闸蓄水的可行性。8 月处于北盘江流域主汛期，具有洪水流量大、发生洪水频率高的特点，根据其他工程特别是大型工程经验，大断面、高水头的导流洞下闸封堵时间一般不宜选择在汛期特别是主汛期，汛期下闸封堵将会面临诸多问题和风险。汛期下闸蓄水的主要风险有：①导流洞安全风险。主要包括挡水闸门、导流洞结构等安全风险；②导流洞堵头施工安全风险；③下闸后工程度汛安全风险；④水库快速蓄水带来的枢纽建筑物安全风险。

针对上述风险，主要开展了以下研究工作：

（1）针对导流洞闸门和衬砌结构安全风险问题，复核了导流洞挡水闸门和衬砌结构承载能力，研究了加固措施。

（2）导流洞堵头施工安全风险主要来自堵头前渗水过多和过快的问题，研究了排水措施和加快堵头施工进度的措施。

（3）下闸后工程度汛安全风险主要来自水库快速蓄水后对工程安全度汛的要求，从水库运行方式、工程防洪安全等角度进行了研究。

（4）枢纽建筑物安全风险主要指水库快速蓄水带来的枢纽建筑物边坡安全、大坝结构安全等，复核了边坡安全稳定，分析了大坝应力变形等指标，提出了控制措施。

6.5.1　下闸蓄水方案

1 号导流洞在 2009 年 8 月下旬下闸，下闸蓄水方案如下：

（1）由于 2 号导流洞进口未设挡水闸门，安排在 2009 年汛前完成封堵。

（2）根据 1 号导流洞挡水闸门操作水头要求，在上游光照水电站至董箐水电站区间流量小于 $279 \text{m}^3/\text{s}$ 时下闸，并要求光照水库拦蓄光照水电站以上径流，使 1 号导流洞进口水位控制在高程 372.00m 以下。

（3）1 号导流洞下闸后，堵头封堵施工期设计标准按 20 年一遇洪水考虑，由大坝挡水，放空洞和溢洪道泄流，最大洪峰流量 $7920 \text{m}^3/\text{s}$，上游最高水位为 483.15m，导流洞闸门最大挡水水头 117.15m。

（4）1 号导流洞下闸后，打开导流洞下游施工支洞，作为导流洞封堵施工期通道，并在支洞下游设置混凝土围堰，以防止龙滩水库蓄水后倒灌。

（5）水库水位蓄至高程 475.00m 后，打开溢洪道闸门进行控泄，使水位保持在 475.00m 运行，并进行相应的洪水调度和发电调度。

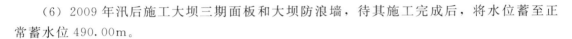

（6）2009年汛后施工大坝三期面板和大坝防浪墙，待其施工完成后，将水位蓄至正常蓄水位490.00m。

6.5.2 防洪度汛

董箐水电站在2009年汛期下闸蓄水，主要的防洪安全问题有两个：一是由于工程三期面板尚未施工，需要对大坝高程477.00～490.00m间的上游面采取临时防渗保护工程措施；二是1号导流洞挡水闸门及堵头结构面临高外水水头风险。

董箐水电站上游的光照水电站属于多年调节水库，且已建成投产，为降低董箐工程汛期下闸蓄水风险，研究了光照水库拦蓄洪水以降低董箐水电站坝前水位的可能性。

由于在主汛期下闸，考虑连续遭遇洪水的不利情况，可利用光照水库725.00～745.00m之间的库容拦蓄洪水。从最大限度拦蓄光照洪峰流量考虑，结合光照水库不同水位泄流能力，光照洪水调度方式如下：

8月底下闸时，光照水库水位控制在725.00m以下。当洪水来临时，光照水库水位若高于725.00m、低于730.00m，光照水库4台机满发；当光照水库水位高于730.00m、低于735.00m，光照水库4台机满发，同时按1000m³/s左右控泄；当光照水库水位高于735.00m、低于740.00m，光照水库4台机满发，同时按2500m³/s左右控泄；光照水库水位高于740.00m、低于745.00m，光照水库4台机满发，同时按5000m³/s左右控泄；当光照水库水位达到745.00m时，结合预报，如果来流量小于745.00m相应的最大泄量，按来多少泄多少，基本保持水库水位在745.00m，若来流量大于745.00m相应的最大泄量则打开闸门按敞泄方式泄洪，退水过程水库水位逐步消落到725.00m。

汛期下闸后，通过光照水库调蓄作用，对董箐水电站洪水进行调节计算，成果见表6.5-1。

表6.5-1　　　　　　考虑光照水库调蓄作用时董箐水电站洪水调节计算成果

洪　水　组　成	频率/%	起调水位/m	洪峰流量/（m³/s）	最大泄量/（m³/s）	坝前最高水位/m
1991年典型峰放大	5.00	470	6326	5108	480.14
1992年典型峰放大	5.00	470	5511	3147	476.36
1991年典型上游同频、区间相应	5.00	470	6028	4531	479.11
1992年典型上游同频、区间相应	5.00	470	5683	4088	478.27
1991年典型区间同频、上游相应	5.00	470	6158	4419	478.9
1992年典型区间同频、上游相应	5.00	470	6646	4510	479.07

调洪成果表明，考虑光照水库拦蓄洪水，在1号导流洞堵头施工期间遭遇20年一遇洪水的情况下，导流洞最大挡水水头仍然达到114m，说明董箐水电站在汛期下闸时，光照水库的调蓄有一定作用，但作用不明显。

6.5.3 导流洞结构安全复核及处理措施

在可行性研究阶段，1号导流洞挡水闸门、导流洞结构均按照最大外水水头100m进行设计，实施阶段在充分考虑工程调洪以及上游光照水库调蓄作用后，最大作用水头达到了 114m，超过了原设计水平，由此，对相关结构进行了复核，并进行了工程措施处理。

6.5.3.1　1 号导流洞钢闸门结构复核及处理措施

1. 闸门及启闭机设计

1 号导流洞进口设有封堵闸门 1 扇，闸门孔口尺寸 15m×17.172m（宽×高），底坎高程 366.00m，设计挡水水头 100m。采用平面滑动式门型。闸门主支承采用 HD - FZ8 滑道，闸门反向支承采用钢滑块，侧向支承采用槽内式定轮。

闸门共分 9 节，底节为箱型主梁结构，其余为双工字型主梁结构。闸门面板、止水设在下游侧，顶、侧水封为双肢 Ω 型，与库水连通。闸门主材采用 Q345B。

导流洞闸门设计启闭水头为 6m，选用 2×4000kN 固定式卷扬机作为封堵闸门的启闭设备，启闭机扬程 67m。

2. 闸门结构复核

分别采用《水利水电钢闸门设计规范》（DL/T 5039—95）和《钢结构设计规范》（GB 50017—2003）两种规范对闸门结构强度、混凝土局部承压进行了复核。主要结论为：按《钢结构设计规范》（GB 50017—2003）计算时，其作用效应小于结构抗力，各项指标均满足要求，按《水利水电钢闸门设计规范》（DL/T 5039—95）计算时，主梁弯应力超出容许应力值，说明闸门整体结构存在一定的技术风险，需要对闸门采取适当的加固措施。

3. 闸门加固措施

导流洞下闸前，在闸门每根主梁跨中腹板上端加焊一块加强钢板，见图 6.5 - 1。

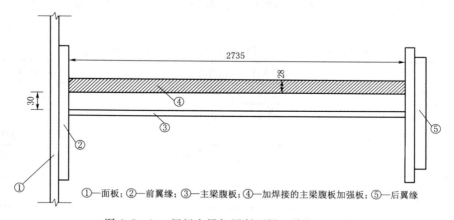

①—面板；②—前翼缘；③—主梁腹板；④—加焊接的主梁腹板加强板；⑤—后翼缘

图 6.5 - 1　闸门主梁加固断面图（单位：mm）

闸门加固后重量约增加 75t，相应启门力提高为 8370kN，略大于启闭机容量 8000kN，基本满足设计启闭水头 6m 的要求。

6.5.3.2　1 号导流洞封堵堵头前洞段处理措施

1 号导流洞进口钢闸门下闸后，导流洞封堵堵头前洞段在堵头施工期长期处于高外水压力作用，其结构安全关系到工程能否正常蓄水、堵头能否安全施工。为保证工程在汛期下闸蓄水期间导流洞封堵堵头前洞段的安全稳定，采取了以下处理措施。

（1）2009年2月，1号导流洞进口钢闸门下闸，由2号导流洞过流，对1号导流洞洞内进行了物探检测，以了解堵头段及其上游相关洞段的顶拱脱空情况，并对薄弱洞段进行了灌浆处理。物探声波检查范围为桩号0＋322.00～0＋374.00、0＋220.00～0＋270.00以及0＋015.00～0＋080.00，检查时布置3条检测线，分别布置在顶拱顶部和两侧拱肩处。根据物探检测结果，共发现异常42处，0＋15.00～0＋80.00、0＋220.00～0＋270.00桩号段距洞内顶部4m以外，裂隙发育，围岩破碎或裂隙密集，稳定性差；0＋342.00～0＋374.00桩号段，距洞内顶部3.7m以外，裂隙发育，围岩破碎或裂隙密集，稳定性差。针对以上薄弱部位，采取了灌浆加强处理。

（2）对导流洞进口闸门与堵头段间的1号导流洞段进行加固处理。处理方式为在桩号0＋015.00～0＋045.00、0＋248.50～0＋268.50、0＋320.50～0＋340.50段洞内设置混凝土中墩，中墩厚2m；在两边边墙顶部和中部分别布置2排和3排长8m的Φ32锚杆，锚杆间距1.5m。具体处理措施见图6.5-2。

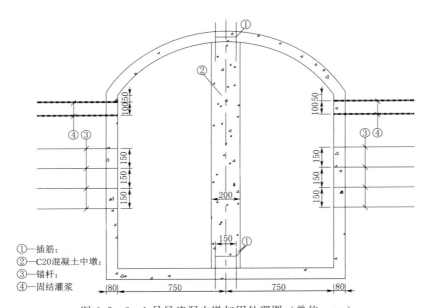

①—插筋；
②—C20混凝土中墩；
③—锚杆；
④—固结灌浆

图6.5-2　1号导流洞中墩加固处理图（单位：cm）

（3）考虑到1号导流洞在施工期发生了大规模塌方，在1号导流洞堵头段顶部进行固结灌浆及回填灌浆加固处理。灌浆采用由地表钻孔的方式，地表高程434.00～448.00m，导流洞堵头段结构混凝土顶部高程382.00m左右，钻孔深度约50～70m，灌浆孔共8排，间距3m，排距3m，梅花形布置，止浆塞位置位于塌方空腔顶壁以上8m，止浆塞以下均为灌浆段，灌浆按环间分序、环内加密的原则进行，分两序施工；固结灌浆采用孔口封闭、孔内循环的纯压式灌浆工艺，灌浆压力为1.5MPa。固结灌浆和灌浆检查工作完成后，采用0.5:1浓浆对止浆塞至地表部分孔段进行封堵。1号导流洞堵头段灌浆处理见图6.5-3。

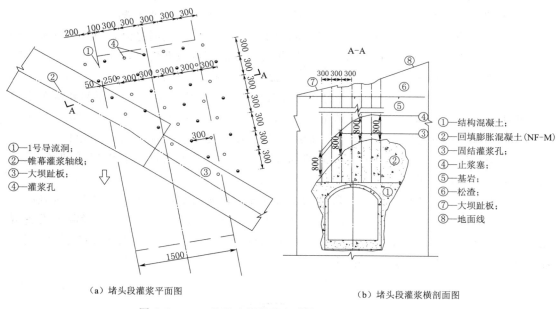

（a）堵头段灌浆平面图　　　　　　　　　　（b）堵头段灌浆横剖面图

图 6.5-3　1号导流洞堵头段灌浆处理图（单位：cm）

①—1号导流洞；
②—帷幕灌浆轴线；
③—大坝趾板；
④—灌浆孔

①—结构混凝土；
②—回填膨胀混凝土（NF-M）；
③—固结灌浆孔；
④—止浆塞；
⑤—基岩；
⑥—松渣；
⑦—大坝趾板；
⑧—地面线

针对 1 号导流洞堵头前洞段加固后的结构安全进行了有限元复核，计算结果显示，通过适当的工程措施，在堵头施工期间，堵头前洞段结构是安全可靠的。

1. 计算模型

根据隧洞断面结构建立了该断面的平面模型。计算模型包括 1.0m 厚的衬砌、2.0m 厚中墩，同时考虑基岩和两侧围岩的约束作用。有限元计算网格见图 6.5-4。

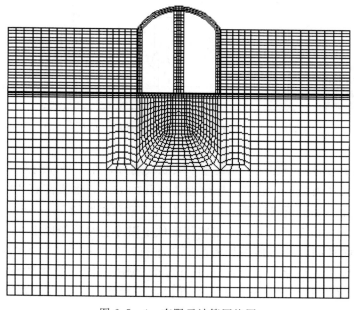

图 6.5-4　有限元计算网格图

2. 计算参数

混凝土衬砌和中墩弹模 $E=25.5$ GPa，泊松比 $\mu=0.167$；围岩弹性模量 $E=12$ GPa，泊松比 $\mu=0.3$。

3. 荷载

荷载主要有自重和外水压力。水位高程 490.00m，顶部考虑全水头作用，边墙及底板考虑 0.6 的外水折减系数，外水压力直接作用在衬砌外围，同时考虑了锚杆对衬砌的作用力。

4. 计算结果

隧洞变形及应力分布结果见图 6.5-5～图 6.5-11。

由图 6.5-5～图 6.5-7 可知，由于中墩的作用，隧洞衬砌变形主要出现在顶拱左右半拱的中部，两半拱均向下向内变形，最大变形约 2.9mm。

由图 6.5-8～图 6.5-11 可知，X 向和 Y 向应力基本无拉应力。第一主应力在两边墙中部以及顶拱和中墩接触附近的上表面出现很小范围的拉应力，且拉应力数值不大，最大约 0.49MPa，未超过 C20 混凝土的抗拉强度。从主压应力分布图 6.5-10 和图 6.5-11 来看，整个隧洞断面呈受压状态，量值较大的主压应力主要出现在两拱角、顶拱和中墩接触部位以及顶拱左右半拱的中部，但数值不大，最大约 8.26MPa，未超过 C20 混凝土的抗压强度。

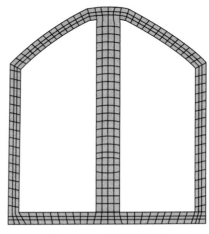

图 6.5-5　隧洞变形图

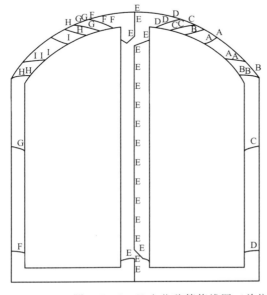

A=-0.001452
B=-0.001089
C=-0.726×10⁻³
D=-0.363×10⁻³
E=-0.901×10⁻¹³
F=-0.363×10⁻³
G=-0.726×10⁻³
H=-0.001089
I=0.001452

图 6.5-6　X 向位移等值线图（单位：m）

169

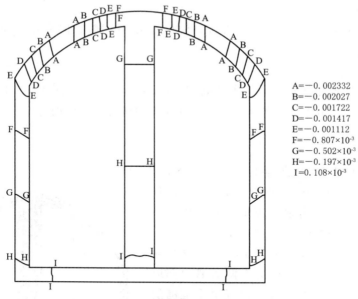

A=−0.002332
B=−0.002027
C=−0.001722
D=−0.001417
E=−0.001112
F=−0.807×10⁻³
G=−0.502×10⁻³
H=−0.197×10⁻³
I=0.108×10⁻³

图 6.5-7　Y 向位移等值线图（单位：m）

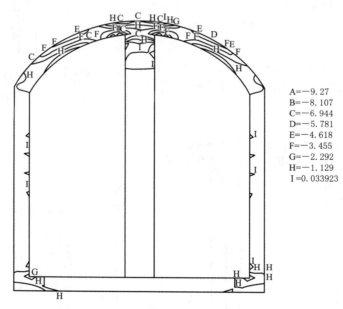

A=−9.27
B=−8.107
C=−6.944
D=−5.781
E=−4.618
F=−3.455
G=−2.292
H=−1.129
I=0.033923

图 6.5-8　X 向应力等值线图（单位：MPa）

6.5.4　导流洞堵头施工安全风险分析及应对措施

导流洞堵头施工时段内，由导流洞进口钢闸门挡水，导流洞闸门和堵头前洞段结构漏水由排水钢管引排，这是常规导流洞封堵施工的做法。考虑到董箐水电站在汛期下闸蓄水，水库水位高，导流洞堵头前洞段漏水量必然会较在枯期下闸时大。因此，封堵施工的风险主要在于堵头前漏水量的增加可能导致封堵失败，控制风险的措施：一是增加排水通道，加大排水能力；二是加快堵头施工进度，使其尽早具备挡水条件。

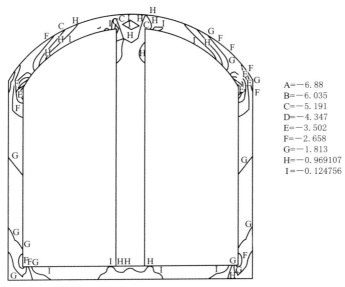

A=−6.88
B=−6.035
C=−5.191
D=−4.347
E=−3.502
F=−2.658
G=−1.813
H=−0.969107
I=−0.124756

图 6.5−9　Y 向应力等值线图（单位：MPa）

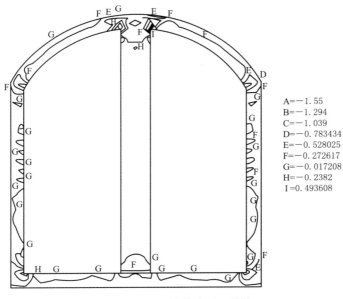

A=−1.55
B=−1.294
C=−1.039
D=−0.783434
E=−0.528025
F=−0.272617
G=−0.017208
H=−0.2382
I=0.493608

图 6.5−10　主拉应力等值线图（单位：MPa）

（1）加大堵头施工期排水能力。在堵头底部预埋 4 根 $\phi300$ 的钢管，为保证钢管后期能顺利关闭，在每根钢管上设置 2 个阀门，后期阀门关闭后，用水泥砂浆封灌钢管；为了监测上游水位，在其中两根钢管上设置压力表，以随时了解上游水位变化情况。

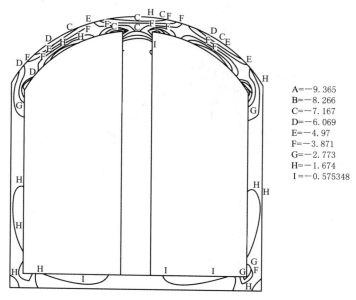

A=−9.365
B=−8.266
C=−7.167
D=−6.069
E=−4.97
F=−3.871
G=−2.773
H=−1.674
I=−0.575348

图 6.5-11　主压应力等值线图（单位：MPa）

（2）堵头快速挡水施工。由于堵头混凝土浇筑前，需要进行基坑排水、混凝土凿毛、插筋等一系列工艺，因此，混凝土浇筑封顶时间很长，为了降低封堵风险，在永久堵头前设置了 7m 长的临时堵头，施工过程中仅用了约 10d 时间使其具备了临时挡水条件，为永久堵头的安全施工创造了有利条件，规避了渗流量过大等导致的封堵失败风险。

6.5.5　汛期下闸蓄水对主要建筑物影响分析

在来水保证率为 75% 的情况下，水库水位从高程 366.00m 蓄至高程 475.00m 仅需要 38d，水位上升速度过快，可能对枢纽建筑物带来一定不利影响，通过分析，快速蓄水主要对面板堆石坝及右岸趾板顺向边坡产生不利影响。

1. 坝体沉降及水平位移变形可能会明显增加

天生桥一级面板堆石坝在 1999 年水库蓄水较快，就导致坝体发生了明显的水平位移和竖直沉降，这也是天生桥一级面板堆石坝垫层料及面板开裂的原因之一。董箐水电站坝体中上部填筑体尚未完全收敛，若蓄水过快，可能使董箐坝体沉降变形及水平位移增加较快，这样垫层料、面板结构及止水系统不能很好地适应坝体较快的变形，将使垫层料出现裂缝，面板产生结构性裂缝，还有可能破坏止水系统，使坝体渗漏量增大较多，对坝体渗流稳定不利。

2. 坝体及面板应力可能明显增大

三板溪面板堆石坝监测资料显示，由于库水位上升较快，坝体及面板应力可能增大较多，特别是面板应力可能会急剧增大，是导致面板出现错动的原因之一。面板在自重及水压力作用下贴于坝体垫层料上，在垫层料随坝体堆石向下游位移过程中，面板也有向下游位移的趋势，再继续变形将由面板混凝土本身的压缩变形承担，因面板混凝土的压缩模量远大于堆石的压缩模量，面板变形较坝体堆石小，两者变形不协调，从而在接触界面上产生一定的摩擦力，该摩擦力致使面板混凝土内产生相应的压应力，在面板内蓄积应变能，随着变形的快速发展，面板混凝土内压应力越来越大，面板内蓄积应变能越来越高，可能导致面板出现结构性裂缝。

3. 大坝右岸趾板顺向边坡存在稳定风险

大坝两岸边坡经锚杆、挂网喷锚和锚索等加固处理后，边坡整体稳定。大坝左岸为逆向边坡，边坡高度较小，不存在稳定问题。洪家渡左岸进水口顺向边坡通过计算分析，水库库水位骤降后，各滑体相应各剖面的安全系数降幅达 0.2 左右，表明库水位降落对进水口顺向坡的稳定影响十分巨大。这是因为水库蓄水后，边坡将充满水，但在库水位下降过程中，坡体内部水将缓慢排出，增大边坡岩体孔隙水压力，对边坡稳定不利。

针对上述风险，在工程蓄水前系统检查和修复了大坝右岸趾板顺向边坡排水设施，蓄水过程中加强了坝体及面板应力变形监测以及右岸趾板顺向边坡的安全监测。

6.6 小结

（1）董箐水电站工程具有地质条件复杂、施工工期紧等特点，针对工程导流方案特别是截流后第一个汛期的度汛方案开展了多方案的研究和比较，通过对导流建筑物的合理布置、优化导流洞规模和结构，为工程顺利实施创造了有利条件。

（2）通过对大坝填筑料源及上坝运输道路的合理规划和布置，大坝填筑的合理分期，以及冲击碾压设备在坝面的成功运用，董箐大坝实现了高强度施工的目标，工程不仅实现安全度汛，大坝更是在蓄水前一年到顶，工程开挖料得到了充分直接利用，降低了工程造价，有效保证了大坝运行安全。

（3）从下闸蓄水方案、工程防洪、导流洞结构安全、导流洞堵头快速施工、快速蓄水对枢纽工程安全影响等多方面论证了工程在汛期下闸蓄水的安全风险和应对措施，工程于 2009 年 8 月顺利实现下闸蓄水，2009 年年底首台机组并网发电，比预定工期提前半年，社会经济效益显著。

第 7 章

工程其他设计特色技术

7.1 砂泥岩高边坡处理技术

7.1.1 技术背景

董箐水电站工程边坡地质岩性为 T_2b^{1-2} 中厚至厚层砂岩夹泥岩，属软硬相间岩体结构。泥岩层是影响边坡稳定的主要软弱结构面，受边坡开挖切脚及一些贯穿性好的大长裂隙切割影响，边坡稳定性较差。工程边坡有坝肩边坡、溢洪道边坡、放空洞进出口边坡、引水进水口边坡、厂房边坡等。枢纽工程边坡基本特性统计见表 7.1-1。

表 7.1-1　　　　　　　　　　枢纽工程边坡基本特性统计表

名称	规　　模	基本地质特征	边　坡　坡　比
坝肩边坡	左坝肩趾板以上边坡为逆向坡，高程范围 360.00～494.50m，边坡最高达 40m；右坝肩趾板以上边坡为顺向坡，高程范围 384.00～62.005m；坝顶以下，边坡最高达 60m；坝顶以上，边坡最高达 40m	为 T_2b^{1-2} 中厚至厚层砂岩夹泥岩，多呈弱风化至强风化状态，岩层产状为 N20°～30°E/SE∠18°～31°	基岩边坡坡比 1：0.5，覆盖层边坡坡比 1：1.0～1：2.0。每 15m 高设 3m 宽马道
溢洪道左侧边坡	溢洪道边坡高程范围 384.00～625.00m；溢洪道左侧边坡，除引渠段边坡最高达 120m，其余为 40～80m，大部分为逆向坡，但受褶皱发育影响，局部存在斜向乃至顺向边坡	以 T_2b^{1-2} 为主，岩性以厚层、中厚层砂岩为主，受区内褶曲及小断层的影响，岩层产状变化较大，优势产状为 N10°～40°E/SE∠20°～50°	强风化以上坡比 1：1.0～1：1.2，强风化以下坡比 1：0.3。每 15m 高设 3m 宽马道
放空洞边坡	进口边坡为逆向坡，高程范围 465.00～540.00m，边坡最高达 75m；出口边坡为斜至顺向坡，高程范围 400.00～450.00m，边坡最高达 50m	为 T_2b^{1-2} 厚层、中厚层砂岩夹泥岩，岩层产状为 N20°～40°E/SE∠30°～35°，无大的构造破碎带发育，岩体较新鲜完整	强风化以下坡比 1：0.3～1：0.5，强风化以上坡比 1：1。每 15m 高设 3m 宽马道
引水进水口边坡	逆向坡，高程范围 490.00～530.00m，边坡最高达 40m	为 T_2b^{1-2} 厚层、中厚层砂岩夹泥岩，岩层产状 N20°～40°E/SE∠30°～35°，无大的构造破碎带发育，岩体较新鲜完整	强风化以下坡比 1：0.3，强风化以上坡比 1：0.6。每 15m 高设 3m 宽马道
厂房后边坡	为顺向坡，分永久边坡和临时边坡，永久边坡高程范围 403.50～46.000m，边坡最高约 56.5m；临时边坡高程范围 336.30～460.00m，边坡最高约 123.7m	为 T_2b^{1-2} 厚层、中厚层砂岩夹泥岩，下伏基岩与厂房后边坡（西坡）构成顺向坡，岩层倾角 21°～30°	从上至下开挖坡度分别为 1：2、1：1.5、1：1、1：0.5，每 15m 高设 3m 宽马道

从表 7.1-1 看出，该工程最高边坡为溢洪道左侧边坡和厂房后边坡，边坡高度达 120m 以上。按倾角与岩层产状的关系，厂房后坡为顺向坡，溢洪道左侧边坡主要为逆向

坡，但受褶皱发育影响，局部存在斜向乃至顺向坡。逆向坡整体稳定较好，但在泥岩集中区或岩层褶皱发育区以溃决破坏为主，顺向坡主要是沿泥岩层滑动破坏。因此，无论是边坡规模还是边坡的复杂程度，都面临较大的技术挑战。

根据泥岩在干湿循环后易崩解、泥岩强度较低、开挖后塑性区范围多发等特点，研究了以下内容：

（1）系统研究了挖前锁口、挖后坡面封闭、坡内排水、锚筋和锚筋束浅层支护，自上而下采用框架梁或"腰带"梁系统深层加固等技术处理措施的适宜性。

（2）按顺向坡和逆向坡的自稳特点，分析了"坡面封闭、坡内排水、浅层支护"之间适宜的先后施工顺序。

（3）研究了砂泥岩边坡中锚索的合理布置。

7.1.2 砂泥岩顺向坡处理研究

本节以右坝肩趾板边坡为例说明砂泥岩顺向坡的设计处理情况。

1. 边坡基本特征

趾板边坡岩性为 T_2b^{1-2} 中厚至厚层砂岩夹泥岩，多呈弱风化至强风化状态，岩层产状为 $N20°\sim30°E/SE\angle18°\sim31°$。趾板基岩边坡为顺向坡，且岩层倾角小于边坡的开挖坡度，对边坡岩体的稳定不利，边坡开挖后岩体有沿岩层层面产生顺层滑动失稳破坏的可能。覆盖层边坡亦有沿下伏基岩接触面或强风化岩体内及强风化带产生滑动失稳的可能。趾板边坡的稳定关系到大坝面板的安全，所以，趾板边坡的稳定对电站安全运行至关重要。

根据左、右岸的地形及地质情况，开挖设计如下：左、右岸趾板区边坡基岩部位按 1：0.5 坡比进行开挖，覆盖层部位按 1：1.0～1：2.0 坡比进行开挖，每 15m 设一层 3m 宽的马道，右坝肩趾板区开挖形成最高边坡约为 60m。边坡稳定控制底滑面为泥岩层面，最危险滑出点为开挖起点，边坡典型剖面见图 7.1-1，边坡层面抗剪断强度值见表 7.1-2。

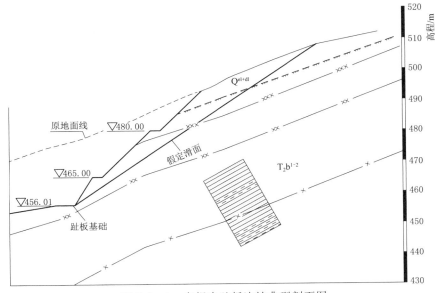

图 7.1-1 右坝肩趾板边坡典型剖面图

表 7.1 - 2　　　　　　　右坝肩趾板边坡层面抗剪断强度值表

层位组合关系	岩层产状	抗 剪 断 强 度			
		天然状态		饱和状态（部分泥化）	
		f'	c'/MPa	f'	c'/MPa
泥岩/泥岩	N20°～25°E/SE∠31°～35°	0.45	0.03	0.4	0.02

2. 稳定性分析

右坝肩边坡稳定计算分析采用"理正岩质边坡稳定计算程序"和"EMU 边坡计算程序"两种程序，分别采用刚体极限平衡方法和边坡稳定极限分析能量法两种方法进行计算。右坝肩趾板区边坡共选取了具有代表性的 3 个剖面进行计算分析，剖面位置见图 7.1 - 2，计算成果分别见表 7.1 - 3～表 7.1 - 6。

根据计算结果对比，正常运行工况时剩余下滑力均较运行期＋地震工况时大，故选择正常运行工况为控制工况，按最不利情况考虑，以理正岩质边坡稳定计算程序的计算结果为基础进行边坡处理。由于剩余下滑力较大，边坡采用 300t 级锚索进行支护，经处理后，控制工况安全系数均大于 1.25，满足规范要求。所需锚索数量及处理后的安全系数见表 7.1 - 7。

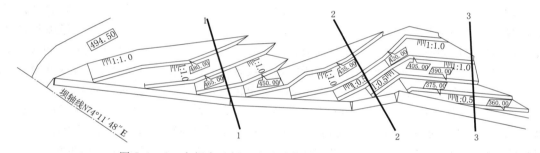

图 7.1 - 2　右坝肩趾板区边坡计算剖面位置图（单位：m）

表 7.1 - 3　　　　　　EMU 边坡计算程序抗滑稳定计算成果表

剖面	天 然 状 态		饱 和 状 态	
	安全系数	剩余下滑力/kN	安全系数	剩余下滑力/kN
1 - 1 剖面	1.018	3500	0.865	3925
2 - 2 剖面	0.855	4720	0.804	3605
3 - 3 剖面	1.101	2910	1.023	2970

注　表中剩余下滑力为单宽剩余下滑力，下同。

表 7.1 - 4　　　　　理正岩质边坡稳定计算程序抗滑稳定计算成果表

剖面	天 然 状 态		饱 和 状 态	
	安全系数	剩余下滑力/kN	安全系数	剩余下滑力/kN
1 - 1 剖面	1.052	3160	0.890	3790
2 - 2 剖面	0.834	5520	0.785	4050
3 - 3 剖面	1.114	3170	1.035	3290

表 7.1－5　　　　偶然工况理正岩质边坡稳定计算程序抗滑稳定计算成果表

剖面	正常运行		运行期＋设计地震（6度）		运行期＋复核地震（7度）	
	安全系数	剩余下滑力/kN	安全系数	剩余下滑力/kN	安全系数	剩余下滑力/kN
1－1 剖面	0.888	3817	0.864	2011	0.852	2179
2－2 剖面	0.818	3498	0.8	2090	0.789	2208
3－3 剖面	1.025	3514	0.991	952	0.973	1259

表 7.1－6　　　　　　　　偶然工况 GWBASIC 计算成果表

剖面	正常运行		运行期＋复核地震（7度）	
	安全系数	剩余下滑力/kN	安全系数	剩余下滑力/kN
1－1 剖面	0.89	3027	0.847	2108
2－2 剖面	0.785	3242	0.75	2572
3－3 剖面	1.035	2640	0.975	1155

表 7.1－7　　　　　　　　所需锚索数量及处理后安全系数表

剖面	开挖后安全系数	拟定外力/（t/m）	平均外力/（t/m）	距离/m	300t 级锚索根数	处理后安全系数
边界	—	—	381.7	65	83	—
1－1 剖面	0.888	381.7				1.283
			365.75	112	138	
2－2 剖面	0.818	349.8				1.252
			350.6	90	105	
3－3 剖面	1.025	351.4				1.277
			351.4	9	11	
边界	—	—				

3. 工程处理措施

根据稳定分析成果，边坡开挖后在不支护的情况下处于不稳定状态，加上泥岩在干湿循环后易崩解的特点，因此，在挖前采用锚杆锁口预加固。根据边坡特点，提出了"锚杆浅层锚固→喷混凝土封闭坡面→排水孔降低内水→锚索深层加固"的处理方案。

砂岩坚硬呈中厚层块状结构，锚杆施工如果采用手风钻造孔比较困难且进度也较慢，表层顺向坡滑动加固主要是提供抗剪力，锚杆方位尽量与滑面正交，锚杆采用 3Φ25 锚筋束，长度穿过单级马道最危险滑面，锚筋束造孔采用潜孔钻施工，进度快，支护及时。

锚杆、坡面封闭及排水施工完成后，再进行锚索深层加固，每级马道坡面布置 2 排锚索，横向间距为 5m，锚索下倾 20°，方向尽量与滑面正交，见图 7.1－3。

4. 边坡运行情况

2008—2010 年，边坡分别经历了工程度汛、蓄水等工况，边坡运行情况良好。从布置于左右坝肩的监测断面数据来看，截至 2011 年 10 月，坝肩及趾板边坡最大水平位移向上游累积 2.54mm，月增量 0.1mm，位移增量很小。测斜孔显示增量曲线近似重合，说明边坡内部位移基本稳定。在库水位上升以及高水位运行过程中，右坝肩锚索测力计荷载未发生较大变化，荷载损失主要发生在锚索安装初期。从监测及运行情况看，边坡没有出现异常情况，能满足稳定要求，进一步说明了针对该边坡的处理技术是恰当的。

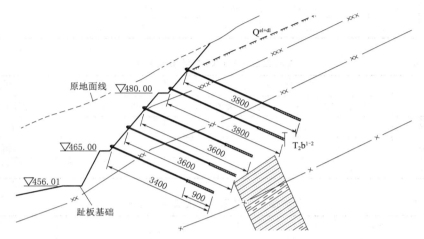

图 7.1 - 3　右坝肩趾板区边坡锚索加固示意图（高程单位：m；尺寸单位：cm）

7.1.3　砂泥岩逆向坡处理研究

本节以溢洪道引渠边坡为例说明砂泥岩逆向坡的设计处理情况。

1. 边坡基本特征

溢洪道地层岩性以三叠系中统边阳组第一段第二层 T_2b^{1-2} 为主，岩性以厚层、中厚层砂岩为主，砂岩占 65%～75%，泥岩含量占 25%～35%。受区域内褶曲及小断层的影响，岩层产状变化较大，优势产状为 N10°～40°E/SE∠20°～50°，边坡总体为逆向坡，整体稳定性相对较好，在泥岩集中区可能存在泥岩边坡溃决破坏。

溢洪道左侧引渠段开挖边坡最高达 120m，其余坡段高度一般为 40～80m。边坡开挖综合坡比为 1：0.5，每 15m 高设置一级宽 3m 的马道，为缓解边坡总高度，在高程 494.00m 布置宽 15m 的平台，平台以上最高边坡坡高减小到 85m，通过这种间隔一定高度加宽马道的方式，有利于边坡整体稳定，也有利于边坡监测及日常巡视维护，见图 7.1 - 4。

2. 边坡稳定分析评价

溢洪道引渠边坡为逆向坡，边坡稳定采用有限元法进行计算分析，按以下步骤模拟开挖施工、支护以及运行期遇到暴雨、地震等情形。

（1）原始应力场。按常规弹塑性

图 7.1 - 4　溢洪道引渠左侧边坡照片

有限元法计算。目的是了解岩体边坡在开挖之前岩体应力场的分布及边坡破坏情况，以便于与边坡开挖卸荷、边坡加固后及遭遇地震等工况的计算结果进行对比，取得边坡在不同工况下位移的净增量和应力场的变化情况。

（2）施工期边坡开挖后支护前和支护后边坡的应力变形。采用卸荷岩体力学参数及卸荷的计算方法。目的是了解支护前边坡卸荷后产生的变形和应力情况以及支护后应力变形性状，主要研究岩体由于开挖卸荷所导致的质量劣化、材料参数降低等岩体损伤。

（3）运行期遇到暴雨、地震等情形时的应力变形。采用卸荷岩体力学参数及卸荷的计算方法，分析经支护和加固的边坡遇到暴雨、地震等情形时的稳定状况。

由于溢洪道边坡岩层为砂泥岩互层结构，砂岩强度较高，泥岩强度较弱，在计算建模时，无法根据实际情况按一层砂岩一层泥岩交错模拟，若全部采用砂岩或泥岩的岩体物理力学参数，计算结果都会失真，为使计算参数更为科学合理，采用反演分析的方法对岩体参数进行综合修正，反演时，选取开挖两级马道后未支护状态下仍处于稳定的边坡进行岩体参数分析。反算所得岩体力学参数见表7.1-8。

表7.1-8　　　　　　　　　　　反算所得岩体力学参数表

岩石名称	弹性模量/GPa	泊松比	黏聚力/MPa	抗剪系数	容重/（kN/m³）
基岩	13	0.28	0.1185	0.818	
微风化	11.27	0.3	0.1073	0.701	26.23/26.57
弱风化	9.01	0.31	0.0932	0.570	
强风化	7.21	0.32	0.0845	0.404	

采用二维有限元法共计算了3个剖面，对溢洪道各边坡的天然状态、施工期和运行期分别建模计算。溢洪道引渠边坡典型剖面（施工期和运行期）模型宽度494.16m，高度354.58m，采用四边形和三角形网格，共计单元3740个，节点15099个，模型单元剖分见图7.1-5，材料分区见图7.1-6。

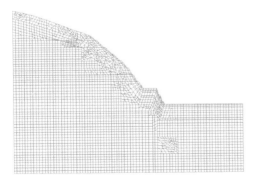

图7.1-5　溢洪道引渠边坡
典型剖面单元剖分图

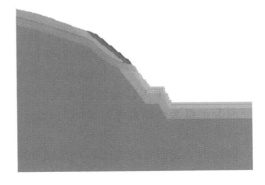

图7.1-6　溢洪道引渠边坡
典型剖面材料分区图

边坡计算分析结论如下：

1）通过对边坡各剖面按各工况进行计算分析，边坡在施工期、运行期、单纯暴雨及单纯地震工况下，边坡稳定性都较好，溢洪道边坡在持久工况和偶然状况下的稳定安全系数均满足《水电水利工程边坡设计规范》（DL/T 5353—2006）要求，溢洪道边坡各剖面在不同工况下的稳定安全系数见表7.1-9。

表 7.1-9　　　　　溢洪道边坡各剖面在不同工况下的稳定安全系数表

工况剖面	运行期	运行期+设计地震	运行期+校核核地震	运行期+设计地震+暴雨	运行期+校核地震+暴雨
引渠1-1剖面	1.74	1.96	1.87	1.74	1.74
引渠2-2剖面	1.25	1.27	1.27	1.14	1.13
引渠3-3剖面	1.26	1.26	1.24	1.20	1.17

2）在边坡加固后，塑性区出现减小的现象，临空面朝向坡外的位移也受到一定限制，但该效应只限于坡表附近区域，说明系统锚杆能一定程度提高坡体局部稳定性，但对边坡的整体稳定性影响不大。在一定范围内施加的预应力锚索结合混凝土框架或混凝土条带（图7.1-4），可以极大地降低坡体内的塑性区域，说明预应力锚索结合浇注的混凝土结构能形成有效的支档，可极大地提高对应部位坡体的整体稳定性。

3）考虑岩体卸荷后，多数开挖面附近的拉应力都得到了一定程度的降低，而塑性区域有相应的扩张。

4）由于坡度较大，开挖高度较高，溢洪道引渠段边坡在各工况下的位移均较大，位移值达到22～40mm。从应力上看，在初始边坡进行开挖后，3个剖面上对应的坡面附近的最大拉应力依次为2.4MPa、3.5MPa和1.4MPa。从塑性区来看，开挖完成后若不及时加固，形成大片塑性区，其中引渠3-3剖面塑性区面积最大，贯通高程494.00m平台上下多级马道范围。以上3个剖面共同说明溢洪道引渠段部分区域在开挖过程中若不及时合理地采取加固措施，将出现失稳。

5）地震动力反应相对于静态工况都比较小，动位移数量级为毫米级，动拉应力也都小于1MPa。地震的动力反应相对比较小，边坡在地震工况下边坡失稳的可能性很小。

3．工程处理措施

根据溢洪道边坡稳定计算分析成果，边坡整体稳定性较好，在局部地区开挖卸荷回弹出现拉应力和塑性区，根据边坡岩性特点，为防止泥岩干湿循环崩解影响边坡稳定，开挖后边坡封闭是首要任务，边坡加固支护原则与趾板顺向坡相比顺序略有调整，优先采取喷混凝土施工。溢洪道区加固原则为"喷混凝土封闭坡面→锚杆浅层锚固→排水孔降低内水→混凝土框架→锚索深层加固"。另外，针对溢洪道边坡地质条件，边坡加固处理还考虑了以下几点。

（1）由于泥岩强度较低，对预锚索预应力传递范围有限，因此，预应力锚索支护选择较小吨位，在泥岩相对集中区设置钢筋混凝土框架，在泥岩含量较少区设置钢筋混凝土条带，锚索吨位为1500kN，先施工混凝土框架或条带，再在框架或条带上设置锚索，以增加锚索的影响范围。

（2）同样考虑泥岩在干湿循环作用下易崩解的特点，引渠高程494.00m以下水位变幅区边坡全部采用混凝土护坡封闭。

（3）根据计算成果，在边坡拉应力较大区域和大范围塑性区随机增加了预应力锚索加固。

4.边坡运行情况及评价

溢洪道引渠边坡开挖施工过程中，除局部坡段因地质条件变化形成的不利特定滑动面产生了垮塌外，其余坡段未出现异常现象。

14个表观监测墩的表面变形监测数据表明，大部分边坡外观变形都较小，量级都在10mm以内，个别点的水平位移最大达到22.2mm。14套多点位移计监测成果显示，多数孔口无向临空面位移，有临空面位移的，多数在1mm以下，多点位移计测值达到9.9mm，总体量级很小。9个测斜孔监测的主测和次测方向位移都较小，孔口累积位移数值都在±7mm左右。边坡锚索测力计变化较小，大多数锚索都呈应力损失状态，未发现有测值突变增大的情况，只有极少数锚索应力增大，增大率最大为4.1%。

以上运行情况表明，边坡处于稳定状态。

7.1.4　砂泥岩高边坡处理技术总结

由于砂岩与泥岩的强度相差较大，砂泥岩互层岩体结构具有软硬相间的特点，泥岩是影响这类岩体边坡稳定的主要因素。通过该工程边坡实践，对于砂泥岩高边坡处理归纳如下。

（1）对于砂泥岩的顺向边坡，一般是沿开挖切脚出露的泥岩层面滑动破坏，应重视的主要问题有：①开挖设计坡比不宜太陡，一般与岩层倾角一致较好，若岩层倾角较缓，边坡坡比可陡于岩层倾角，但在一级马道边坡（一般15m一级）内不宜形成连续的切脚倒悬岩体；②砂岩强度高、完整性相对较好，对于一级马道边坡高度有一定的自稳力，边坡开挖后应优先进行浅表层的锚杆支护，再进行边坡喷混凝土封闭或其他加固处理；③采用锚杆（束）增加层间抗剪力，对边坡的稳定作用明显。

（2）对于砂泥岩的逆向边坡，一般是开挖后卸荷回弹导致边坡失稳，应注意的问题有：①逆向岩层对边坡稳定有利，但泥岩强度较低，在泥岩集中区极易发生崩塌或溃决破坏，边坡坡比应满足泥岩的自稳要求；②由于泥岩在干湿循环过程中易发生崩解，边坡开挖后应优先进行喷混凝土封闭，再进行锚杆或其他深层的加固处理；③对于高边坡的开挖设计，间隔一定高度设置一级宽马道，对提高边坡的整体稳定作用明显，也有利于后期边坡监测巡视。

（3）砂泥岩地区一般褶皱比较发育，要警惕逆向坡内的顺向褶皱问题。

7.2　前置挡墙发电取水口

7.2.1　技术背景

董箐水电站取水口底板高程455.00m，正常蓄水位高程490.00m，死水位高程483.00m，发电极限水位高程 475.00m，发电取水口处的水体厚度为 20～35m，最大水位变幅 15m。尽管水库水位变幅不大，取水口处的水体厚度总体较小，但根据已建工程水库水温监测资料及模拟研究表明，该工程在发电取水口处水体的厚度小和水位变幅较小条件下，水库水温和高坝大库类似，依然基本呈分层分布，也具有库表水温高、库底水温低的典型特征。该工程建设时，要求工程运行期在确保发电效益的同时，需重视改善和解决下泄低温水流对下游水生环境的影响，因此，发电时需要考虑取水库表层水。

为达到引用水库表层高温水、减轻发电下泄低温水对下游水生生物影响的目标，我国最早在北盘江光照水电站上使用了叠梁门式分层取水口，但这种型式取水口存在操作复杂、运行管理不便等问题。为了解决该问题，结合董箐工程发电取水口处水体的厚度较小和水位变幅较小的特点，研究提出了一种前置挡墙发电取水口，经水力学模型试验验证，既能满足发电需要，又能达到下泄水库表层水的目的，且对运行无影响。

7.2.2　方案设计与选择

国内外泄放水库表层水方式一般有叠梁门分层取水口和多层取水口等。限于董箐工程的布置条件，没有布置多层取水口的场地位置，因此，叠梁门分层取水口方式是一种可行的方案。根据该工程取水时，水位变幅不大和水体厚度较小的特点，考虑在取水口前设置固定挡墙，拦住水库底层低温水层，使挡墙上部的水层满足环保要求和发电时的水力学条件，如此可较好地解决叠梁门分层取水口操作复杂、运行不便方面的问题，该方案称为前置挡墙发电取水口方案。

1. 前置挡墙发电取水口方案设计

取水口拦污栅栅顶高程为 485.00m，在取水口前 13.5m 处设置扶臂式钢筋混凝土挡墙，挡墙两侧与取水口边墩相接。墙高 15m，墙厚 2m，扶臂间距 8m（局部位置间距 8.3m），臂厚 2m。挡墙顶部高程为 470.00m，挡墙底部为 2m 厚钢筋混凝土基础，在拦污栅墩前缘设置一结构缝与取水塔分开。

2. 叠梁门分层取水口方案设计

将取水口底板向前延伸加长 11.1m，栅顶高程为 490.00m，栅体高 35m。在拦污栅后设置叠梁门墩，墩高 39.5m，底部高程 455.00m，顶部高程 494.50m，与拦污栅墩净距 4.1m，与进水室胸墙净距 5.5m，设钢筋混凝土支撑梁与拦污栅墩及进水室胸墙连接。叠梁门墩与取水口边墩或中墩形成取水孔，孔宽 6.5m，取水孔设平面滑动叠梁门。门顶最大高程 475.00m，底坎高程 455.00m。

3. 各方案的水力学计算

前置挡墙取水口或叠梁门分层取水口方案在布置上均应满足下泄水温的需要及取水口水力学条件的要求。为充分发挥拦污栅拦污功能或叠梁门正常提升，在发电极限水位、死水位、正常水位各种工况下，取水口水力学必须满足水流过栅流速≤1.2m/s 及叠梁门处水流流速≤1.2m/s 的要求，各方案取水口水力学计算结果见表 7.2-1。

4. 工程量及投资

两方案单体工程量及工程投资比较见表 7.2-2。

表 7.2 - 1 各方案取水口水力学计算结果表

运行工况	单机引用流量/m³	运行水位/m	前置挡墙发电取水口方案	叠梁门分层取水口方案	
			最大过栅流速/（m/s）	叠梁门顶最大流速/（m/s）	最大过栅流速/（m/s）
发电极限水位	229.3	475.00	1.09	1.2	1.04
死水位	229.3	483.00	0.83	1.2	1.04
正常蓄水位	229.3	490.00	0.77	1.2	1.04

表 7.2 - 2 两方案单体工程量及工程投资比较表

项 目	单 位	工 程 量	
		前置挡墙发电取水口方案	叠梁门分层取水口方案
C25 结构混凝土	m³	—	16768
C25 二期混凝土	m³	—	1062
C20 结构混凝土	m³	11918	—
钢筋	t	715	1258
底板固结灌浆	m	1506	3520
底板插筋	根	271	248
金属结构	t	280	1225
单体投资	万元	1937	4573

5. 方案选择

（1）由表 7.2 - 1 可见，两个方案在任何水位均能正常运行，分层取水作用基本相当，都能达到下泄水库表层水的目的。前置挡墙发电取水口方案顶部高程为 470.00m，随着发电水位的降低，取水层高度也随之降低。叠梁门分层取水口方案可以随着水位变幅，采取提起或放下不同数量叠梁门进行取水调节，由于该电站为日调节电站，库水位变幅小且相对频繁，叠梁门的操作也相对频繁。从运行方式上，前置挡墙发电取水口方案比较方便。

（2）从工程投资上，叠梁门分层取水口方案在混凝土、钢筋、基础处理及金属结构方面比挡墙方案工程大，前置挡墙发电取水口方案的工程投资比叠梁门分层取水口方案少约2636 万元，从工程投资上前置挡墙发电取水口方案较省。

（3）施工条件上，前置挡墙发电取水口方案在施工上主要是以土建施工为主，施工专业单一、结构体形简单、施工工作面无干扰、施工条件良好；叠梁门分层取水口方案涉及土建、金结等专业施工，结构体形较复杂、施工工作面干扰较大。从施工条件分析，前置挡墙发电取水口方案优于叠梁门分层取水口方案。

综上各方面比较分析，前置挡墙发电取水口方案与叠梁门分层取水口方案取水平均高度基本相同，对下游水温调节作用基本相当，但前置挡墙发电取水口方案在工程投资、运行条件、施工条件等方面均优于叠梁门分层取水口方案。因此采用前置挡墙发电取水口作为该工程取水方案，具体布置见图 7.2 - 1 和图 7.2 - 2。

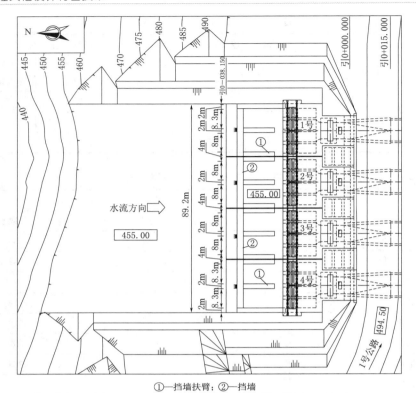

①—挡墙扶臂；②—挡墙

图 7.2-1　董箐水电站取水口平面布置图（高程单位：m）

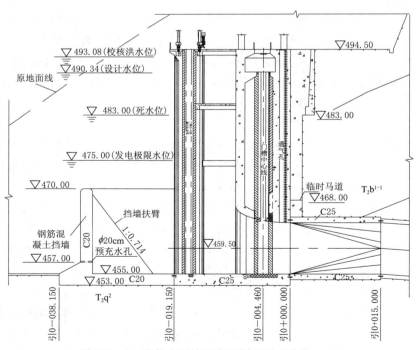

图 7.2-2　董箐水电站取水口剖面图（单位：m）

7.2.3 水力学模型试验验证

针对前置挡墙发电取水口方案，为验证设置挡墙后取水口水流流态是否能满足工程运行要求，进行了水力学模型试验。模型按重力准则设计，模型几何比尺 $L_r=50$。试验内容主要观测 475.00m 发电极限水位、485.00m 死水位及 490.34m 设计水位工况下拦污栅前缘水流流态、水流旋涡产生情况及栅体表面流速，同时还观测了水流进入拦污栅直至隧洞 0+050.00 桩号段水流流态及内部气泡产生情况。

通过模型试验观测，当机组在库水位 475.00m、483.00m、490.00m 下运行时，取水口前沿水面平稳，取水口拦污栅前均未出现漏斗式吸气漩涡，隧洞内无气泡、气团产生。低水位下，挡墙两边墙出现侧向流，栅体表面实测流速为 1.05m/s，随着水位抬高，栅体表面流速逐渐变小；在 490.00m 水位下，1 号、4 号机组闸室内水面缓慢逆、顺时针旋转，但均未形成漩涡，过栅实测流速为 0.42m/s，对机组运行不会造成影响。

7.2.4 运行效果

2009 年 8 月 20 日董箐水电站下闸蓄水，2009 年 12 月 1 日首台机组正式投产发电，2010 年 6 月 1 日 3 号、4 号机顺利发电。经过多年运行，引水系统进水口在各水位工况下运行正常，运行时塔前库水位平静，无明显漩涡等情况产生，各台机组运行平稳，且时时发挥着下泄水库表层水的作用。

通过对分层取水方案的比较，引水系统取水口采用结构简单、运行方便的前置挡墙发电取水口方案，在实现缩短工期、节省工程投资的同时，也使电站 4—10 月下泄水温比不采取措施时升高 1.2~6.4℃，达到了改善发电下泄水温、保护下游水生环境的目的。

7.3 垫层钢管代替波纹管伸缩节

7.3.1 技术背景

在水电站压力钢管与厂房水轮机连接段，为了适应压力钢管以及厂房的变位对钢管应力的影响，通常设计为伸缩节。伸缩节的型式主要有套筒式和波纹管式，近年来比较常用的为波纹管式伸缩节。

该工程有 4 条埋藏式压力钢管，钢管内径为 6.0m，与发电厂房蜗壳连接段原设计均有波纹管或伸缩节，由于施工工期的影响，如按原计划继续采用波纹管或伸缩节，则会对工程发电工期产生较大的影响，因此，如何求"变"，是当时设计者面临的重要难题。通过研究发现，有工程在钢管外设置弹性垫层以达到伸缩功能，并在坝后背管中应用过，受此启发，创新提出了在埋藏式压力钢管中采用垫层钢管完全代替伸缩节的设想。所谓垫层钢管，即是在钢管的周围设置软垫层，可以利用垫层钢管弹性变形及软垫层的变形特点，使垫层钢管在设定的有限结构长度上实现变位，适应引水钢管末端与发电厂房蜗壳连接处应力变形协调。垫层钢管具有适应多向位移变形的功能，从这个意义上讲，就是一个具有多向变形功能的、结构完整的伸缩节。

因此对垫层钢管结构方案进行了研究，对受力及变形特性进行了分析，以保障垫层钢管本身能适应各向变位的要求。

7.3.2　垫层钢管结构布置方案

引水系统压力钢管按2级水工建筑物设计。垫层钢管设置弹性垫层范围为钢管外壁全断面，长度为中间副厂房底板以下接蜗壳段的11m压力钢管，见图7.3-1。弹性垫层材料为聚乙烯塑料板，厚度3cm，弹性垫层材料外围采用C20补偿收缩混凝土回填。

设计垫层钢管主要参数见表7.3-1。

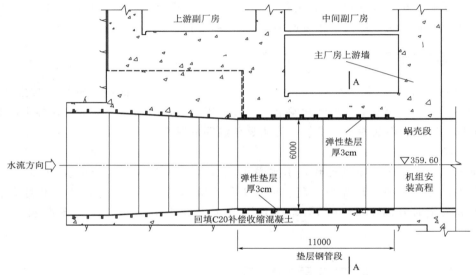

（a）钢管与蜗壳连接段详图

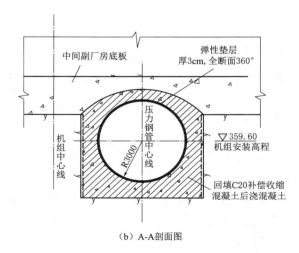

（b）A-A剖面图

图7.3-1　垫层钢管布置图（高程单位：m；尺寸单位：mm）

表 7.3 - 1 设计垫层钢管主要参数表

序号	项 目	单位	数值	序号	项 目	单位	数值
1	钢管直径	m	$D=6.0$	7	平均地温	℃	$t_地=16.6$
2	钢管壁厚	mm	$t=36$	8	最高水温	℃	$t_{水max}=28.3$
3	计算管段长度	m	$L=11$	9	最低水温	℃	$t_{水min}=7.3$
4	含水击压力的最大水头	m	$H=181.1$	10	主厂房地基最大应力	MPa	$\sigma_c=3.09$
5	管材		WDB620（高强钢）	11	基础岩体弹性模量	GPa	$E_c=12.52$
6	钢板强度设计值	N/mm²	$f=370$	12	钢板弹性模量	GPa	$E_s=206$

7.3.3 垫层钢管变形适应性分析

以垫层钢管应力 σ 达到允许应力 σ_R 为判断条件，确定垫层钢管所能适应的轴向变形限值和垫层钢管末端铅直变位限值，在此基础上，验算厂房地基变位后垫层钢管的变形适应性，作为评价垫层钢管设计合理性的判据。

1. 垫层钢管适应轴向变位值计算

综合考虑温度应力、内水压力及钢管自重和水重产生的弯曲应力等条件，按如下步骤试算垫层钢管的轴向伸长变形和轴向压缩变形限值。

（1）计算切向（环向）应力：

$$\sigma_\theta = \frac{pr}{t} - \frac{\gamma r^2}{t}\cos\theta \qquad (7.3-1)$$

式中：σ_θ 为垫层钢管断面中计算点的切向（环向）应力；θ 为管壁计算点与垂直中线构成的圆心角；p 为内水压强；r 为管道半径；t 为管壁厚度；γ 为水的密度。

（2）计算径向应力：

$$\sigma_\gamma = -\gamma H \qquad (7.3-2)$$

式中：σ_γ 为计算断面管壁径向应力，"—"表示压应力，"+"表示拉应力；H 为计算断面中心水头。

（3）计算轴向应力 σ_x：

$$\begin{cases} \sigma_x = \sigma_{x1} + \sigma_{x2} \\ \sigma_{x1} = -\dfrac{M}{\pi r^2 t}\cos\theta \\ \sigma_{x2} = \sigma'_R + \sigma_A, \quad \sigma'_R = \dfrac{\Delta L E_s}{L}, \quad \sigma_A = \alpha_S E_S \Delta t \end{cases} \qquad (7.3-3)$$

式中：σ_x 为轴向应力；σ_{x1} 为水重、管重引起的弯曲应力；σ_{x2} 为轴向变位应力 σ'_R 和温度应力 σ_A 之和；M 为水重、管重在计算断面的弯矩；E_S 为钢材弹性模量；α_S 为钢材线性膨胀系数，取 1.2×10^{-5}；Δt 为温升或温降值；ΔL 为管道轴向拉伸或压缩值，L 为垫层钢管长度。其中，温升与管道压缩组合，温降与管道拉伸组合。

（4）计算剪应力 $\tau_{x\theta}$：

$$\tau_{x\theta} = \frac{V}{\pi r t}\sin\theta \qquad (7.3-4)$$

式中：$\tau_{x\theta}$ 为计算断面的剪应力；V 为水重、管重引起的计算断面的剪力。

（5）采用第四强度理论验算应力：

$$\sigma=\sqrt{\sigma_x^2+\sigma_r^2+\sigma_\theta^2-\sigma_x\sigma_r-\sigma_x\sigma_\theta-\sigma_r\sigma_\theta+3\tau_{x\theta}^2}\leqslant\sigma_R \qquad (7.3-5)$$

式中：σ 为断面计算点的应力；σ_R 为钢材允许应力；按《水电站压力管道设计规范》（DL/T 5141—2001）取值，鉴于与温度变化等短暂情况组合，故 σ_R 可取短暂状况时的值。

通过上述公式，假定一个 ΔL 值，可以得到垫层钢管断面各计算点相应应力 σ，当 σ 与 σ_R 接近时，此时的 ΔL 值即为垫层钢管所能适应的轴向变形限值。

在董箐工程中，通过试算确定垫层钢管所能适应的轴向伸长变位值 ΔL 为 11.4mm（与温降组合），相应各计算点的强度校核情况见表 7.3-2 和表 7.3-3；通过试算垫层钢管所能适应的轴向压缩变位值 ΔL 为 2.7mm（与温升组合），相应各计算点的强度校核表 7.3-4 和表 7.3-5。

表 7.3-2　　　　　轴向伸长变位值 ΔL 为 11.4mm 时跨中强度校核计算表　　　单位：N/mm²

计算点	σ_θ	σ_r	σ_{x1}	σ_{x2}	应力 σ	允许应力 σ_R	是否满足要求
0°	157.20	−1.811	−1.76	238.44	210.33	214.12	满足
90°	159.79	−1.811	0.00	238.44	212.16	214.12	满足
180°	162.39	−1.811	1.76	238.44	213.99	214.12	满足
270°	159.79	−1.811	0.00	238.44	212.16	214.12	满足

表 7.3-3　　　　　轴向伸长变位值 ΔL 为 11.4mm 时固端强度校核计算表　　　单位：N/mm²

计算点	σ_θ	σ_r	σ_{x1}	σ_{x2}	$\tau_{x\theta}$	应力 σ	允许应力 σ_R	是否满足要求
0°	157.20	−1.811	−3.52	238.44	0.00	209.00	214.12	满足
90°	159.79	−1.811	0.00	238.44	5.77	212.39	214.12	满足
180°	162.39	−1.811	3.52	238.44	0.00	215.31	214.12	满足
270°	159.79	−1.811	0.00	238.44	5.77	212.39	214.12	满足

表 7.3-4　　　　　轴向压缩变位值 ΔL 为 2.7mm 时跨中强度校核计算表　　　单位：N/mm²

计算点	σ_θ	σ_r	σ_{x1}	σ_{x2}	应力 σ	允许应力 σ_R	是否满足要求
0°	157.20	−1.811	−1.76	−81.37	211.73	214.12	满足
90°	159.79	−1.811	0.00	−81.37	212.85	214.12	满足
180°	162.39	−1.811	1.76	−81.37	213.99	214.12	满足
270°	159.79	−1.811	0.00	−81.37	212.85	214.12	满足

表 7.3-5　　　轴向压缩变位值 ΔL 为 2.7mm 时固端强度校核计算表（短暂状况）　　单位：N/mm²

计算点	σ_θ	σ_r	σ_{x1}	σ_{x2}	$\tau_{x\theta}$	应力 σ	允许应力 σ_R	是否满足要求
0°	157.20	−1.811	−3.52	−81.37	0.00	213.07	214.12	满足
90°	159.79	−1.811	0.00	−81.37	5.77	213.08	214.12	满足

计算点	σ_θ	σ_r	σ_{x1}	σ_{x2}	$\tau_{x\theta}$	应力 σ	允许应力 σ_R	是否满足要求
180°	162.39	−1.811	3.52	−81.37	0.00	212.67	214.12	满足
270°	159.79	−1.811	0.00	−81.37	5.77	213.08	214.12	满足

2. 垫层钢管所能适应的竖向变位计算

垫层钢管始端为固定端，接蜗壳端为悬臂端。以垫层钢管达到抗力限值为前提条件，假定弹性垫层可自由变形，按纯弯曲悬臂梁计算悬臂端的挠度，即为垫层钢管的所能适应的竖向变位值。计算公式如下：

$$f = \frac{\sigma_{max} L^2}{3 E_s r} \tag{7.3-6}$$

式中：f 为垫层钢管所能适应的竖向变位值；σ_{max} 为垫层钢管固定端所能承受的最大弯曲应力（可按水电站压力管道设计规范取持久状况下钢材抗力限值）；其余变量含义同前。

董箐工程 σ_{max} 为 192.7MPa，L 为 11m，r 为 3.017m，垫层钢管所能适应的竖向变位值为 12.5mm。

3. 垫层钢管对厂房地基变位的适应能力分析

厂房基础坐落在基岩面上，根据规范可不进行厂房基础均匀变位和最不利变位的计算，但是考虑到厂房内蜗壳是与垫层钢管相接，两者的荷载相差悬殊，地基产生很小的不均匀沉降都有可能影响垫层钢管的正常使用，因此对厂房地基变位进行估算。

现假设引起厂房基础沉降的岩体影响深度为 h，厂房的沉降变位估算如下式：

$$\Delta h = \frac{\sigma_c h}{E_c} \tag{7.3-7}$$

式中：Δh 为厂房的不均匀沉降变位；σ_c 为厂房基底应力；E_c 为厂房基础岩体弹性模量。

董箐工程厂房基础为砂泥岩，估算引起厂房基础沉降的岩体影响深度 h 为 30m，将有关参数（表 7.3-1）代入式（7.3-7）得到厂房的不均匀沉降变位为 7.4mm。

当厂房发生最不利不均匀沉降变位时，厂房不均匀沉降示意图见图 7.3-2。

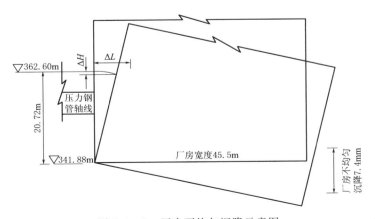

图 7.3-2 厂房不均匀沉降示意图

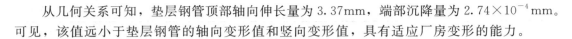

从几何关系可知，垫层钢管顶部轴向伸长量为 3.37mm，端部沉降量为 $2.74×10^{-4}$mm。可见，该值远小于垫层钢管的轴向变形值和竖向变形值，具有适应厂房变形的能力。

7.3.4　实施效果

通过对垫层钢管变形性状研究分析，结果显示垫层钢管本身能适应的变位满足厂房沉降引起的变位要求，垫层钢管设计合理，取消伸缩节是可行的。董箐电站最终采用垫层钢管取代波纹管伸缩节。通过取消 4 个波纹管伸缩节可节省工程直接投资约 210 万元，降低了施工难度，解决了工程上因波纹管伸缩节制造周期长导致的工期紧张的问题。董箐水电站 4 台机组于 2010 年 6 月全部并网发电，十多年来，运行情况正常。

7.4　压力钢管回填灌浆技术

7.4.1　技术背景

鉴于水电站埋藏式压力钢管回填混凝土衬圈顶拱与围岩间通常存在一定的"脱空"现象，须对脱空部位进行回填灌浆，以保障压力钢管运行安全。目前，回填灌浆方式主要有在钢管顶拱开孔灌浆和沿岩壁预埋灌浆管灌浆等。钢管顶拱开孔灌浆时孔径通常大于50mm，开孔数量多，焊接补强工艺要求高，且存在漏焊缺陷导致内水外渗的安全隐患。沿岩壁预埋灌浆管灌浆方式在施工期间容易被堵而影响后期灌浆效果，安全可靠性较差。

董箐水电站引水道的埋藏式压力钢管共有 4 条，采用内衬钢板、外回填 C20 补偿收缩混凝土的衬砌结构，管径 7.0m，管材为高强钢，累计需要进行回填灌浆的钢管段长度约 1100m，如果采用上述常用的回填灌浆方法，存在施工周期长和回填灌浆质量难以保证的问题。

结合董箐工程压力钢管顶部设有排水洞的情况，研究了从钢管顶部排水洞进行回填灌浆的方法、工艺和质量检测措施，提出了施工时从较低的一端开始，向较高的一端逐环推进的"推赶灌浆法"的工艺流程，并在工程中实施，取得了缩短埋藏式压力钢管回填灌浆施工周期和保障回填灌浆质量的良好效果。

7.4.2　技术方案

1. 压力钢管回填灌浆结构布置

将需要回填灌浆的压力钢管，按 12m 的间距分为不同的灌浆段，每个灌浆段利用压力钢管顶部排水洞，在压力钢管洞顶上钻设 2 个 75mm 的岩孔，低高程端为进浆孔，另一端为出浆孔，岩孔中埋设 50mm 的聚乙烯硬管，聚乙烯硬管与压力钢管洞壁埋设的灌浆系统相接。洞壁灌浆系统由聚乙烯纵向管（ϕ50mm）和环向管（ϕ50mm）组成，纵向管顶部开孔（ϕ30mm），间距 750mm，环向管排距 3m，布置在钢管洞壁 120°范围；环向管顶部开孔（ϕ30mm），间距 300mm。回填灌浆结构布置见图 7.4-1。

2. 压力钢管回填灌浆工艺

（1）钻孔。在混凝土回填之前从压力钢管顶部的排水洞中钻 ϕ75mm 岩孔，并在岩孔中预埋 ϕ50mm 聚乙烯硬管灌浆管。

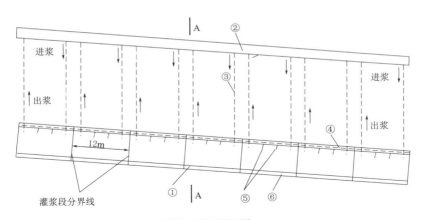

（a）沿压力钢管轴线剖面图

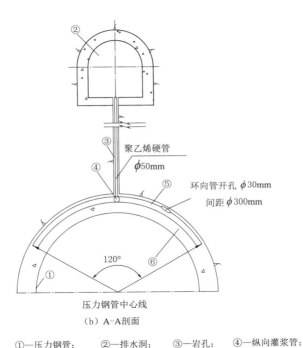

聚乙烯硬管
ϕ50mm

环向管开孔 ϕ30mm
间距 ϕ300mm

120°

压力钢管中心线

（b）A—A剖面

①—压力钢管；　②—排水洞；　③—岩孔；　④—纵向灌浆管；

⑤—横向灌浆管；　⑥—回填混凝土

图 7.4－1　董箐水电站压力钢管回填灌浆结构布置图

（2）埋管。在混凝土回填之前在压力钢管外部顶拱 120°处预埋纵向灌浆管和横向灌浆管，灌浆管采用 ϕ50mm 聚乙烯硬管，并采用带垫片的水泥钉将灌浆管固定在洞壁上。

（3）灌浆。在相应区域的衬砌混凝土达到 70%设计强度后，进行回填灌浆，顶拱回填灌浆采用分区段进行，每一标准段纵向灌浆管长 12m，非标准段长按一个施工段确定；在分区段的端部用砂浆或混凝土封堵密实，以形成隔离区，灌浆施工自较低的一端开始，向较高的一端逐环推进。灌浆采用水灰比为 0.6 或 0.5 的水泥浆，衬圈顶拱与围岩间存在

191

较大空隙的部位灌注水灰比较低的水泥砂浆,灌浆压力 0.2~0.3MPa,根据灌浆实际情况可进行调整,压力由小到大逐级增大;在灌浆过程中,应注意观测钢管的变形,防止钢管管壁失稳。

(4)灌浆结束及封孔。当进浆管进浆量和出浆量相等时,延续灌注 10min,即可结束;灌浆孔灌浆和检查孔检查结束后,排除孔内积水和污物,采用干硬性水泥砂浆将钻孔封填密实,孔口压抹齐平。

(5)质量检查。检查孔的钻孔从压力钢管顶部的排水洞中进行。

7.4.3　实施情况

董箐水电站 4 条压力钢管和副厂房段回填灌浆长度近 1100m,面积 9665m²,注入水泥量约 1230t,单位面积注入量约 127kg/m²,见表 7.4-1。从灌浆情况分析,压力钢管顶部回填的混凝土与洞壁间脱空现象明显,回填灌浆不可或缺。

表 7.4-1　　　　　　　　　　1 号~4 号压力钢管回填灌浆成果表

钢管编号	桩 号 或 部 位	灌浆数量/m²	灌 浆 情 况	
			注入水泥量/kg	平均注入量/(kg/m²)
1	K0+261.562~K0+513.866	2040.50	217888.4	106.78
2	K0+269.787~K0+530.517	2207.85	251545.4	113.93
3	K0+278.013~K0+546.268	2268.12	323550.1	142.65
4	K0+286.238~K0+563.219	2389.35	367097.6	153.64
副厂房段		759.52	70384.8	92.67
合计		9665.34	1230466.3	

回填灌浆质量检查主要采用孔内摄像的方法,检查灌浆后对缝隙的充填情况。回填灌浆完成后,于 2009 年 10 月 30 日、2010 年 6 月 11 日对回填灌浆效果进行了 16 个孔内摄像检测,未发现脱空情况,见表 7.4-2。

表 7.4-2　　　　　　　1 号~4 号压力钢管回填灌浆钻孔录像检查情况　　　　　　单位:m

钢管-检查孔编号	桩号,高程	录像深度	脱空情况
1-J1	0+492.913,390.512	27.3	无
1-J2	0+448.213,390.959	27.8	无
1-J3	0+424.913,391.314	27.7	无
1-J4	0+392.913,391.692	28.6	无
2-J1	0+522.117,390.500	26.6	无
2-J2	0+481.677,390.859	27.6	无
2-J3	0+453.177,391.196	27.7	无
2-J4	0+437.777,391.378	28.2	无
3-J1	0+592.529,390.240	26.5	无

钢管-检查孔编号	桩号，高程	录像深度	脱空情况
3－J2	0＋479.326，390.832	27.9	无
3－J3	0＋457.655，391.088	28.4	无
3－J4	0＋425.268，391.470	28.9	无
4－J1	0＋560.419，390.500	27.2	无
4－J2	0＋524.532，390.805	27.4	无
4－J3	0＋488.685，391.228	27.8	无
4－J4	0＋430.563，391.915	28.7	无

实施情况表明，董箐工程采用压力钢管回填灌浆技术，结构简单易行，避免了高强钢开孔，可有效提高回填灌浆施工效果，缩短工期和节省工程投资，可供类似工程借鉴。

7.5　小结

本章介绍了董箐水电站的砂泥岩边坡处理、前置挡墙取水口、垫层钢管代替波纹管伸缩节以及压力钢管回填灌浆等特色技术。主要结论归纳如下：

（1）在砂泥岩边坡中，泥岩层面和泥岩强度是边坡稳定的控制性因素。顺向坡时，可能产生沿泥岩层面滑动破坏，采取较缓的开挖边坡对稳定有利，开挖期首先进行锚杆（锚杆束）施工较好；逆向坡时，因泥岩遇水后强度较低，易发生溃曲破坏，排水防水应率先完成，加固时采用混凝土框架或条带以增加边坡整体性。

（2）为满足水电站取表层水的要求，根据董箐水库水位变幅小和取水体后度不大的实际情况，设置前置挡墙取水口是一种全新的尝试，其优点是结构简单，运行方便，时刻都能发挥取表层水的作用，可推广应运用于水位运行变幅较小的水库中。

（3）垫层钢管代替波纹管伸缩节以及压力钢管回填灌浆是工程中的小发明和小创新，但却很好地解决了工程中存在的实际问题，取得了较好的效果，进一步说明了技术创新在工程设计建设中的重要性。

第 8 章

建设期重要工程问题及处理

8.1　1号导流洞塌拱处理

8.1.1　1号导流洞设计基本情况

1号导流洞布置在大坝左岸，隧洞段全长933.42m，断面呈城门洞型，宽15m，高17m。进口底板高程366.00m，出口底板高程364.50m。隧洞埋深21～95m。

1. 前期勘测结论

1号导流洞沿线穿越地层主要为 T_2b^{1-2} 灰色厚层、中厚层砂岩夹灰色、深灰色泥岩，岩层产状 N40°～65°E/SE∠20°～35°为主；局部段受层间褶曲构造影响，岩层产状为 N10°～30°W/NE（SW）∠30°～60°。隧洞沿线大部分洞段岩层走向与洞轴线交角较小，裂隙中等至较发育，以近 EW 向和近 SN 向两组最为发育，其次以 N50°W/NE∠80°和 N80°W/NE∠50°较发育。在桩号 0+190.00～0+220.00 及 0+885.00～0+912.00 洞段处，岩体位于挤压破碎带区，其余洞段无大的断裂构造带发育。全洞位于地下水位变动带附近，围岩为弱微透水层，除在位于冲沟段下部及层间褶曲挤压洞段有少量渗水和滴水外，大部分洞段基本较干燥。

导流洞绝大部分洞段围岩新鲜，整个洞段Ⅲ类围岩占68.4%，Ⅳ类围岩占31.6%，隧洞段围岩中有30%～35%的软弱泥岩，其层面黏结力小，成洞条件较差，开挖后，围岩易于松弛，在地下水及施工用水等影响下，在短期内易形成局部洞段失稳破坏，特别是当岩层倾角平缓，受裂隙切割及层间挤压带影响，更易在隧洞腰线以上形成塌方，需要及时有效地对围岩做好一期支护，以减小松弛圈范围和防止塌方范围的发展扩大。

2. 施工期开挖验证

1号导流洞开挖后，Ⅲ类围岩占68%，Ⅳ类围岩占32%，无Ⅴ类围岩。在隧洞顶拱，由于沿线岩层走向与洞轴线交角近平行，约10°左右，且岩层倾角一般为24°～36°，不利围岩的稳定，加之围岩中主要发育有两组分别与洞轴线近平行和垂直的裂隙，其与岩层层面组合在洞顶围岩中形成了不稳定的结构块体，因此，隧洞开挖后，在多处洞段顶拱围岩发生了较大规模的失稳塌落破坏。另外，在局部洞段如桩号 0+325.00～0+381.50 段，由于受层间挤压褶皱发育的影响，岩体破碎，开挖后褶皱带围岩亦发生了较大规模的塌方。在地下水较富集的洞段，地下水对结构面的浸润作用加剧了围岩的失稳破坏，如桩号 0+226.00～0+325.00、0+778.00～0+806.00 及 0+818.00～0+860.00 洞段塌方，洞壁均滴水严重。在左、右洞壁，大部分洞段岩层倾角较缓，为层状砌体结构，其稳定性较好，仅局部洞段受层间挤压褶皱影响，岩体破碎，围岩稳定性较差。

8.1.2　塌方过程

　　1号导流洞上层洞开挖于 2005 年 10 月 25 日全线贯通。一期支护完毕约 3 个月后，于 2006 年 1 月 23 日至 2 月 1 日，在桩号 0+256.00～0+381.50 洞段，洞长 125.5m 范围内先后发生了两次规模较大的塌方。第一次塌方发生在桩号 0+256.00～0+325.00 洞段，洞段长 69m；7d 后，于桩号 0+256～0+381.5 洞段发生扩展性的第二次塌方，见图 8.1-1。其后该洞段又陆续有不间断的小范围塌落。

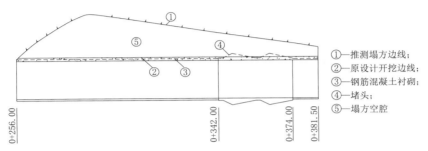

　　　　①—推测塌方边线；
　　　　②—原设计开挖边线；
　　　　③—钢筋混凝土衬砌；
　　　　④—堵头；
　　　　⑤—塌方空腔

图 8.1-1　1号导流洞塌拱段（0+256.00～0+381.50m）示意图

8.1.3　塌方原因分析

　　1. 地质不利因素

　　导流洞洞轴线在塌方段为 N11°W，岩层走向为 N15°～25°E，基本上夹角小于 30°，即近似平行岩层走向，容易形成很长的洞段塌方；塌方段 0+256.00～0+381.50 段岩层大部分属Ⅳ类围岩，岩性软硬相间，薄层砂岩夹泥岩，倾角平缓，层间褶皱及裂隙发育，岩体较破碎。

　　2. 工程不利因素

　　(1) 导流洞开挖断面大，其影响范围达到 34m 以上。

　　(2) 工程工期紧，二期支护未及时跟上，围岩暴露时间过长。

　　(3) 塌方段位于冲沟区，左岸坝肩覆盖层开挖后加快了地表的渗水，加上顶部排水沟排水不畅，上部积水下渗导致泥岩软化，泥岩和砂岩接触面脱开造成失稳。

　　(4) 导流洞上部的溢洪道、趾板及导流洞下卧开挖爆破作业也是产生大塌方的原因之一。

8.1.4　处理措施

　　针对塌方范围长、塌方高度大的特点，其中桩号 0+256.00～0+266.00 和 0+323.00～0+385.00 洞段采取了洞顶锚固、洞内小进尺逐级清渣支护的处理思路；桩号 0+266.00～0+323.00 洞段由于塌方高度太高，洞内施工困难，采取了明挖处理方案。

　　桩号 0+256.00～0+266.00 和 0+323.00～0+385.00 塌方洞段主要处理方案（图 8.1-2）如下：

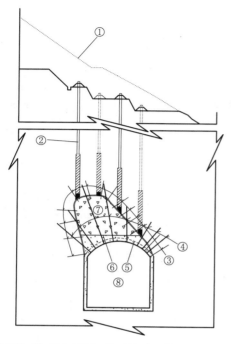

①—原地面线；②—预应力锚索；③—锚杆$\phi 32$；④—固结灌浆孔；
⑤—原导流洞结构边线；⑥—调整后导流洞结构边线；
⑦—回填膨胀混凝土(NF—M)；⑧—1号导流洞

图 8.1-2　1 号导流洞塌方段 （0＋256.00～0＋
266.00、0＋323.00～0＋385.00) 处理横断面图

（1）从山顶布置预应力锚索对塌方段顶拱围岩进行加固处理；0＋240.00～0＋255.00、0＋385.00～0＋400.00 桩号段进行钢筋混凝土衬砌锁口。

（2）分上下游两个工作面按长度 1.5～3.0m 为一个循环对塌方段顶部初喷 5cm 钢纤维混凝土，布设入岩 8m、外露 1m 的系统锚杆，再复喷钢纤维混凝土 20cm。

（3）顶拱喷锚支护一定长度后，对堆渣体进行清渣，满足衬砌顶拱混凝土施工要求。

（4）对上部边墙进行锚杆支护，顶拱钢筋混凝土衬砌，预应力锚杆锁脚，上述工作完成后，继续清渣，下部边墙锚杆支护，边墙及底板混凝土衬砌。至此，一个施工循环结束。

（5）全部塌方段衬砌完成后，从结构预留孔对塌方隧洞段的顶拱回填微膨胀混凝土。

桩号 0＋256.00～0＋266.00、0＋323.00～0＋385.00 洞段按照上述处理方案进行了处理，处理效果良好。

桩号 0＋266.00～0＋323.00 洞段采取的明挖处理方案见图 8.1-3 和图 8.1-4。完成开挖和导流洞结构后，在拱顶回填 5～10m 的黏土压实，之上填筑石渣压实，直至基本恢复开挖前坡面形状。

8.1.5　处理效果

2007 年 4 月 30 日前，1 号导流洞塌方段按照要求完成了开挖、支护、混凝土衬砌、洞内灌浆等施工，导流洞开始通水运行，运行时间约两年半，2009 年 8 月工程下闸蓄水，1 号导流洞塌方段通过了运行期和下闸蓄水期间洞外高外水作用的考验。

8.1.6　经验教训

（1）重视不良地质条件下的大断面洞室二期支护。董箐水电站导流洞断面大，设计最大开挖断面达到 19m×21m，导流洞穿越地层岩性软硬相间，薄层砂岩夹泥岩，倾角平缓，层间褶皱及裂隙发育，岩体较破碎，不良的地质条件极易造成洞室特别是顶拱部位的大规模塌方，在实施过程中考虑到泥岩长期暴露易软化的特点，及时采取了喷混凝土封闭的措施，围岩未在开挖过程中或开挖后的短时间内发生较大变形或大规模失稳。在地表水渗入、周边施工爆破等多方面因素影响下，顶拱围岩发生变形，最终形成大规模塌方，如

果二期支护能及时实施，便能有效约束洞室围岩变形，从而避免大规模塌方的发生。

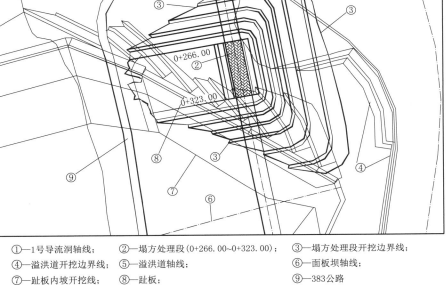

①—1号导流洞轴线；　　②—塌方处理段（0+266.00～0+323.00）；　　③—塌方处理段开挖边界线；
④—溢洪道开挖边界线；　　⑤—溢洪道轴线；　　⑥—面板坝轴线；
⑦—趾板内坡开挖线；　　⑧—趾板；　　⑨—383公路

图 8.1-3　1号导流洞塌拱段（0+266.00～0+323.00）处理开挖平面布置图

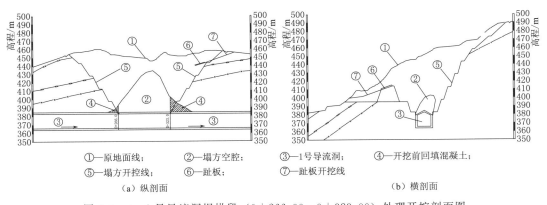

①—原地面线；　　②—塌方空腔；　　③—1号导流洞；　　④—开挖前回填混凝土；
⑤—塌方开挖线；　　⑥—趾板；　　⑦—趾板开挖线

（a）纵剖面　　　　　　　　　　　　　　　　（b）横剖面

图 8.1-4　1号导流洞塌拱段（0+266.00～0+323.00）处理开挖剖面图

（2）重视大断面洞室施工期安全监测。董箐水电站导流洞顶拱失稳不是突发性的，而是顶拱围岩长期变形累计的结果，施工期安全监测数据的缺失，导致对施工过程中的围岩变形趋势无法准确判断和预测，若有大量、准确、高频率的监测数据，提前采取工程措施进行处理，大规模的塌方或可避免。

8.2　2 号导流洞堵头漏水处理

8.2.1　2 号导流洞堵头设计及施工情况

1. 堵头设计标准

2 号导流洞堵头为 1 级建筑物，堵头设计标准如下：设计洪水 $P=0.2\%$，库水位 490.70m；校核洪水 $P=0.02\%$，库水位 493.08m。

2. 堵头结构设计

2 号导流洞堵头总长 30m，位于 2 号导流洞桩号 0+370.00～0+400.00。堵头分两期施工，每段长 15m，堵头混凝土强度等级为 C20，二级配，采用低热微膨胀混凝土。堵头施工前要求在原导流洞衬砌混凝土上进行凿毛，深不小于 2cm。堵头内设置有灌浆廊道，城门洞型，断面尺寸 4m×3m（高×宽），廊道长 23m，前端距堵头上游面 7m。

3. 堵头灌浆设计

考虑到堵头段围岩地质情况，设计对堵头段围岩和衬砌结构进行了回填灌浆和固结灌浆，孔深 10m，固结灌浆分三段施工，第一段深入围岩 5cm，进行原洞身衬砌混凝土与围岩之间回填灌浆（即二次回填灌浆），灌浆压力 0.5MPa。第二段和第三段段长各 5m，进行围岩固结灌浆，灌浆压力 3MPa。同时在堵头段堵头混凝土和原衬砌混凝土之间进行了回填灌浆。

4. 2 号导流洞堵头施工情况

2 号导流洞堵头于 2009 年 4 月初开始施工，至 2009 年 5 月底，堵头混凝土施工完成，2009 年 6 月底，堵头灌浆施工基本完成。堵头施工期共历时 3 个月。

8.2.2　漏水过程

董箐水电站 1 号导流洞于 2009 年 8 月 20 日下闸，水库开始蓄水，2009 年 8 月 22 日，发现 2 号导流洞出口有较大水流流出，同时，洞内有较大的流水声音，此时水库水位在高程 390.00m 左右。经进洞查看，发现距堵头段下游约 35～40m（桩号 0+435.00～0+440.00）顶拱中央处有顺洞轴线方向 1～2m 长的裂缝渗水，渗水呈射流状态，堵头段廊道内的灌浆孔有渗水流出，呈射流状态，堵头廊道内桩号 0+379.50 处有 2 个灌浆孔流水，桩号 0+394.50 左右有 3 个灌浆孔流水，流量比前两孔大，见图 8.2-1。据现场估计，总渗漏量为 0.3～0.5m³/s。

8.2.3　原因分析

（1）经对堵头结构及设计方案复核，堵头设计满足水电水利工程有关规范要求。

（2）2 号导流洞所处地层均为 T_2b^{1-2} 灰色厚层、中厚层砂岩夹灰色、深灰色泥岩，山体为隔水层，上游水位 390.00m 时，库水通过山体渗漏的可能性不大。另外，渗水状态和渗水流量一直保持稳定，可知渗漏通道不是来自山体。

（3）从堵头渗水点判断，堵头顶部存在渗漏通道，堵头回填灌浆及固结灌浆面貌和设计要求有较大差距。

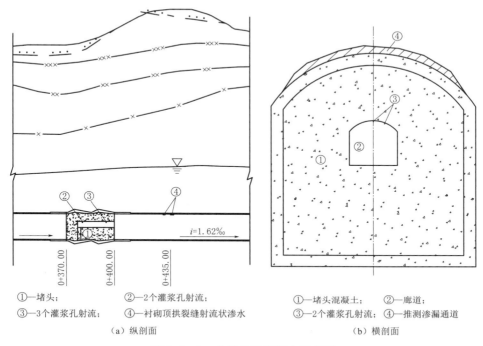

①—堵头；　　　　　②—2个灌浆孔射流；　　　　①—堵头混凝土；　　②—廊道；
③—3个灌浆孔射流；　④—衬砌顶拱裂缝射流状渗水　　③—2个灌浆孔射流；　④—推测渗漏通道
（a）纵剖面　　　　　　　　　　　　　　　　　　　　（b）横剖面

图8.2-1　2号导流洞漏水示意图

根据渗水的状态，结合实际施工状况分析，渗水是因施工面貌和施工质量未达到设计要求，堵头顶部原衬砌混凝土和岩石之间未按设计要求完成回填灌浆存在渗水通道造成的。

8.2.4　处理措施

在2号导流洞封堵堵头出现漏水情况后，最初考虑的方案是从地表和大坝趾板处钻孔，对堵头顶部的漏水通道进行灌浆封堵，由于担心在高水压作用下的灌浆效果，放弃了该方案。由于坝址区为砂泥岩地层，属于隔水层，大坝防渗帷幕采用悬挂式帷幕，帷幕底线高于2号导流洞，在评估了防渗效果、高水位对右岸引水隧洞以及地面厂房的安全影响后，采取了在原堵头尾部重新施工堵头的方案，具体如下：

（1）打开放空洞，水库停止蓄水。

（2）在2号导流洞桩号0+448.05～0+468.05（原堵头位置桩号0+370.00～0+400.00）段浇筑长20m的平压堵头。堵头混凝土施工前在底部埋设两根ϕ1200的钢管，用于排除原堵头漏水量。

（3）堵头混凝土浇筑完成后，进行固结灌浆及回填灌浆处理。

（4）关闭排水钢管上的阀门，对堵头进行平压检验。待确认成功进行防渗处理后，在平压堵头后再浇筑10m长堵头，使其与平压堵头一起作为永久堵头。

2号导流洞漏水处理方案见图8.2-2和图8.2-3。

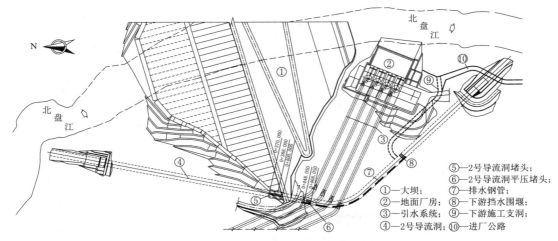

图 8.2-2　2 号导流洞漏水处理平面布置图

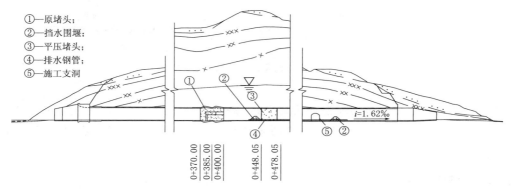

图 8.2-3　2 号导流洞漏水处理剖面图

8.2.5　处理效果

2009 年 11 月，2 号导流洞堵头漏水处理工程全部完成，水库继续蓄水，2009 年 12 月，水库蓄水至正常蓄水位，各项监测数据显示 2 号导流洞新堵头以及引水发电系统均运行正常。

8.2.6　经验教训

根据工程下闸蓄水方案，2 号导流洞在 2008 年汛后至 2009 年汛前完成施工，2 号导流洞施工期间由 1 号导流洞过流，上游水位低，施工时间长，在如此良好的施工条件下，出现由于施工面貌不满足设计要求、施工质量不到位而导致的漏水事件值得深思。水电行业普遍的低价中标、质量监管缺失或不到位导致的水电工程质量事故屡见不鲜，董箐水电站 2 号导流洞堵头漏水事件是一个深刻的教训，同时也是一个警钟。

8.3 小流量泄洪问题

8.3.1 溢洪道试运行中出现的问题

2010年5月27日，为保证工程度汛安全，对溢洪道进行了闸门启闭调试试验。随着单孔闸门逐渐开启，流量由小逐渐增大，由于初始泄量小，水流动量也小，当流量在1500m³/s以下时，水流在消能工处未能挑起，沿消能工自由跌落，见图8.3-1。

当流量达到1500～2500m³/s时，由于水流受消能工内水体阻挡，在消能工前沿发生波浪，在泄槽末端与消能工相接部位约30m范围内有少量水流从左右边墙溢出，持续时间约5min，见图8.3-2。

图8.3-1 流量在1500m³/s以下时，出口水流为跌流

图8.3-2 流量在1500～2500m³/s时，部分水流溢出边墙

随着闸门开度加大，当流量达到2500m³/s以上时，消能工处水流自然挑起，泄槽内水流流态比较平顺，泄槽边墙水流不再溢出，运行正常，见图8.3-3和图8.3-4。

图8.3-3 流量大于2500mm³/s时，水流开始起挑

图8.3-4 流量大于2500mm³/s时，出口水舌形态

关闭闸门时，由于消能工内水流有挑射惯性存在，当泄洪流量减小到1500m³/s左右时，水流仍能正常挑起，见图8.3-5。

当泄洪流量减小到 1500m^3/s 以下时，又回到跌落状态，见图 8.3－6。闸门关闭过程中，没有出现泄槽边墙水流溢出的现象。

图 8.3－5　闸门关闭流量减小到 1500m^3/s
左右时，水流仍能正常挑起

图 8.3－6　闸门关闭流量小于 1500mm^3/s 时，
水流不能挑起，但泄槽内水流未溢出边墙

溢洪道校核工况下最大泄量为 13330m^3/s，在泄槽内发生水浪的流量为 1500～2500m^3/s，约占最大泄量的 1/10～1/5，从闸门启闭试运行全过程看，只在闸门开启过程中出现水流溢出边墙情况，闸门关闭过程中未发生，水流溢出持续时间很短，未造成人员伤亡和直接经济损失，未对工程造成实质性的影响。

8.3.2　主要原因分析

1. 水流溢出原因

溢洪道出口消能为适应水流归槽，采用向主河道倾斜的扭曲斜鼻坎式消能工，消能工内圆弧较大，当初始泄洪时，消能工段内水流流速较小，泄槽内高速水流接近消能工时受阻，高速水流动能转化为势能，在消能工前沿形成波浪，浪高超出边墙高度，导致水流溢出泄槽边墙。具体见图 8.3－7 和图 8.3－8。

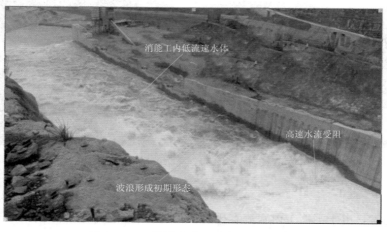

图 8.3－7　泄槽内波浪形成初期形态图

图 8.3-8 泄槽内波浪溢出边墙形态图

2. 原型与模型存在差异

根据试验量测各泄量下的水面线情况，泄槽内最高水位不超过 12m，实际设计时考虑掺气及规范超高，溢洪道泄槽边墙高度为 14m，理论上满足各工况水深要求。另外，在溢洪道模型上不管泄放多大的流量，均未发现有水流溢出边墙的情况，由此可见，原型与模型的差异性比较明显。

3. 主观上对小流量泄洪考虑不周

根据试验泄量工况看，试验泄量由 774m³/s 跳跃到 2396m³/s，缺少了中间泄量段的试验，也正好在这个泄量级上，在泄槽内发生较大的水浪，导致泄槽水流溢出边墙。对小流量泄洪工况考虑不周全，缺失了小流量的试验数据。

8.3.3 工程处理与改进措施

1. 工程处理措施

针对左右边墙靠近消能工段（桩号 0+652.276）水流溢出问题，经研究将左右侧边墙采取适当加高的方式进行处理，为保持边墙的整体协调性，加高范围为左右侧边墙桩号 0+591.50～692.276 段，根据试验涌浪高程分析，边墙顶加高至高程 413.00m（图 8.3-9 中斜线阴影区）。

另外，溢洪道出口范围内的护坡混凝土原设计为 2m 厚，为防止小流量泄洪时水流冲击损坏，确保消能防冲建筑物的永久安全，对消能工出口水流跌落区进行了加固处理，在小流量泄洪时易受水流冲刷部位（约 1600m²）加厚至 3m。

调整共发生工程量为：混凝土 1984m³，钢筋 91t，处理工程投资约 140 万元。处理完成后，溢洪道经历了多次小泄量泄洪，未见水浪涌出边墙现象，消能工出口护坡混凝土未发现异常，处理效果良好。溢洪道处理后的面貌见图 8.3-10。

2. 改进措施

针对董箐水电站溢洪道试运行出现的泄量在 1500～2500m³/s 时水流溢出边墙的情

况，改进溢洪道的运行方式如下：

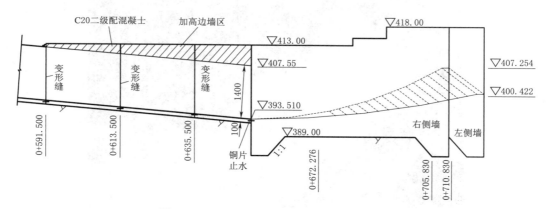

图 8.3 - 9　泄槽边墙加高示意图（单位：m）

图 8.3 - 10　溢洪道处理后的面貌

（1）当溢洪道泄量小于 1500m³/s，采用跌流泄水方式。此时泄槽内水流流态较平顺，在泄槽内形成的波浪较小，消能工出口底板能经受住跌流的冲刷。

（2）当溢洪道泄量大于 1500m³/s、小于 2500m³/s 时，闸门首先开启至泄流量为 2500m³/s 开度，使水流在消能工处正常起挑，然后调整闸门开度，入库洪水流量来多少泄多少（水流正常起挑后，泄量减小到 1500m³/s 时仍能正常起挑）。

（3）当溢洪道泄量大于 2500m³/s 时，水流在消能工处能正常起挑，溢洪道正常运行。

8.3.4　经验教训

针对设计标准高、泄量大的泄水工程，泄水建筑物往往是保证枢纽工程安全运行的主要建筑物之一。在设计、校洪工况下正常运行，泄水建筑物的安全必须具备自身的结构安全和良好的水力学条件，而水力学问题的模型试验和原型存在一定的差异，依靠模型试验难以完全把握实际水力学运行状态，不易察觉的问题可能会在实际运行中造成事故。从董箐水电站溢洪道小流量泄洪发生水浪溢出边墙的现象，总结出如下经验和建议：

（1）针对设计标准高、泄量大的泄水工程，重点关注了设计、校核等工况下的水力学状况，对小流量、常遇洪水的水力学状况重视不够。从国内三板溪、官庄、白马及董箐工程溢洪道运行来看，都是因小流量发生事故，事故流量是设计流量的 $1/5 \sim 1/3$。国内部分工程溢洪道冲毁流量比较见表 8.3－1。

表 8.3－1　　　　　　　国内部分工程溢洪道冲毁流量比较表

工程名称	官庄（湖南）	深子湖（湖南）	白马（湖南）	黄材（湖南）	刘家峡（甘肃）	樟泽（江西）	董箐（贵州）
冲毁时实际泄量为设计泄量的百分比/%	2.7	10.8	20.3	5.8	12.6	58.9	5.7	22.5
冲毁日期	1979 年 5 月	1979 年 6 月	1987 年 7 月	1987 年 7 月	1974 年	1969 年 10 月	1975 年	边墙溢水

从董箐水电站溢洪道出现的问题看，应加大相关水力学问题的深入研究，高度重视小流量泄洪和常遇洪水泄洪工况。

（2）泄水建筑物水力学模型试验常用的比尺为 $1 : 80 \sim 1 : 100$，在这种比尺下可以测量流道的水面线规律，但不易发现水流涌浪现象，这种特殊的水力学现象需要在大比尺中才能发现。所以对于泄水建筑物的模型比尺，在条件允许的情况下，建议尽量做大比尺或局部大比尺模型，尽可能地在模型试验中发现问题、解决问题，以确保泄水建筑物各工况下的运行安全，使泄水建筑的实际运行更加完善。

8.4　小结

由于地质条件的复杂性和开挖支护不及时，引起了工程 1 号导流洞塌拱；又由于堵头顶部接触灌浆工序控制不到位，导致了 2 号导流洞堵头漏水；对小流量泄洪问题未足够重视和未预见水力学模型试验的差异，使得溢洪道小流量泄洪有水漫过边墙。工程中出现的这三个重要工程问题，如果工程参建各方更注意一些细节，也许可以避免。

设计作为工程建设的技术支撑者，就存在的问题认真研究，及时提出了合理可行的处理方案，保障了工程的顺利建设和安全运行，是教训也是经验，可供后来者借鉴与参考。

参 考 文 献

[1] 中国水电顾问集团贵阳勘测设计研究院. 董箐水电站关键技术研究：研究成果总报告 [R]. 2012.

[2] 中国水电顾问集团贵阳勘测设计研究院. 中国水电工程顾问集团公司科技项目300m级高面板堆石坝适应性及对策研究专题一：200m级高面板堆石坝技术总结 [R]. 2010.

[3] 中国水电顾问集团贵阳勘测设计研究院. 北盘江董箐水电站可行性研究报告 [R]. 2007.

[4] 中国水电顾问集团贵阳勘测设计研究院. 北盘江董箐水电站工程竣工安全鉴定工程设计自检报告 [R]. 2010.

[5] 马洪琪, 曹克明. 超高面板坝的关键技术问题 [J]. 中国工程科学, 2007, 9 (11): 4-10.

[6] 马洪琪, 迟福东. 高面板堆石坝安全性研究技术进展 [J]. Engineering, 2016, 2 (3): 332-339.

[7] 蒋国澄, 傅志安, 凤家骥, 等. 混凝土面板坝工程 [M]. 武汉: 湖北科学技术出版社, 1996.

[8] 曹克明, 汪家森, 徐建军, 等. 混凝土面板堆石坝 [M]. 北京: 中国水利水电出版社, 2008.

[9] 杨泽艳, 等. 洪家渡水电站工程设计创新技术与应用 [M]. 北京: 中国水利水电出版社, 2008.

[10] 三峡大学. 董箐水电站混凝土面板堆石坝三维有限元应力变形分析 [R]. 2007.

[11] 三峡大学. 董箐水电站混凝土面板堆石坝动力反应分析报告 [R]. 2008.

[12] 三峡大学. 北盘江董箐水电站溢洪道边坡稳定计算分析研究报告 [R]. 2008.

[13] 四川大学. 董箐水电站溢洪道水工模型试验研究报告 [R]. 2007.

[14] 敖大华, 曾正宾. 砂泥岩筑坝材料在董箐水电站的试验研究 [C] //贵州省岩石力学与工程学会2010年学术年会论文集. 贵阳, 2010.

[15] 蔡大咏, 湛正刚. 贵阳院堆石坝设计回顾与展望 [J]. 水力发电, 2008 (7): 1-3.

[16] 蔡大咏, 湛正刚, 陈娟, 等. 董箐水电站砂泥岩筑坝技术研究 [J]. 贵州水力发电, 2005, 19 (5): 73-76.

[17] 曾光, 郑磊. 董箐水电站溢洪道工程存在的问题及解决办法 [J]. 贵州水力发电, 2010, 24 (5): 50-52.

[18] 陈本龙, 王正清, 王金生, 等. 董箐水电站高尾水变幅发电厂房设计 [J] 贵州水力发电, 2009, 23 (5): 25-28.

[19] 陈娟. 董箐水电站大坝安全监测设计及变形资料初步成果 [C] //中国水力发电工程学会混凝土面板堆石坝专业委员会. 2008年高土石坝学术交流会论文集. 成都, 2008.

[20] 何芸, 吕笑笑. 董箐水电站水工高性能混凝土应用技术研究 [J]. 江西水利科技, 2015, 41 (2): 86-89.

[21] 黄宜胜, 李建林. 董箐水电站溢洪道泄槽段边坡三维有限元分析 [J]. 水电能源科学, 2010, 28 (12): 85-88, 109.

[22] 蒋建林, 王洪源, 付於堂. 长管棚施工技术在董箐电站特大隧洞中的应用 [J]. 水利水电技术, 2007, 38 (7): 69-71.

[23] 兰博, 毛石根, 罗永华. 董箐水电站面板堆石坝高强度填筑施工技术 [J]. 贵州水力发电, 2009, 23 (5): 48-51.

[24] 李水生, 李晓彬, 申显柱. 董箐水电站工程溢洪道宽大泄槽掺气设施设计 [J]. 中国水能及电气化, 2014 (12): 52-54.

［25］ 李文，罗红卫，陈杰．冲碾施工技术在董箐大坝填筑中的应用［J］．南昌工程学院学报，2009，28（1）：59-63.

［26］ 李文，杨宁安．董箐水电站工程建设管理实践［J］．贵州水力发电，2009，23（5）：1-4.

［27］ 李晓彬，李水生，任兴普，等．董箐水电站溢洪道设计［J］．贵州水力发电，2009，23（5）：29-31.

［28］ 李晓彬，郑治，湛正刚．董箐水电站溢洪道布置及防空蚀设计［C］//第三届全国水工泄水建筑物安全与病害处理技术交流研讨会，2011.

［29］ 刘泽成，张国富．北盘江董箐水电站工程地质综述［J］．贵州水力发电，2005，19（5）：10-14.

［30］ 慕洪友，陈本龙，杨鹏，等．董箐水电站引水发电系统设计特点［J］．贵州水力发电，2009，23（5）：22-24.

［31］ 慕洪友，湛正刚，陈本龙，等．董箐水电站工程枢纽布置［J］．贵州水力发电，2007，21（5）：37-40.

［32］ 申显柱，李水生，湛正刚．董箐水电站垫层钢管的设计研究［J］．电力勘测设计，2014，（1）：72-76.

［33］ 宋万石．董箐水电站光纤陀螺监测面板挠度新技术及其运行轨道安装［J］．贵州水力发电，2009，23（5）：72-74.

［34］ 孙大伟，刘君健，邓海峰．董箐面板堆石坝三维动力反应分析［C］//第二届全国水工抗震防灾学术交流会．2009.

［35］ 谭建军，曾正宾，杨金娣．董箐水电站抗冲耐磨混凝土试验研究［C］//贵州省岩石力学与工程学会2009年学术年会论文集．遵义，2009.

［36］ 田斌，卢晓春，孙大伟，等．董箐混凝土面板堆石坝地震响应特性研究［J］．水电能源科学，2012，30（1）：62-65.

［37］ 王志光，徐海洋，常理．水电站下泄低温水影响减缓工程措施实例效果研究［C］//高坝建设与运行管理的技术进展，中国大坝协会2014学术年会．2014.

［38］ 徐敏．尾水重叠变化条件下水电站装机容量选择［J］．水利水电技术，2013，44（8）：81-83.

［39］ 杨昌辉，张国富，吴多贤．董箐水电站层状结构砂岩与泥岩边坡变形破坏模式分析［J］．水力发电，2008，34（7）：43-46.

［40］ 杨鹏，袁端，李晓彬．董箐水电站发电引水系统进水口分层取水设计［J］．贵州水力发电，2011，25（5）：18-20.

［41］ 杨秋，刘泽成，陈杰，等．董箐水电站引水隧洞围岩地质分析及支护处理措施设计［J］．贵州水力发电，2009，23（5）：38-40.

［42］ 杨泽艳，周建平，王富强，等．混凝土面板堆石坝软岩筑坝技术进展［C］//高面板堆石坝安全性研究及软岩筑坝技术进展学术研讨会．2014.

［43］ 湛正刚．董箐水电站设计创新技术与应用［J］．水利水电技术，2013，44（8）：27-31.

［44］ 湛正刚，慕洪友，蔡大咏，等．董箐水电站面板堆石坝设计［J］．贵州水力发电，2009，23（5）：17-21.

［45］ 张国富．董箐水电站坝址选择及边坡工程地质问题综述［J］．贵州水力发电，2009，23（5）：9-12.

［46］ 赵明琴，李月彬．董箐水电站高尾水变幅水轮机选型设计［J］．水力发电，2010，36（1）：70-72.

［47］ 练继建，杨敏．高坝泄流工程［M］．北京：中国水利水电出版社，2008.

［48］ 张效先，孙可寅，高学平，等．水利枢纽溢洪道掺气坎槽体型研究［J］．水利水电技术，2004，35（9）：51-53.

［49］ 王海云，戴光清．高水头泄水建筑物掺气设施研究综述［J］．水利水电科技进展，2004，24

（4）：46-48.

[50] 中国水利水电科学研究院．国外高速水流掺气减蚀研究 ［R］．2007.

[51] 肖兴斌，袁玲玲．高拱坝泄洪消能防冲技术发展与应用述评 ［J］．水电站设计，2003，19（1）：59-63.

[52] 徐家诗．高尾水位水电站厂房水工结构设计的特点 ［J］．水力发电，2005，31（1）：46-48.

[53] 柴恭纯，丁道扬，吴建华．高土石坝施工水力学问题研究 ［J］．水力发电，1998，（3）：45-47.

[54] 胡永富，吴永伟．面板堆石坝持续高强度填筑的施工组织与管理 ［J］．贵州水力发电，2005，19（6）：53-56.

[55] 刘汉鹏．施工导流及后期水流控制 ［J］．水利科技与经济，2011，17（6）：97-98.

[56] 罗永华，雷世贤．董箐水电站左岸导流洞快速封堵施工技术 ［J］．广西水利水电，2010（5）：51-53.

[57] 周正荣，李文超．董箐水电站溢洪道溢流面混凝土温控措施 ［J］．贵州水力发电，2010，24（4）：47-79.

[58] 武汉长科监理工程建设监理有限责任公司．北盘江董箐水电站土建工程监理报告 ［R］．2012.

[59] 董建工程联合体．董箐水电站大坝及溢洪道工程施工自检报告 ［R］．2012.

[60] 时启燧，潘水波，邵媖媖，等．通气减蚀挑坎水力学问题的试验研究 ［J］．水利学报，1983（3）：3-15.